錢脈傳承

錢 脈 傳 承
中國貨幣及銀行業簡史

區慕彰　羅文華

香港城市大學出版社
City University of Hong Kong Press

本書圖片承蒙下列機構慨允轉載，謹此致謝：

上海市銀行博物館（頁 9、14、23、31–32、35、70、88、100、131、232、252）；鄭寶鴻先生（頁 18、81、83）；香港歷史博物館（頁 19）；香港金管局（頁 47）；滙豐銀行歷史檔案部（頁 55–56、60–61）；北京愛如生數位化技術研究中心之《申報》資料庫（頁 63）；Getty Images（頁 123、156、242）；香港金銀業貿易場（頁 160）；Wikimedia Commons（頁 194、199、236、241）。

本社已盡最大努力，確認圖片之作者或版權持有人，並作出轉載申請。唯部分圖片年份久遠，未能確認或聯絡作者或原出版社。如作者或版權持有人發現書中之圖片版權為其擁有，懇請與本社聯絡，本社當立即補辦申請手續。

國際統一書號：978-962-937-701-4

出版
　　　香港城市大學出版社
　　　香港九龍達之路
　　　香港城市大學
　　　網址：www.cityu.edu.hk/upress
　　　電郵：upress@cityu.edu.hk

Tracing our Monetary Heritage:
A Concise History of Chinese Currency and the Banking Industry
(in traditional Chinese characters)

ISBN：978-962-937-701-4
Published by
　　　City University of Hong Kong Press
　　　Tat Chee Avenue
　　　Kowloon, Hong Kong
　　　Website: www.cityu.edu.hk/upress
　　　E-mail: upress@cityu.edu.hk
Printed in Hong Kong

目錄

詳細目錄

新版序言

欣悉本書再版，確實可喜可賀。

本書作者之一的羅文華先生與筆者在中銀集團的不同機構直接及間接共事數十載。集團重組後，文華兄於財務部門擔任高層要職，在銀行財務管理工作方面貢獻良多，加上他在職期間努力不懈進修鑽研，學術和專業上都得以不斷提升並有所成就。而文華兄從銀行退休後，仍與本人有不少聯繫和合作的機會，尤為印象深刻的是他在第五屆立法會擔任議員助理時出色而勤奮的服務。文華兄閒時仍不遺餘力地為學術及專業機構授課，提拔後進；同時他勤於投稿至不同的媒體報刊專欄，所寫文章並不局限於其老本行——除金融、財務與經濟範疇，更包羅不少社會大眾關注的議題，可見其知識涉獵之廣及與時並進的態度，確實令人欽佩。

如今幸聞文華兄與區先生合撰之大作再版，從書中豐富的內容可見，由古至今，被稱為「百業之母」的銀行業在中華近代歷史中擔任着相當重要的角色。綜觀本書，題材非常廣泛，深刻重溯了過往的金融大事。其內容促進業內人士溫故知新，亦可激發新一代有志投身金融業的年青人對相關題材的興趣，帶領市民大眾增進相關認識。此外，本人樂見書中不少篇幅敍述了兩岸三地銀行業發展有關的內容，特別是香港回歸後在一國兩制下的銀行金融業發展等方面的挑戰和機遇均有涵蓋，將為兩岸日後可能的金融合作發展起示範作用。

在此，筆者謹藉本序祝賀此書再版成功，讀者如雲，各方獲益良多！

吳亮星

中國銀行（香港）信託有限公司董事長

2023 年 5 月 12 日

2011 年版 作者序一

我做研究工作及寫這本書是受兩位導師影響。首先是何炘基教授,他是我的碩士論文導師,除在課堂上的正規課程外,我也愛讀他於《信報》發表的短文。有段時間,他的短文涉及「行為經濟學」的內容,讀後我會用電郵跟他討論,學習他的心得。後來何教授將他的短文結集成書《情是何物》,由牛津大學出版社出版,我第一時間買來拜讀。這是一本由經濟學家寫「情」的書,觀點與角度有別於其他作者「煽情」的著作。我曾這麼想,什麼時候我可以出版一本有意義的書呢?

另一位影響我的是辜飛南教授(Professor Ferdinard Gul),他是我的博士論文導師,我跟他學習嚴謹的學術研究,知道下筆從文不要花巧,盡量不用形容詞,要句句屬實,如屬前人意見要註明出處,如屬自己意見要有數據支持。我的論文內容主要探討「企業管治」問題,而我的導師是這方面的專家,指導了我不少。論文撰述完成後,我發現學者的學術性長文往往只着重在國際性的英文學術刊物發表,一般讀者鮮有機會閱讀;為此,我想寫一本面向大眾的書。與此同時,在我研究內地企業管治問題時,在搜集資料期間,我了解到中國的第一間股份制公司是於晚清洋務運動時成立的「輪船招商局」,此外,還有「大清銀行」如何演變為「中國銀行」的相關資料。作為金融行業的從業員,這些資料激發了我追尋中國銀行業發展史的興趣。

我在金融界工作超過 40 年,朋友中有不少是同業先進,我也認識了不少較年青的銀行家,與他們交談時,我發覺他們對自己所屬的銀行的歷史不甚清楚,對整個中國銀行業的發展更無從掌握。友輩中有

資深的華資銀行家或中資銀行家，他們知道我對搜集銀行業歷史資料有濃厚的興趣，都很樂意提供珍貴的資料，東亞銀行彭玉榮先生曾向我提出寶貴的建議。在此，我謹向曾協助這項研究的同業先致敬禮。有數間具歷史背景的大銀行分別於上海及北京自設博物館，有些只供內部高層培訓及向特別貴賓開放。為了研究中國銀行業發展史，我曾拜訪數間大銀行，有幸獲銀行高層安排參觀了他們的博物館，得到一些珍貴的資料，在此謹向交通銀行上海總行的博物館楊德鈞館長，以及中國銀行上海分行的博物館負責人李慶先生致以衷心的感謝。

我在銀行及金融界工作了很長的一段時間，後期於華資集團旗下的金融公司工作，因所屬的公司不是銀行，所以銀行界的朋友視筆者為友人而不是競爭對手，亦樂於提供有關資料。相比之下，銀行界雖有很多比筆者更資深的銀行家，但他們若要搜集別間銀行的資料，恐怕有不便之處。為此我不揣鄙陋，欣然開始這項工作，最終有幸遊走各大銀行，搜集資料，完成此項研究。此外，我更慶幸邀得資深銀行家羅文華博士參與此項工作，他畢業於香港中文大學，是地道的香港銀行家，而他長期於中資銀行工作，對中國銀行業發展史及展望有較持平的分析。

有些朋友閱讀此書後，可能認為書內的某些章節不夠詳盡，某些史實仍有遺漏，我歡迎各界朋友以電郵賜教，若有機會出第二版時會加以修訂。香港城大出版社之編輯曾謂，大多數作者出書前總會作多番修改，務求達至完美，但可能因此一再拖延，錯失時機。所以編輯的意見是用已搜集的資料去寫好這本書，若覺得有遺漏，希望能在第二版時再修訂。

最後，我要向曾指導以及協助我進行這項研究的教授、銀行界的朋友、銀行博物館的聯絡人、城大出版社的編輯致謝。更要向曾任資料搜集的兩位助手，包括上海復旦大學博士生許祥雲及香港科技大學

碩士陳亮亮致謝。最後,當然要向我的「老妻」致歉,完成了此項工作後,我們可出發作退休後的旅遊了。

　　多謝各界朋友及讀者的支持!

區慕彰

2011 年 7 月

alexmcau@gmail.com

2011 年版 作者序二

　　我在大學時修讀過貨幣與銀行學，而且長期在金融界工作，故學友區慕彰兄（我們也曾同受教於何炘基教授及辜飛南教授）邀請參與中國銀行史的編製，便一口答應，以為是一件很容易的事，但幹下來，卻發覺別有洞天，大有學問。

　　首先，中國銀行業的發展始於晚清，是現代化的一個環節，其後也和中國的經濟，甚至軍事、政治的發展息息相關，範圍很廣，牽涉的層面很寬。銀行史就是整體歷史的一個側面。

　　第二，很多事情以前以為知道，但其實只懂得皮毛，甚至完全不清楚，譬如中國第一家銀行，名為「中國通商銀行」，由大臣盛宣懷於光緒二十三年（1897 年）倡議成立，比大清戶部銀行還早八年；「銀行」一詞，則初見於太平天國重臣洪仁玕所著之《資政新篇》。

　　在我來説，編寫本書是一個重新學習的過程，謹此拋磚引玉，祈請不吝賜教。

羅文華

2011 年 7 月

manwahlaw123@gmail.com

新版作者序

　　我們兩位大概於 1960 年代末至 70 年代中開始於銀行金融界工作，對銀行業深有了解。在 2005 年香港理工大學的博士課程上，我們兩位年過半百的學生碰上了，彼此懷着同一目的為未來作計劃，於是相約完成該課程後，便展開有關銀行業發展史的研究，希望能與大眾，特別是從事銀行金融業的朋友分享。

　　當年，我們用了約兩年多的時間去搜集資料，先將重點用 PowerPoint 簡報形式寫成講義，配以插圖，準備以一套共八堂的課程去講述大中華區的銀行業發展史。為配合大學課程安排，受每課約兩個小時的安排所限，不能放入太多題目或材料。不過我們依然將整套簡報作小規模的非正式授課，而且效果令人滿意。最終，我們得到香港城市大學時任商學院助理院長郝剛博士的支持，得以將資料編成著作《中國銀行業發展史：由晚清至當下》，並在 2011 年首次出版。

　　此書自首次出版，迄今已有 13 年。這段時期，金融與科技深度融合已演化為全球趨勢，極大地改變了銀行服務的市場格局，尤其是提供服務的程序、渠道。科技對於支付方式和資金轉移的影響尤大。伴隨着人工智能、區塊鏈、大數據及物聯網等技術滲透入產品設計、定價、銷售等環節，金融服務的方式和邏輯也發生了深度變化，金融行業走向數字化及智慧化的趨勢方興未艾。同時，中國的經濟及金融有長足的進步，成為世界第二大經濟體及製造業第一大國，支付工具創新領先全球，人民幣的國際地位不斷提高。香港作為全球最大型的離岸人民幣業務樞紐，擁有獨特優勢把握人民幣國際化的機遇。

　　有鑑於此，我們曾自我評估此書是否有再版的需要。經檢視，發覺得在這個快速變化的時代，時移世易，物換星移，事過境遷，書中有些內容顯得過時、需要更新，而隨着情況的變化，尤其是金融科技的發展及香港作為中國內地聯通世界的窗口角色的加強，這些都是初版未能涉及的，所以有需要增加一些新內容。再三考慮後，我們認為還是有再版的必要。我們也將書名改為《錢脈傳承：中國貨幣及銀行業簡史》，並在新版中增補了 2011 年至今的描述，並就銀行及支付工具的未來發展增加了一章，焦點在互聯網金融及數字貨幣。我們期待此書再版，能為讀者提供有用的知識和分析，帶來啟發和思考，也能為同一領域的研究拋磚引玉。

　　本書旨在追溯大中華銀行業的發展脈絡，故撰述以資料展示為主，力求客觀平實，必要時方輔以適當評論。在蒐集資料的過程中，我們盡可能獲得各方面的資訊。特別是在敍述一些歷史人物時，往往因取向或聚焦的時段不同，觀點各異，在資料的選取上會有所出入，導致效果截然不同。我們相信，在種種歷史事件或人物對話的光影之間，我們不僅可以看到過去，還能塑造自己的未來。

　　本書初版我們有幸獲得銀行界及學術界之先進，包括經濟學者何炘基教授、銀行家王冬勝先生、彭玉榮先生及經濟研究員關家明先生作批閱，並獲他們撰寫序言；此次再版，又有幸獲得銀行家吳亮星先生（SBS, JP）撰寫序言，對此我們深感銘謝。

　　儘管我們兩位都是資深的銀行業從業員，但世事如棋局局新，我們對新事物的認識總有不足。各位同業先進及讀者如覺得我們在某些細節上應有較詳細的描述，祈請不吝以電郵賜教（區慕彰：alexmcau@gmail.com 或羅文華：manwahlaw123@gmail.com），謹致謝忱。

區慕彰、羅文華

2024 年 5 月 1 日

錢脈傳承

第一章

中國的貨幣、錢莊與銀行

了解銀行史的意義

「忘記了銀行業的歷史，便不可能深刻地了解現在和正確地走向未來。整理世界珍貴的金融文化遺產，發掘前人創造的金融文明成果，綜述金融的興衰成敗及經驗教訓，對於國內更好地推進現代化銀行業具有十分重要的意義。」這是中國工商銀行前董事長姜建清在某次講座上作出的總結。他又指出：「資本市場給經濟發展亟需的基礎設施提供資助。金融與資本推動着經濟的發展，從而推動着世界的前進，金融的滯後必然阻礙社會經濟發展。」[1]

有一位西方學者曾說：「貨幣將決定人類命運。」（Money will decide the fact of mankind）[2] 其實，貨幣經濟已經決定了中國的歷史走向和命運。我們生活在一個由貨幣構成的無形世界之中，在全球化的市場經濟之中，在哪一個角落都離不開貨幣，貨幣及支付工具的重要性不言而喻。這本書就是沿着這個方向，與讀者分享中國銀行業及各種貨幣和支付工具的歷史演變，並發掘其中的意義及啟示。

銀行及貨幣的定義與功能

在國際金融大都市生長的香港人，對銀行早已司空見慣。但若問銀行是什麼，恐怕並非所有人都能回答這個看似簡單的問題。從歷史看，銀行 Bank 這名稱源自意大利文 Banco，據研究資料顯示，第一間

1　姜建清：〈別樣的銀行史〉，北大滙豐金融前沿講座系列，2020 年 11 月 20 日。

2　Kemmerer Donald, "Jacques Rueff. The Monetary Sin of the West. Pp. 214. New York: MacMillan, 1972. $6.95." *The Annals of the American Academy of Political and Social Science* 406, no. 1 (1973): 251–252.

銀行於 1407 年在意大利成立，名為 Banco de San Giorgio（Bank of St. George）。早期中國並沒銀行，這個詞是從西方傳入。

根據中國銀行業監督管理委員會，所謂銀行即「依照本法和《中華人民共和國公司法》設立的吸收公眾存款、發放貸款、辦理結算等業務的企業法人。」按照《台灣教育部國語辭典》，「銀行是一種金融機構。以存款、放款、匯兌為主要業務，或兼事票券經理、紙幣兌換、代理國庫之出納等業務。」而根據《香港銀行業條例》（Hong Kong Banking Ordinance），銀行的功能是：

（1）以來往、存款、儲蓄或其他相類的帳戶從公眾人士收取款項，而該等款項須按要求隨時付還，或須在指明的期間內付還，或須按短於該期間的短期通知期間或通知期間付還；

（2）支付或收取客戶所發出或存入的支票。簡而言之，銀行就是專門處理「錢」的機構。

談到「錢」大家都很熟悉，俗語說「人為財死，鳥為食亡」，又說「有錢能使鬼推磨」，「錢」能夠推動我們辛勤工作，但「錢」就是「財」嗎？或者如我們故作瀟灑時所說的「錢只不過是一張小紙條」？為什麼「錢」會出現？它是萬能的還是罪惡的呢？

不如我們還是先求教權威，看看專家對「錢」的定義。據著名財經出版社的字典，「錢是政府所規定的法定支付手段，它包括貨幣與銅幣。」一般而言，錢就是現金，它包括各種通行的支付手段，譬如附於銀行存款餘額的支票。[3] 香港銀行學會出版的專著 *Monetary and*

3　"Money is legal tender as defined by a government and consisting of currency and coin. In a more general sense, money is synonymous with cash, which includes negotiable instruments, such as cheques; based on bank balances." John Downes and Jordan Elliot Goodman, *Barron's Dictionary of Finance and Investment Terms. 5th ed.* (New York: Barron's Educational Series, 1998).

Financial System in Hong Kong，其作者對「錢」的定義是「任何具有即時購買力的東西都可稱為錢。商品及服務的銷售者，還有債權人會接受、可作為清償債務的任何支付方式。」[4]

換言之，用作交換購買，「錢」最重要的功能就是其價值可以被儲備起來，直至將來換取我們所需。譬如，一個農民可以將賣水果所得的錢保存起來，但若他只是存放這些水果，那麼水果日後必將腐爛，不再具有價值，更不可能換取任何東西。由此可見，「錢」的可儲存性給我們的生活帶來了很大的便利。

不過，另一方面，我們儲存的錢，往往隨着通貨膨脹，價值也不斷被蠶食。貨幣主義（Monetarism）的基礎理論貨幣數量論（Quantity Theory of Money）曾精要地解釋了這一現象：「經濟中可得的貨幣數量決定了貨幣價值。」[5]根據這個理論，當流通的貨幣增多時，貨幣的購買力就會減弱，從而導致通貨膨脹。換言之，貨幣供應量的增加是造成通貨膨脹的主要原因。基於種種因素，通貨膨脹往往難以避免。正如大名鼎鼎的諾貝爾經濟學得獎者及自由市場的推崇者佛利民（Milton Friedman）所宣稱：「所有通脹皆貨幣現象。」[6]這位經濟學家曾極力讚揚香港的自由經濟環境，他經常說：香港是「自由經濟的堡壘」。1997年金融海嘯時，他對於港府打擊金融大鱷的行為極為不滿，哀歎

4　"Money is anything which has instant purchasing power. Sellers of goods and services and creditors will accept it immediately in settlement of their claims." Julian Beecham, *Monetary and Financial System in Hong Kong. 3rd ed.* (Hong Kong: Hong Kong Institute of Bankers, 2002).

5　"The quantity of MONEY available in an economy determines the value of money." The Investopedia team, "What Is the Quantity Theory of Money: Definition and Formula," *Investopedia*, February 28, 2024, www.investopedia.com/insights/what-is-the-quantity-theory-of-money/

6　Milton Friedman,"Inflation is always and everywhere a monetary phenomenon." Scott Sumner, "Persistent inflation is always and everywhere a monetary phenomenon," *Econlib*, October 27, 2022, www.econlib.org/persistent-inflation-is-always-and-everywhere-a-monetary-phenomenon/

「香港模式」不復；2006 年病逝前 40 日，他更在《華爾街日報》發表〈香港錯了〉（「Hong Kong Wrong」）一文批評「積極不干預」的政策。

人類社會早期，世界各地的貨幣常有很多形態，在我國的商朝時期，人們把貝殼當做貨幣使用，在東歐是皮革，而金銀在世界上的數量很少。貨幣也有優勝劣敗，隨着社會進步和發展，貨幣的種類逐步減少，人們開始選擇最適合充當貨幣的商品，最終這種商品被鎖定在了黃金和白銀上面。黃金具有成為貨幣的先天條件和優勢：黃金色澤鮮艷，是一種不褪色、不生鏽的金屬，而且價值高、便於攜帶，如果是以牛羊做貨幣，攜帶肯定不方便。

遠在中世紀，歐洲商人輾轉於不同城市之中，遠途的交易不方便攜帶大量的金銀，所以，他們每到一座城市，便要向當地的金匠交納一定數額的費用，以便存放自己的黃金。如此一來，由金匠出具的收據便成了最早意義上的紙幣，而為了方便商人隨時都能夠取走他們存放的黃金，金匠必須儲備足夠的黃金，以支持商人的信心。在幾百年前，人們都懂得，紙幣相對於黃金儲備必須要足夠保守才行。唯有如此，才可以維持存戶的信心，並避免引進不必要的擔憂。

除了西方學者，我們也可參考內地學者對貨幣的看法。內地學者對貨幣的定義，大多基於傳統的馬克思勞動價值論（Marxist Theory of Labor Value）。談到馬克思（Karl Heinrich Marx），很多人都會立即想到他是紅色革命家。其實他也是淵博的學者，是重量級的經濟家、哲學家。他是猶太裔德國人，其父是律師，本來也希望兒子能繼承父業，但馬克思卻醉心於經濟，埋頭研究，後因言論觸犯當局，流落英國及法國。

流浪期間，他專心研究經濟、政治。傳聞馬克思在大英圖書館有一個固定座位，由於他在這個座位上鑽研學習多年，結果座位下的水泥地上都磨出了腳印。大名鼎鼎的《資本論》即在此寫成，這著作

後來成為經濟學的經典之作。至於影響了人類歷史進程的社會主義理論，則要等到他逝世之後才在歐洲興起。

在流浪研究期間，馬克思一直十分窮困，常常需要與他志同道合的朋友恩格斯（Friedrich Von Engels）的經濟援助。有趣的是，恩格斯雖然極力反對資本家剝削工人，但他卻是靠經商才能支援馬克思的事業。而馬克思的妻子珍妮‧馬克思（Jenny Marx），則出身德國貴族，其父也一度經商；她與馬克思結婚後，一直過着貧困的生活，直到《資本論》出版之後，情況才略有改善。

勞動價值理論屬於經濟學中的商品經濟理論範疇，可能是最早出現的經濟理論。它的基本論點是：人類勞動創造並決定商品的價值。商品價值是由製造每件商品所需的社會必要勞動時間所決定。譬如，生產一雙皮鞋所需要的勞動是生產一個書包的兩倍，那麼，一雙皮鞋就可以換兩個書包。當然，這並不是說，動作愈慢、技術愈差、工作愈遲完成，物品的價值就愈大。這裏所謂的「社會必要勞動時間」是指在特定的時間中，社會中絕大多數人平均生產某件物品所需要的時間。商品價值由社會必要勞動時間決定，但在實際交換時，人們為了衡量其價值，通常需要用另一種商品的價值來表現所交換商品的價值。因此，每件商品除了商品實際價值外，尚有交換價值。在正常情況下，商品交換價值是等於實際價值的，但並非總是如此。譬如颱風一來，所有農產品的價格就直線上升，這就是交換價值上升，但生產蔬菜所花的心力也未必增多，也就是說，交換價值已經偏離物品的實際價值。

在一系列的物品交換發展中，黃金慢慢發展成為固定的等價交換物，並因此產生了貨幣。根據馬克思貨幣理論，貨幣的發展主要經歷了四個階段：從簡單的價值形式，到擴大的價值形式，再到一般價值形式，最後是價值的貨幣形式。這些學術用語說來有點拗口，不如我們用故事形式說明。

　　話說遠古時代的村落是以物易物。在一個小市集裏，有個村婦在地上擺放了十五隻雞蛋，開始買賣。有一個漁夫抓了兩尾魚，要求與村婦交換十五隻雞蛋，村婦不肯，在討價還價後，漁夫用兩尾魚換到十隻雞蛋。在這次交換中，十隻雞蛋是兩尾魚的「簡單價值形式」，當然你也可以說，一尾魚是五隻雞蛋的「簡單價值形式」。

　　這時又有一個農夫拿着一個冬瓜要求與村婦換她剩下來的五隻雞蛋，在一方願買一方願賣的情況下，交易成功了。在這些不斷的交換過程中，雞蛋的價值已經不是偶然地表現在某一商品上，而是經常地表現在一系列的商品上了，應視作「擴大的價值形式」。

　　農夫拿着五隻雞蛋回到農莊，他用三隻雞蛋作為工資支付工作了一天的工人。這次雞蛋不是用作以物易物，而是以物換服務或勞動力，因此雞蛋可被視為一般人接受的交換媒介，即「一般價值形式」。

　　該名工人在回家的途中，看到工藝匠花了整天把三枚貝殼打磨成漂亮的飾物，因為貝殼容易攜帶與保存，於是將三隻雞蛋與貝殼工藝匠換了三枚貝殼。之後，該名工人便拿着三枚貝殼回家了。

　　以上述的交易過程我們可推算出：

（1）工人一天的工資是三隻雞蛋＝三枚貝殼；因此，一隻雞蛋＝一枚貝殼。

（2）一個冬瓜＝五隻雞蛋＝五枚貝殼。

（3）兩尾魚＝十隻雞蛋＝十枚貝殼；一尾魚＝五枚貝殼。

　　貝殼容易攜帶與保存，此點得到市場大部分人的認同，於是貝殼便慢慢成了最受歡迎的交換物。貝殼本身的實用價值較少被使用，卻反而成為一般等價物，專門用以衡量各種物品的價值。後來，由於貝殼容易大量獲得，不再那麼受重視，地位逐漸被金屬所取代。其中，黃金和白銀是稀少的貴重金屬，具有體積小、價值大、容易攜帶、不易磨損等多項優點，於是成了最終的一般等價物，並成為固定貨幣。

清代著作《說文古籀補》中所錄的甲骨文「貝」字

馬克思有句名言：「雖然黃金與白銀都不是註定要充當貨幣的角色，但是貨幣卻只可以是黃金與白銀。」[7] 看看當今世界，美元的國際地位受到挑戰，黃金價格卻不斷上升。從廿多年前不到 300 美元一盎司，漲到現在約 2,300 美元，升勢仍然未止。不僅國際炒家大肆收購儲備黃金，很多國家國庫也增持黃金作為國家儲備的工具，百姓也將黃金當成最穩健的投資工具，還真不能不讚歎馬克思對經濟的洞察能力。

中國早期的貨幣

研究中國的貨幣是一門學問，當中涉及歷史和文化等多層面的知識，而本書主要研究銀行業的發展，對貨幣的演變只能略略論及。

7　"Although gold and silver are not by Nature money, money is by Nature gold and silver.」Karl Marx, *Capital: A Critique of Political Economy* (Moscow: Progress Publishers,1887), 101.

布幣　　　　　　　刀幣

　　中國的貨幣歷史悠久、種類繁多，形成了獨具一格的貨幣文化。人們最早期往往僅是以物易物，作小量交換。後來發展到以某些商品作為交易媒介，包括牛、羊、獸皮、五穀、布帛、玉器珠寶等，而最通行的是貝殼，故此，「貝」字在中國古代就是錢的意思。而後來金元寶的形狀，與甲骨文中「貝」字的形狀也頗為相似。

　　直到春秋戰國時期（前 770 年－前 221 年），金屬才漸漸成為固定的交易媒介。由於是農業社會，農業工具就成了最需要的物品，農具鏟也因此成了當時受歡迎的交易媒介。但隨着交換的數量增多，以物易物的不便之處也日益明顯，例如，有時候為了換得合適的物品，可能需要輾轉多家。就算以金屬為交換媒介，但有時候金屬過於龐大笨重，也難以攜帶。由於愈來愈需要一種固定而方便的交易媒介，因此出現了早期的貨幣。

　　此時貨幣的形狀極富農業社會的特色。早期的貨幣如布幣、刀幣，均模仿當時常用的工具。刀幣的形狀儼然就是一把刀，至於布幣，不要以為它是用布做，其實它乃模仿農具鏟的形狀，用金屬打造而成的貨幣。「布」可能是「鎛」字的同聲字借字，而「鎛」即為古代農具的名稱。不過，在戰亂紛紛的春秋戰國，各諸侯國實行不同的貨幣制度，使用形制各異的貨幣，除了刀幣、布幣，較常見還有環錢。

其中施行「商鞅變法」的秦國，[8] 主要使用圓孔的貨幣，此形狀可能參考農業社會常見的紡輪或當時的貴重物品玉璧。但商鞅變法失敗後，繼承王位的秦惠王為了與商鞅劃清界線，遂將環錢中的圓孔改為方孔。秦始皇在公元前 221 年，統一了齊、楚、燕、趙、魏、韓六國，建立強大帝國，貨幣也隨之統一，遂將秦後期通行的圓形方孔貨幣定為法定貨幣，直至清末，圓形方孔錢幣一直是中國古代貨幣的固定形狀。中國不盛行用錢包，錢幣中間打個孔，方便串連成貫，確實便利，難怪此形狀經久不衰，以至後來，「孔方兄」就成了錢幣的別稱了。[9]

貨幣本是「上人君」（即皇帝）用以御民的統治工具，掌握了貨幣就可以統治天下。不過在秦漢時期，皇帝未必一定可以發行及鑄造貨幣。秦始皇初登基，羽翼未豐，權臣呂不韋操縱大局，用自己的名義鑄幣，更以自己的封號「文信侯」命名錢幣為「文信錢」。後來秦始皇統一天下，終於初步建立了貨幣王室專鑄制度，嚴禁私自鑄幣。

不過，鑄幣所有權的問題，到西漢（前 206 年 – 公元 25 年）時卻再度搖擺不定，時而允許民間自由鑄幣，郡國也可鑄錢；時而政府壟斷錢幣鑄造。當時既有王侯因為鑄錢厚利而富勝天子；但也發生過因為私鑄錢幣而被處極刑的情況，《漢書‧食貨志》記載，當時「自造白金、五銖錢後五歲，而赦吏民坐盜鑄金死者數十萬人，其不發覺者相殺者，不可勝計。」僅漢武帝一朝就有數十萬人因為私鑄被處以死刑。後來漢武帝強令之下，鑄幣權才完全收歸中央，並延續至今。

---

8   春秋時期秦國的孝公即位以後，決心圖強改革。當時來自魏國的商鞅，提出了廢井田、重農桑、獎軍工、實行統一度量和郡縣制等一整套變法求新的發展策略，開始變法。此後，秦國的經濟得到發展，軍隊戰鬥力不斷加強，曾發展為戰國後期最富強的封建國家。

9   關於「孔方兄」的由來，有一種說法是，東晉時，針對當時社會權貴聚斂無道，有一文人寫了一篇文章〈錢神論〉譏諷世風。其中說錢「為世神寶，親之如兄，字曰孔方。失之則貧弱，得之則富昌」，「錢無耳，可使鬼」。此文廣為傳誦，「孔方兄」一詞，也成為了「錢」的同義語。此「孔方」就是根據錢幣中間的方孔而命名，此後，文人說「錢」通常不直名，而說「孔方兄」。

在三國時期（220 年 – 280 年），貨幣制度遇到了嚴重的阻礙。當時社會混亂，金屬貨幣的流通範圍減小，且行制不一、幣值不一，出現了重物輕幣的現象。三國時期的曹魏甚至不得不倒退到實物貨幣政策；後來司馬懿建立西晉，還兼用穀帛等實物。

盛唐時期（618 年 – 907 年），國力鼎盛，社會安定，貨幣流通也變得穩定。不過，當時唐朝與周邊國家有頻繁的商貿往來，無論是從海路到東南亞各國，或者經絲綢之路到中亞、西亞及阿拉伯，在大量購買域外物品諸如香料、珠寶等商品的同時，也支付了大量的貨幣。此外，當時很多文化交流，例如與日本、朝鮮的交流往來、玄奘出使西域等，哪一項不需要大量的貨幣？因此，唐朝時大量貨幣流入周邊各國。

古語有云：「天下之勢，合久必分」，盛唐之後，進入了紛亂至極的五代十國。除非修讀過中國歷史，否則很多人可能連這個朝代的名字都較少聽到。五代十國（907 年 – 979 年）是唐末至北宋建立之前，半個世紀內所建立過的政權及朝代的總稱。「五代」（907 年 – 960 年）指當時北方先後交替出現的五個王朝，這五個朝代在短短 53 年內曾經換了 14 個皇帝；「十國」（902 年 – 979 年）則指中原以外先後或者並列存在的十個割據政權。

五代十國時期，中國經常同時出現六七個政權並存的局面。政治分裂割據，改朝換代像走馬燈一樣，大家各自為政，各自鑄幣。除了官方鑄錢外，亦有民間鑄錢，貨幣極為混亂。當時甚至已有鑄惡錢來增強自身實力，[10] 以達到削弱他國力量的目的。譬如十國中的楚國，利用該國多產鉛鐵的條件，鑄造鐵錢、鉛錢及錫錢，但這些劣質貨幣只

10　所謂惡錢，即成色及質素較差之錢幣，也稱「劣幣」（bad money）。

能在當地流通。由於外來商人不能帶這些劣質錢幣出境外使用，因此只好買本地土貨，國家竟因此富饒。

劣幣有時實在不堪，有些國家甚至用堇泥（即細粘土）鑄錢。劣幣一多，「劣幣逐良幣」（bad money drives out good）的情況就出現了。以五代南唐為例，當時皇帝李璟曾鑄造銅幣作為流通貨幣，其子李後主李煜則以鐵鑄錢。本來銅、鐵並用，結果民間紛紛藏匿銅錢，商人用十個鐵幣換一個銅錢運出國外，最後只有鐵錢在流通。政府無法禁止，只好把大量銅錢收集起來，不令其進入市面，結果鐵錢成了市面上的主要流通貨幣，此不正是「劣幣逐良幣」的典型例子嗎？

一千多年前的五代十國，已有鑄惡錢來增強自身實力及削弱他國力量，以至出現劣幣逐良幣的情況，此舉與現今世界國與國之間的經濟角力何其相似！

中國是最早發明和使用紙幣的國家，宋代的紙幣系統已相當發達，元代和明代的部份時期更以紙幣為唯一合法貨幣。但是，宋、元、明的紙幣並不是信用貨幣，不是以國家信用為基礎、具有法律意義的紙幣。直到 1935 年，國民政府實行不足兩年的「銀本位」，在中國歷史上第一次建立具有法律意義的法幣體系。中國傳統貨幣經濟中的交易關係的本質是民眾、商人和商品，以及官家共同治理，是以產權私有制和商品市場經濟為基礎的。換言之，貨幣經濟、私有產權和商品市場經濟相互依存，支撐了中國傳統貨幣經濟的運行，並決定了財富的存在方式、擁有方式和分配方式。

貨幣形態多元化、多樣化和高度區域化，以及貨幣之間的機制，不斷向貨幣體系注入新的生命力，從而實現貨幣經濟的和諧。這是中國歷史的常態，即使朝代更迭，新朝往往接受和延續前朝的貨幣體系和制度。可以說，中國傳統貨幣制度具有一定的穩定性。古希臘、羅馬帝國和古埃及都有過相當強盛發達的貨幣經濟，但是最終都消失，惟有中國貨幣經濟延續至今，而且沒有中斷過和世界的交流和互動。

表 1.1　中國朝代更替表 [11]

夏			前 2070 年 — 前 1600 年
商			前 1600 年 — 前 1046 年
周		西周	前 1046 年 — 前 770 年
		東周	前 770 年 — 前 256 年
		春秋	前 770 年 — 前 476 年
		戰國	前 476 年 — 前 211 年
秦朝			前 221 年 — 前 206 年
漢朝		西漢	前 206 年 — 公元 25 年
		東漢	25 年 — 220 年
三國		魏	220 年 — 265 年
		蜀	221 年 — 263 年
		吳	222 年 — 280 年
西晉			265 年 — 316 年
東晉十六國		東晉	317 年 — 420 年
		十六國	304 年 — 439 年
南北朝	南朝	宋	420 年 — 479 年
		齊	479 年 — 502 年
		梁	502 年 — 557 年
		陳	557 年 — 589 年
	北朝	北魏	386 年 — 534 年
		東魏	534 年 — 550 年
		北齊	550 年 — 577 年
		西魏	535 年 — 556 年
		北周	557 年 — 581 年
隋			581 年 — 618 年
唐			618 年 — 907 年
五代十國		後梁	907 年 — 923 年
		後唐	923 年 — 936 年
		後晉	936 年 — 946 年
		後漢	947 年 — 950 年
		後周	951 年 — 960 年
		十國	902 年 — 979 年
宋		北宋	960 年 — 1127 年
		南宋	1127 年 — 1279 年
遼			907 年 — 1125 年
西夏			1032 年 — 1227 年
金			1115 年 — 1234 年
元			1279 年 — 1368 年
明			1368 年 — 1644 年
清			1644 年 — 1912 年
中華民國			1912 年 —
中華人民共和國			1949 年 —

11　中國朝代更替可歸納為一首詩：夏商與西周，東周分兩段。春秋和戰國，一統秦兩漢。三分魏蜀吳，
　　兩晉前後延。南北朝並立，隋唐五代傳。 宋元明清後，王朝至此完。

宋徽宗御書錢——大觀通寶　　世界上最早的錢幣——北宋交子

　　中國自漢朝以降，直至清末，「錢荒」不斷。長期以來，人們對錢荒的理解過於簡化，以為是銅錢的財幣供給不足或流失所致。其實，「錢荒」的核心問題是以銅錢為主體貨幣形態的需求大於供給，不能滿足市場經濟活動對貨幣的需求。在貨幣非國家化的制度下，自組織的社會經濟就會增加貨幣供給，於是，正規、非正規的與合法、非法的貨幣便會進入市場。

　　以宋朝為例，再怎麼增加銅錢供給也無法滿足城市化和市場經濟發展的需要，銅錢供應畢竟受制於幣材市場、鑄造能力和鑄幣成本。所以，鐵幣和紙幣的面世，對擴大貨幣供應而言很有必要。在中國歷史上，劣幣驅逐良幣很難成立，而是兩者和平共處。對於貨幣短缺的情況，即使是品質再差和不足量的「劣幣」，只要能夠充當交易仲介，有勝於無。一般而言，錢荒多會自行緩解。但若自我緩解能力失靈的話，銅錢、銅材愈發值錢，加劇錢荒，經濟蕭條便接踵而至。中國大多數朝代，不是忙於通貨膨脹，而是忙於經濟蕭條。

　　北宋（960 年 – 1127 年）統一中國，結束了五代十國紛亂的局面，貨幣製造也恢復穩定。宋代首創了一種特殊的貨幣，稱為「御書錢」，即皇帝親筆在錢幣上書寫文字。文字是遠古聖人所造，有至高無上的崇高境界，錢幣則是「先王所造」，掌握着國家的經濟命脈。二者的

高度統一，就形成了封建王權和文化藝術的象徵。宋朝多位皇帝都親手書寫過錢文，其中宋徽宗「瘦金體」錢文，不僅鑄造技術高超，更重要的是書法秀美，為歷朝之冠，堪稱歷代錢幣藝術的最高水準。

雖然北宋最終為金兵所消滅，到底也曾繁華一時。當時之首都東京，即今天的開封市，世界各國商人雲集，堪稱是世界上最繁華的城市之一。商業的發達，促進貨幣的流通，笨重的金屬製貨幣在攜帶與流通上均不太方便，於是，出現了世界上最早的錢幣——交子，其後陸續出現別的紙幣，包括會子和關子。

紙幣的出現在中國歷史久遠，被認為是紙幣使用的先河。劍橋大學圖書館保存了一本 1975 年出版的《中國舊紙鈔》，影印了不少唐、宋、遼、元各代發行的寶鈔、軍餉鈔。

不過，貨幣的鑄造權雖然統歸國家所有，但交子的產生，最初卻是民間自由發行，產生於素有「天府之國」美稱的四川。後來，交子漸漸獲得市場認可，遂發展成由富商聯合發行（約 1008 年 – 1016 年）。當時的交子，通常會印製屋、木、人、物等圖案，用統一的紙張，金額則是填寫的，隨時可以兌換，但收手續費。當時除成都外，各地均有交子分舖。不過到了後來，因有交子戶詐偽，導致擠提，最終交子的印刷權才改由官辦。

宋朝後的元朝（1279 年 – 1368 年），由成吉思汗建立，他一度將領域擴張到現在的歐洲，不過也維持不到百年。元代貨幣的特點是，在宋朝基礎上，紙幣逐漸發展成為流通中的主要貨幣，銅錢的地位減弱，與此同時白銀的流通量佔有很大的比例。

元末，由於濫發紙幣，導致嚴重的通貨膨脹，擾亂了商品秩序。為保障商品經濟的良好運行，明朝（1368 年 – 1644 年）改革了貨幣制度，鑄造洪武通寶錢，在應天建寶源局，嚴禁私鑄。《明史·食貨志五》載：洪武七年（1374），設寶鈔提司，並於次年重新發行鈔票。

繼之而起的明朝（1368 年 – 1644 年），也是大力推行紙幣，雖然銅錢也與之並用，但據統計，當時鑄造的銅錢數量，平均每人只有三文錢。儘管明政府大力推行紙幣，卻似乎不太信任自己所發行的紙鈔。當時發行明鈔，只出不進，或多投放、少回籠。政府發鈔支付軍餉、向民間收物資、金銀財貨使用紙鈔，但租稅卻不收鈔，或者僅搭配少量新鈔。《管子》說得好，錢之所以有價值，乃君王重之，政府不信任自己發行的錢幣，怎能穩定其價值？再加上後來財政開支過大，修建北京城、將首都由南京移往北京、鄭和下西洋等，無不需要大量財力。為解決這麼龐大的開支，只有通過大量發行「寶鈔」，因此導致嚴重通脹，如此一來，必然的下場就是紙鈔迅速貶值。以當時的米價為例，明朝初期，一石米只需要一貫，後來竟然要高達一百貫！

明朝經濟發達，貨幣流通加劇。當時銅錢太少，不能滿足需要；紙幣太多，貶值嚴重，紙幣不再受到信任；黃金太稀少而且太貴重。在這種情況下，民間紛紛自發使用銀銅。結果，白銀就成了法定流通貨幣。不過，使用銀兩時，必須檢驗它的成色、重量，以此判斷其價值。明世宗嘉靖八年，政府規定解京銀兩皆傾注成錠，從此，銀兩有了規定的成色、重量和單位，又定為納稅的法貨和國家財政收支的計量單位，中國古代的貨幣銀本位制度至此確立起來。

中國人對銀有一份狂戀，由於金的供應極端稀少，在中國大地，凡是與商業往來有關的重要人、物和事均以銀衡量。明萬曆九年，張居正實施一條鞭法，首創規定老百姓必須用銀繳稅，不許用實物抵減，正式建立了銀本位。賣銀的地方叫「銀樓」，存借錢的地方叫「銀行」。民國初年銀行發行的紙鈔叫「銀元券」。在當時的中國，銀就是一切。

這個時候，隨着與國外貿易的頻繁往來，外國銀元開始經由葡萄牙人和菲律賓華僑流入中國，最早的是墨西哥鑄造的西班牙銀圓。由於外國銀圓形式、成色、重量比較整齊劃一，因此被民間廣為接受。

從此銀大量地輸入到中國，而中國不大需要別人的東西，於是變成貿易順差國。貨幣供應量的上升，帶來晚明短期的景氣。從隆慶開禁到萬曆結束，中國僅出口了佔國民生產 0.5% 的物產，就換回了足以支撐國內交易所需的萬噸白銀貨幣，銀子的地位直線上升，坐穩了本位貨幣的頭等交椅。到洪武末年，大明寶鈔急劇貶值，白銀逐漸成為民間和官府的交換媒介和流通方式。

至於紙鈔（即當時的明鈔），於 1522 年明朝政府規定入庫全部用銀後，等於宣佈作廢。明政府的貨幣政策雖然失敗了，但從此「鈔」字卻深入民心，直到今天內地還稱錢為「鈔票」。其實「錢」、「鈔」、「票」在古代卻是不同形式的貨幣。黃宗羲在《明夷待訪錄》中主張廢除金銀貨幣，使用「寶鈔」，而以金銀作為寶鈔的基金。他這思想有利於工商業的發展，並啟發了近代的經濟政策。

清朝（1644 年 – 1911 年）也發行過紙鈔，但規模不大，後來逐漸停用。當時貨幣仍以白銀為主，不過有時候一錠銀元可能多達 50 兩，足夠小戶人家生活三兩年了，所以小額交易還是用銅錢。清初鑄錢沿用兩千多年前的傳統，採用模具製錢，後期則仿效國外，用機器製錢。清朝白銀有兩種——實銀與虛銀，後者是為了便於記賬所採用的價值符號。由於銀兩成色及平碼皆有出入，不能簡單相加來記賬，為解決這種困難，所以採用固定的平砝及成色的虛銀概念，將所有實銀折算成虛銀再入帳。[12]

清朝中期，海關大開，外國銀元進一步大量流入。當時在福建流通的銀圓，除西班牙銀圓，尚有法國、荷蘭、威尼斯、墨西哥、葡萄

12　虛銀兩是一種以一定平砝和一定成色為標準的記帳單位，其他所有的實銀需折算成虛銀兩後方可入賬。譬如上海地區通用的虛銀兩又稱九八規元，計算時首先將普通的寶銀換算成標準紋銀成色，再以九八除之，得到的就是規元數，即用以入賬、結帳的數目。此方法一直用到 1933 年「廢兩改元」，歷時 76 年。戴建兵：《白銀與近代中國經濟（1890–1935）》（上海：復旦大學出版社，2005 年），頁 26–29。

廣東龍銀　　　　　　　　袁大頭銀圓（中華民國三年鑄）

牙等各國銀圓，簡直是萬國貨幣博覽館。和珅被抄家時，竟然有洋錢五萬八千枚。鴉片戰爭失敗後，開放五個通商口岸，洋錢在中國境內也普遍流通，[13] 美國、英國及香港鑄造的銀圓也大量流入，在國內形成了金融勢力圈，和列強在華勢力範圍相適應。

　　外國銀圓流入的同時，中國白銀亦大量流出，於是清政府決定鑄造銀圓。乾隆皇帝嘗試過改鑄新幣，其底本竟然是西藏的銀幣。不過真正鑄造銀圓，要等到光緒十五年（1889 年），洋務運動主力幹將之一張之洞在廣東設廠，[14] 鑄造銀元，統稱「龍洋」。甲午中日戰爭前後，各省紛紛設廠鑄幣，不過這也造成了很多問題。宣統二年（1910 年），清政府制定「國幣則例」，規定鑄幣權統一歸中央。早在 1908 年，袁世凱在接受《紐約時報》記者訪問時，指出當時中國最需要改革的是財政制度、貨幣流通體系及法律結構。民國成立後，銀圓流通依然混亂，民國三年（1914 年）二月公佈「新國幣條例」，統一銀圓，即「袁大頭」。

13　李祖德、劉精誠：《中國貨幣史》（北京：文津出版社，1995 年），頁 302。

14　張之洞，晚清四大名臣之一，其提出的「中學為體，西學為用」的口號曾為當時中國各界的行動綱領，是後期洋務運動的主要推動者，也是中國重工業的開山功臣。

1866 年第一枚香港一元硬幣

香港一元硬幣

　　在香港貨幣發展史上，一元的誕生最為傳奇。早在本地銀行貨幣流通之前，已有外國貿易銀幣充當一元面額的貨幣，在香港市面流通。直至 1866 年，港府在銅鑼灣成立了香港鑄錢局，「香港壹圓」硬幣正式誕生。1868 年鑄錢局關閉後，一元硬幣停產，至 1986 年底再次出現，並一直沿用至今。

　　香港與內地血脈相連，1841 年香港開埠初期，在中國通商口岸使用的貨幣同時在香港流通，即大額交易使用銀錠，小額交易用銀元銅錢。銀錠的形狀大小不一，以重量和成色計算面值，不便於攜帶。銀元則指外國貿易的銀幣，是外商為遠東貿易而鑄製的，尤以 1821 年以前西班牙殖民墨西哥期間在當地生產的「本洋」為主，以及墨西哥獨立後改鑄的「鷹洋」之流通量最大。這些以機器鑄造的貿易銀幣，成色固定，大小輕重劃一，交易時可以用「枚」作結算，因此廣受歡迎。至於用作輔幣的中國銅錢，通常以「吊」銅錢為單位，每千杖為一整串，習稱「一吊錢」，一枚銀元可兌換 1,200 枚銅錢。

　　1863 年，港府開始向英國訂製一文和一仙銅幣，以及一毫銀幣，由英國皇家鑄幣廠鑄造，亦有部分一文銅幣由伯明翰希頓父子有限公

司鑄造。翌年開始在香港市面流通，成為香港最早的輔幣。直至 1866 年，港府在今天的銅鑼灣興建香港鑄錢局，才開始鑄造面額五仙、一毫、二毫、半元（即五毫）及一元銀幣。由於華人習慣在銀幣上戳上商號名以辨別真偽，所以市面流通的鷹洋經年累月受已成爛版，市場對完好的鷹洋需求甚殷，於是香港鑄錢局開始鑄製一元硬幣，同樣含有九成白銀。當時香港鑄錢局除了替香港政府鑄幣外，亦會接受本地銀行及商人將銀塊、銀條加工鑄成銀幣，但由於在本地訂單不足，又未能拓展內地市場，被迫於 1868 年間月底停產。這杖香港一元硬幣雖然只投產了兩年，卻一直流通使用至 1935 年香港回收市面所有銀幣及白銀為止。

隨着港府於 1935 年進行幣制改革，改棄銀本位幣制，匯豐銀行便停止發行一元紙幣，改由政府發行。兩年後英國貿易銀元停用，一元貨幣只剩下政府紙幣。直至 1960 年 12 月 12 日，香港一元才重新以硬幣示人。香港政府於 1973 年 11 月，由財政司委任了一個硬幣檢討委員會，就鑄造成本、攜帶方式、存儲辦法、價格模式，接受硬幣和計算硬幣數量的機器、偽造風險，以及未來通行的硬幣與紙幣的關係等各方面進行研究，並於 1975 年發表了報告書。報告書除了建議推出二元及五元的新面額硬幣外，亦對現有面額的硬幣提出建議。

根據 1984 年簽訂的《中英聯合聲明》規定，「凡所帶標誌與中華人民共和國香港特別行政區地位不符的香港貨幣，將逐步更換和退出流通。」有見及此，與其在 1997 年才推出新硬幣，港府認為不如及早在 1993 推出，避免回歸時因新舊幣交換造成混亂，亦可避免多收約十億枚的新鑄硬幣。所以，港府在回歸前推出新幣，用意在節約成本和有助順利過渡。至於設計出一款被中英雙方接納的硬幣的重任，便落在當時的外匯基金管理局局長任志剛身上。任志剛向政府新聞處取得幾幀洋紫荊的照片，再由他親手把有關的字體複印、剪貼，成為硬

幣設計的初稿。洋紫荊硬幣於 1993 年 1 月 1 日最初推出市面時，只有 2 元和 5 元，至同年 10 月 11 月洋紫荊一元硬幣才投入市場。

政府透過金管局授權三家商業銀行在香港發行銀行紙幣，這三家銀行分別為：香港上海滙豐銀行有限公司、中國銀行（香港）有限公司和渣打銀行（香港）有限公司。這項授權附帶一套由政府與三家發鈔銀行協定的條款與條件。發鈔銀行發行銀行紙幣時，必須按照聯繫匯率制度以指定的匯率（即 1 美元兌 7.80 港元）向外匯基金交出美元；贖回已發行銀行紙幣時，也必須以相同匯率從外匯基金取回相應美元。發鈔銀行發行的銀行紙幣都是由香港印鈔有限公司在香港印製。

金管局在 1996 年 4 月代表政府從英國德拉魯集團購入位於香港大埔的印鈔廠，並改名為香港印鈔有限公司。在收購後，政府便能透過金管局直接參與印製港元紙幣，符合《法定貨幣紙幣發行條例》及《基本法》賦予政府的責任。1997 年 3 月，政府將香港印鈔公司的 15% 股權售予中國印鈔造幣總公司。同年 10 月，政府再向三家發鈔銀行合共出售香港印鈔 30% 股權（即每家發鈔銀行 10%）。政府仍為香港印鈔的大股東，對該公司行使控制權，並由金管局總裁擔任公司主席。

目前流通的港元紙幣面額分為 10 元、20 元、50 元、100 元、500 元和 1,000 元。面額 20 元、50 元、100 元、500 元和 1,000 元的紙幣由三家發鈔銀行發行。2010 系列及其他舊版的鈔票繼續為法定貨幣，與 2018 系列同時在市面流通使用。因應公眾需求，政府在 2002 年發行 10 元紙質鈔票，並於 2007 年發行 10 元塑質鈔票。由兩家發鈔銀行於 1990 年代發行的 10 元紙幣，仍然是法定貨幣，但已停止印製。[15]

時移世易，今天一元的重要性已大不及前，除了是因為貨幣的購買力外，電子貨幣如八達通的普及，亦取代了現代現金交易所需的輔

15　陳成漢：〈香港一元硬幣的故事〉，《明報月刊》（2012 年 3 月），頁 97。

幣。小小的一元硬幣，見證了香港滄海桑田的變化，不同年代的「香港壹圓」，似在訴說不同時期的香港故事。當中有政治經濟的變化，也裝載民生苦樂的記憶。

中國早期的金融活動

古時中國交通不發達，要將笨重的銀兩運往異地，存在很大風險。為此，專門護送貴重貨品或巨額銀兩的「鏢局」便應運而生了。但武功再高強的保鏢，也難保財物萬無一失。例如《水滸傳》裏負責押送財物的楊志，一不提防喝了劫鏢者的蒙汗藥，就喪失巨額銀兩。類似風險，在山長水闊的押鏢過程中在所難免，再加上鏢局運送時間長、費用高，在處理大生意時，現銀交收愈來愈不方便。

其實早在唐朝，長安、洛陽、揚州等商業地區，已經出現了所謂的「櫃坊」和「飛錢」。櫃坊經營錢物寄付，在櫃坊存錢的客戶可以憑書帖（類似於支票）寄付錢財。「飛錢」又叫「便換」，類似現在的匯票，乃是異地取銀錢的一種匯兌方式。當時外地商人在京城做生意賺錢後，只要將錢款交付駐京的進奏院及各軍各使，或交往各地設有聯號的富商，然後由機關、商號發半聯票券，另一半則寄往各地機關、商號。商人其後與各地機構或商號，合對票券便可取錢，此種票券即稱「飛錢」。

明末清初，陸續出現錢莊、銀號等舊式信用機構。錢莊主要分佈在長江下游沿海一帶。到了清朝，華北各省、廣東及香港亦紛紛發展類似機構，稱為「銀號」。早期錢莊通常只是個體戶式經營，不設分店，經營資金來自店主，並依賴其個人及其家族的信譽經營，接受顧客現金存款，發出莊票和錢票證明。此類莊票或錢票有如貨物的提貨

清末民初時期的錢莊錢櫃，用以存放錢款及各類票據憑證

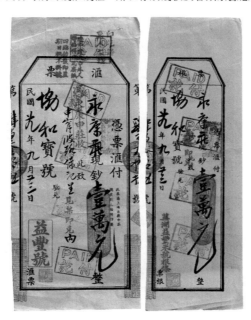

1940 年益豐米號的匯票

紙，可以不具名，性質近似於現代的現金支票。及後，錢莊規模逐漸壯大，錢莊互聯，等於開設各地的分行，方便提存、信貸、抵押，異地市場因此興盛。錢莊可說是中國銀行業之源頭。

乾隆後期，錢莊業務發生變化，漸從銀錢兌換轉向信貸，因而發展出專門做匯票生意的金融機構——票號。票號又稱票莊或匯兌莊，顧名思義，即匯兌銀票的地方。早期以承擔匯兌業務為主，到了清初許多票號又增加了存款服務，其功能已經相當類似近代銀行。

早期經營票號的全是晉商，即山西商人，又稱「西幫」。傳聞晉商在堯舜時期已開始出現，此說難以證實，不過山西商人進行貿易、開設鏢局、當鋪等各種商業活動，在中國歷史可見一斑。以典當業為例，康熙時期，全國二萬多家當鋪中，山西商人開辦的就有 4,695 家。近代有很多學者對晉商及其經營的票號做了大量學術研究。據史料統計，清代全國排名前 16 位的大財團都在山西。僅僅把山西幾個縣的富戶家產相加，數量就超過了一億兩白銀。這個數量甚至比當時國庫的存銀還要多，確實稱得上「富可敵國」。

當時晉商與官府關係密切，故山西票號不僅面向民間商貿，也受政府委託進行金融業務活動。八國聯軍入侵北京，清廷戰敗後簽定《辛丑條約》，需要支付各國戰爭賠款四億五千萬兩，此款項也主要由山西票號匯解，由票號把這筆錢匯到英國的滙豐銀行，再由滙豐銀行交給各國政府。票號發展進入了鼎盛時期。

山西票號的經營理念與模式頗有值得借鑒之處。《論語》說：「人而無信，不知其可也」；又說「民無信」不立，誠信向來是中國人最推崇的品德，而山西票號的東家及掌櫃高度自律、講究誠信的商業道德正是其成功的第一要素。所謂東家即資本持有者，而掌櫃則是管理店舖的專業人士。山西人所經營之票號由於分店眾多，必須靠非家族的掌櫃經營運作。這些掌櫃通常都能克盡職守，有良好的道德觀念及職

業操守，對出資本的財東（即東家）負責。事實上，不僅是掌櫃，票號裏的員工也必須有道德及自律，建立自己的聲名，才有前途。譬如說，祖父輩向人借錢未及償還就過世，其後輩若為其還債，均會因其品行高、守信用，而成為富商爭相聘用的人物。

除了誠信為本的經營理念外，最值得我們注意的是當時的票號東家，已經採用分配股份予掌櫃及員工的方式，提升經營者的積極性。票號的股份通常分為「銀股」與「身股」兩種。前者屬東家出資的本金，而後者又稱為「人力股」或者「頂身股」，即不出資本以人力來換取一定數量的股份，最後按股份額與財東的銀股共同參與分紅。並非所有員工都可以頂身入股，而須達到規定的工作年限，一般而言，新員工入號大約需 12 到 15 年，工作勤奮沒有過失，由掌櫃（即經理）向東家推薦，才可頂身入股，以後則按其服務年資增加配額。《淮南子·兵略訓》道：「千人同心，則得千人力；萬人異心，則無一人之用」，但要統千人之心，實屬不易，但在「人力股」制度的規劃下，無論是掌櫃還是員工，均不再容易起私心，因為票號的事正是自己的事，如此一來，千人一心就不再只是理想了。也因此，基於東家的誠信、掌櫃的操守及股權的分配，票號的業務曾鼎盛一時。

錢莊、銀號、票號均為中國舊式金融機構的名稱，朱彬元在《貨幣銀行學》中指出：「錢莊與銀號實為一類。大抵在長江一帶名為『錢莊』，在北方各省及廣州、香港多呼為『銀號』。」鴉片戰爭以前，廣州作為最重要的對外通商口岸，已有眾多的銀號。當時，廣州已有銀號的公共組織——忠信堂，建立於清朝康熙年間，它領導的銀業公市稱為「銀業公所」，到 1873 年增加到了 68 家。當時，廣州的對外貿易處於公行壟斷時期，經營銀號的大多是與行商有密切聯繫的「銀師」，協助外商保管現金，鑒定銀兩和融通款項。

香港開埠後，隨着轉口貿易和商業的發展，香港與廣東各鄉及海外各埠的匯兌日增，由華人經營的銀號紛紛湧現。據考究，香港最早的銀號成立於 1880 年。1890 年，香港已有銀號 30 餘間。到 1930 年初，香港各類銀號已發展至接近 300 家，規模大者資本約有數百萬元，多屬銀業行聯安公會；規模小者資本也有四至五萬元，業務以買賣為主。這些銀號主要集中在港島文咸東街、文咸西街（南北行）及其鄰近的皇后大道中、德輔道西一帶。其中，著名的銀號有馮香溠和郭君梅的瑞吉銀號、潘頌民的滙隆銀號、周少岐兄弟的秦新銀號、余道生的余道生金鋪、以及昌記銀號等。

香港銀號的種類，按其經營的業務劃分大致有三種，分別是以按揭業務為主的，從事金銀找換、貨幣兌換的，以及炒賣為主的，其中以第一類最大，其業務也與銀行最相近。銀號的一個重要資金來源，是從外資銀行獲得由其買辦作為擔保的「鋪保貸款」。

香港銀號最具規模的行業公會是香港銀業行聯安公會，成立於 1932 年 12 月 12 日，會址設於乍畏街（現稱蘇杭街，Jervois Street），並制定公會修正章程 18 條。該會的前身是銀業聯公堂，創辦於 1907 年，是當時銀號同業集思廣益、聯絡感情的機構。1930 年，香港政府成立特別小組，專門研究對接受存款的管制問題，但到二次世界大戰結束後才再度被提到議事日程上。

清朝末期，票號因戰亂使金融業停滯而倒閉，倖存者亦被銀行陸續取代。儘管如此，票號的運作依然值得我們學習。譬如 2009 年 10 月 18 日，《紐約時報》在美國國際集團（AIG）發生經營危機與信任危機雙重打擊之時，就曾刊登了山西票號的特稿，向美國公眾大力推崇山西票號誠信為先、利潤在後的商業道德。此外，山西票號所設置的「人力股」也頗值得關注，金融海嘯後，曾有人將此管理模式與西方的代理理論（Agency Theory）作比較。現代的大公司較偏向資本股東與經營者分離，股東與經營者的關係其實是委託人與代理人的關係

（principal-agent）。代理理論的研究主要包括反向選擇以及道德風險的研究，該理論提出，固定的工資與合同並不總是協調股東與代理關係的最佳選擇。[16] 為了平衡雙方的關係，往往需要較大的監督成本，譬如股東聘請外部審核機構監督代理人，或者代理人出於自利的考慮，設置如內部審計之類的監督服務。而山西票號在百多年的歷史中，掌櫃卻能夠盡心盡力地為股東服務，不能不讓人對票號的管理機制刮目相看。

除了對掌櫃及員工的管理有效，票號機構之匯兌的運作亦相當科學化。票號運作其實相當簡單，譬如商人從南方運茶到北方賣，所得之銀兩存入票號，票號驗收銀兩的成色及重量後，發出匯票，商人可帶着匯票返回南方，憑藉匯票到該票號的南方分店提取白銀，省卻運白銀之風險。至於客戶存入之白銀，則藏於票號之地庫裏，當票號白銀存倉過多時，會拆借予其他行家，或者作貿易貸款。

為了確保安全，票號對匯票的印刷和安全性要求極高。當時所採用的防偽技術，有背書、微雕等方法，更有浮水印技術，並會在發出之匯票的銀碼上加蓋印章，以防塗改及偽冒。此外，在票背上寫上每間票號自擬的密碼。密碼是每間票號的最高機密，只有最高管事者方知。有些票號將密碼掛在帳房牆上的牌匾，只是世人不知這是密碼。譬如清朝有所叫「日升昌」的票號，現在中國歷史博物館存有其匯票，他們用的密碼是：

「謹防假票冒取，勿忘細視書章」

「堪笑世情薄，天道最公平。昧心圖自私，陰謀害他人。善惡終有報，到頭必分明」

---

16 「委託人—代理人」的研究主要涵蓋逆向選擇及道德風險顯示，固定工資及合約並非是構建該關係的最優方法。

「坐客多察**看**，斟酌而後行」

「國**寶**流通」

粗看之下，這些話似乎僅是普通的家規或警世格言，但此四句話實大有玄機。第一句共 12 字，代表 1 至 12 月；第二句共 30 字，代表 1 至 30 天；第三句話則表示銀兩數量 1 至 10，而最後一句四個字則代表萬、千、百、兩。因此，如果票號在 5 月 18 日給省票號分號匯銀 5,000 兩，其暗號代碼為「冒害看寶通」。這些密押外人是根本無法解密的，而且密碼每隔一段時間都會更換。因此，在日升昌經營的百年歷史上，居然沒有發生過任何一次被誤領或冒領的現象。

中國早期的國庫及發鈔

前一節是有關民間的金融機構與運作，民間通過錢莊和票號，發行匯票；至於政府，則運用其特有的權力發鈔及鑄幣。第二節講述中國早期的貨幣時，對此已有提及。不過，作為鈔幣的發行者與管理者，並非所有政府都盡責。譬如明朝政府發行紙鈔，只出不進，或多投放，少回籠。政府發鈔支付軍餉，向民間收物資和金銀財貨使用紙鈔，但租稅卻不收鈔，或者僅搭配少量新鈔。不僅如此，後來政府為了支付龐大的開支，又過量發行寶鈔，導致嚴重通脹，紙鈔迅速貶值。至永樂二十二年，民間普遍用金銀銅錢，白銀一兩，已值鈔百貫，比初定鈔法時漲了一百多倍；英宗時，再增至值鈔千貫。

如現代社會般由銀行或國家委託銀行發行鈔票的模式，要等到近代方出現。「銀行」這個名稱及運作模式，乃是晚清時候由西方傳入中國的。1840 年鴉片戰爭後，戰敗的清政府被迫於 1842 年 8 月簽訂《南京條約》，除了正式將香港島割讓予英國外，尚須開放上海、寧波、

福州、廈門與廣州五個港口與外通商。從這時開始，外國銀行開始進入中國。1843 年，上海對外開埠，英資銀行率先在滬港兩地開業。接着 1865 年，滙豐銀行亦於香港成立。

　　當時除了銀行外，陸續開放通商口岸也促成中國與外國之間的頻繁通商。另外，科技、思想觀念等方面，中國人也向現代化跨了幾步。例如首位到美國留學、後任清廷留學事務局副委員的容閎，學成歸國後曾向清朝建議成立輪船公司，建議雖未獲接納，[17] 但在中國開辦公司的觀念卻得以萌芽。1872 年，由小說家張愛玲的外祖父、當時洋務運動的主要領導者之一李鴻章負責，向商界招股集資成立輪船招商局。自此中國紛紛仿效外國成立股份制公司，因公司由官方倡導及監督，故稱「官督商辦」。

　　在近代中國，太平天國的領袖洪仁玕最早提出辦銀行的主張。1859 年，他在《資政新篇》中提出「興銀行」一條。1860 年，中國第一位留學生容閎出訪天京（即太平天國首都，今江蘇南京），向洪秀全提出興辦七件事的建議，其中第五件事就是興辦銀行。可惜，隨着太平天國覆滅，容閎的主張乃無疾而終。

　　在洋務運動晚期，傳播西方財政金融的改革家是鄭觀應。鄭觀應在《盛世危言》（1893 年出版）中，兩篇直接論述創辦銀行的文章：〈銀行下〉以及〈鑄銀〉，縷述他對銀行的主張。鄭觀應以調節餘缺，互通有無的認識論，作為建立銀行的價值基準。他稱：「天下之財莫善於流通，莫不善於壅滯。財流通日見有餘，已與人兩得其利。」他對銀行的主張有三點：

17　首位留學美國的華人容閎（1828–1912），於耶魯大學畢業之後回國，曾向清朝提出幾項重大的建議，包括成立汽船股份制公司、派幼童往西方留學、開發礦藏等。其中派幼童往美國留學事於 1872 年經曾國藩奏準慈禧太后，得以落實起行。容閎後人容啟東，乃著名生物學家，在 1960–1975 期間出任香港中文大學崇基學院校長。

（1） 創辦銀行的宗旨，即有益國計民生：對國計的好處，是就整個國家而言，可以通過銀行這個信用中介，發揮資金餘缺調劑的作用，將全國範圍的閒置資集聚起來，為經濟活動提供融資。對民生的好處，主要體現在為金融生態與市場的穩定提供支持。首先，當商行、票號和錢莊一時周轉不靈，可以借助銀行的融資來穩定市場，讓商務活動可持續，而當市場出現銀根資金短缺的時候，可以憑借銀行匯票的流通，補充流動性，穩定市場。

（2） 銀行市場原則的邊界和保障：銀行制度的建立，需要相應的制度安排和法律維持。

（3） 銀行的設立與信用貨幣的創造：設立銀行的重要目的之一，是要通過發行銀行券來支持國家的經濟，同時獲得貨幣發行的收益。在這個問題上，他初步認識到信用貨幣制度建立的基本機制。他在〈銀行上〉中稱：銀行發行的鈔票，必須接受官方監管部門的監管，必須有一定比例的發行準備，以應對客戶的零星換銀需求。

在貨幣問題上，鄭觀應在〈鑄銀〉篇中，力主清朝政府自鑄銀元，主要是通過鑄造銀元來收回外國銀元在中國流通所獲取的鑄幣稅收益和貨幣主權。

鄭觀應創辦銀行的主張，為中國 1897 年在上海建立第一家銀行——中國通商銀行，提供了思想基礎。事實上，鄭觀應正是創辦人、洋務派大臣盛宣懷認為他是經營近代工商業的得力助手。他寫信給盛宣懷，催促他儘快興辦銀行。他寫道：「銀行為百業總樞⋯⋯與鐵路、鐵廠相表裏，亦屬利藪，遲為捷足先登，誠為可惜。」兩人合力最終促使了中國第一間銀行的誕生。[18]

18　何平：〈鄭觀應的銀行論和近代中國銀行發展的指向〉，《中國錢幣》第一期（2022 年）。

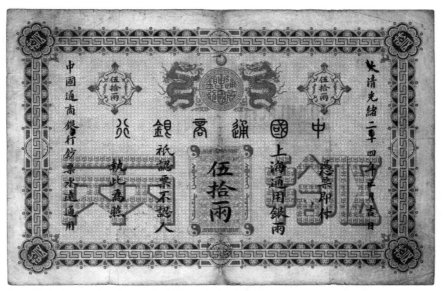

中國通商銀行上海通用銀兩五十兩紙幣（光緒二十四年（1898年）發行）

　　回說銀行業，除了外國銀行在中國開辦分行外，中國人也開始模仿西方銀行的模式，自己開辦銀行。第一間由中國人自辦的銀行是中國通商銀行。此乃由督辦全國鐵路事務大臣盛宣懷奏准清廷後，於光緒二十三年（1897年）在上海成立。與李鴻章所宣導興辦的公司一樣，中國通商銀行也是官督商辦性質，官督商辦的股份佔42%，官僚影響甚大。創辦後第二年，即1898年，中國通商銀行開始獲國家授權發行銀元券、銀兩券。此券在英國印製，格式亦參照滙豐銀行在香港發行的鈔票。

　　1900年，北京發生義和團運動，導致京城大亂，而中國通商銀行亦遭搶掠，其中包括銀行鈔票、現銀、銀元。該行遭搶掠後，在報紙《申報》刊登廣告，列出被搶鈔票號碼，並宣佈被搶鈔票無效。

大清銀行十元紙幣

大清銀行五十兩銀錠

中國通商銀行雖有政府干預，但卻非國家銀行。中國首間國家銀行，是成立於 1905 年的大清戶部銀行。此行有總行與分行，總行設於北京，同年 10 月開設上海分行。1908 年改名為大清銀行，專責發行紙幣、控制金融市場和代理國庫。戶部乃專管戶籍、稅收及財政之部門，此部門負責管理國家銀行。大清銀行曾在光緒三十二年（1906年），委託商務印書館印刷紙幣，商務印書館選匠到北京總行印刷，總行亦派員監察。[19]

除國家銀行外，清政府也開設其他官辦的銀行。光緒三十三年（1907 年），郵傳部奏設交通銀行，創辦時屬官商合辦性質，一切經營按各國普通商業銀行做法，官股四成，商股六成，股本為 1,000 萬兩（銀），並於 1908 年開業。

不過，儘管當時有國家銀行統一調控全國經濟及財政狀況，但由於清末戰火連年，內憂外患，清廷還有嚴重財政赤字。當時耗資巨大的戰爭，計 1839 至 1842 年第一次鴉片戰爭、1850 至 1864 年太平天國運動、1856 至 1858 年第二次鴉片戰爭、1895 年甲午戰爭，以及 1900 年德、日、俄、法、英、美、意、奧組成的八國聯軍以鎮壓義和團為名，侵佔北京。清廷屢次戰敗，要支付巨額賠款，而國庫空虛，只能再向外借銀。

由於幣制與國際大國不同之故，清政府在償還外債時，吃虧不少。當時清朝之貨幣用銀兩制度，無論是國內外商貿，還是債務清算，全用銀兩，借外債也不例外。但由於中國白銀產量不多，造貨幣需從國外輸入大量白銀，銀兩價格受世界白銀價格波動影響。當時西方國家多以金本位貨幣為主，清廷曾向俄、法、英、德等國家借款，

19　商務印書館，是中國第一家現代出版社，由原美北長老會美華書館（American Presbyterian Mission Press）四工人得到長老會美籍牧師的幫助，於 1897 年始創於上海，宗旨為「倡明教育，開啟民智」，商務印書館之香港分館成立於 1914 年。

多以英鎊或法郎計值，清政府則用銀兩購匯償還。當時外匯市場在上海，遭英國滙豐等外國銀行控制。每當清政府要買外幣還債或付利息，外國銀行便抬高外幣兌銀兩的價錢，以牟取更多銀兩。其後美洲發現新銀礦，開採與冶煉技術又進步，世界白銀產量大增，有更多國家的貨幣由銀本位改為金本位，國際間遂出現了金貴銀賤的局面。此情況下，由於白銀與外匯之間的兌換問題，清政府需付更多的白銀用以支付借款，結果形成國庫更大財赤。

表 1.2　清財政歲入歲出平均統計（以兩銀為單位）

年份	歲入平均	歲出平均	盈虧
1885–1894	83,572,702	77,586,589	5,986,113
1895–1900	101,567,000	101,567,000	0
1903	104,920,000	134,920,000	−30,000,000
1910	296,962,700	338,650,000	−41,687,300

資料來源：鄭伯彬：《清末財政與財政制度的改革》（上海：中華書店，1947 年）。

　　1911 年 10 月 10 日，武昌革命成功，推選孫中山先生為中華民國臨時大總統，並於 1912 年 1 月 1 日，正式成立中華民國。清朝末代皇帝溥儀於一個月後發佈退位詔書。同年，孫中山先生批准在大清銀行原有基礎上建立中國銀行，即現今之中國銀行。

　　1912 年 2 月，孫中山辭職，臨時參議院選袁世凱為臨時大總統，將首都搬到北京，直至 1928 年，這時期稱為「北洋時期」。期間，北洋政府曾為中國銀行發行股票，票上印有袁世凱像。[20] 後來袁世凱企圖

20　「袁大頭」為當時銀行的主要日常支付手段，十張「袁大頭」疊起來剛好有一寸，所以稱「頭寸」，後來成為金融專業術語。參見百度百科「頭寸」詞條。

具袁世凱像之中國銀行一百股股票

（按：大清銀行之創立，本是因為晚清國庫空虛，政府無力更新軍備，為了籌組現代化軍備，故成立此國家銀行。）

復辟帝制，在 1916 年登基稱帝，改國號為中華帝國，結果遭到全國及同僚反對，不足百日後即取消帝制。

至此已概述中國首三間銀行的誕生，它們分別是：

(1) 中國通商銀行，由督辦全國鐵路事務大臣盛宣懷奏准清廷於 1897 年成立，並於 1898 年開始獲國家授權發行銀元券、銀兩券。

(2) 中國首間國家銀行大清戶部銀行，於 1905 年成立，總行設於北京，同年 10 月開設上海分行。1908 年改名為大清銀行，代國家發行紙幣、控制金融市場和代理國庫；中華民國成立後，於 1912 年改名為中國銀行。

(3) 清朝政府的郵傳部所設立的交通銀行，於 1908 年開業，屬官督商辦性質。

檢討鴉片戰爭後約一個世紀中國銀行業的興替與發展，可以歸納為四點：

(1) 在這個世紀的期限中，有四個金融集團前後活躍於中國，即山西票莊、錢莊、外國銀行和中國新式銀行。19 世紀末，山西錢莊盛極一時，執金融業的牛耳。甲午戰後的約 30 年間，是外國銀行稱霸時代。到本世紀末，山西票莊盛極一時，中國新式銀行迅速躍進，終於取得領導權。錢莊一樣與工商業關係最為密切，從清末至北伐的八九十年間，也有很可觀的發展。然而錢莊資本薄弱且分散，在金融界始終屈居次席，至 1930 年代更步入衰落境地。

(2) 20 世紀初在華外國銀行，資本雄厚，壟斷中外貿易及匯兌。它們給予中國政府巨額貸款；保管其關、鹽兩大稅收；提供外人在華直接投資（如設廠、開礦、築路）等資金；且發行大量鈔票，流通中國境外，為其他金融團體所不及。及

後，中國新式銀行本身制度上若干重要的改進，如成立銀行聯合準備委員會及票據交換所、創辦及推廣領券制度等，大大增加了中國自辦新式銀行的能力，終於扭轉劣勢。

（3） 就外國銀行與中國舊式金融機構的組織關係來看，19世紀的山西票莊和外國銀行各有專業。前者掌握國內兌換及收存公款，後者把持國際貿易及兌換，可說互不侵犯。至於錢莊與外國銀行的關係，一直是合作多而競爭少。由於錢莊的使用及對商家短期信用的融資，錢莊在推展進出口業務上有相當大的貢獻。反倒是中國新式銀行的興起，卻促成舊式金融機構的衰落。

中國設立新式銀行所主要原因之一，是為了建立一個健全的銀行制度；而設立中央銀行，則是要建立一個健全的貨幣制度。中央銀行不但是唯一的發行貨幣和保管公款的機構，而且要成為「銀行的銀行」。二戰前中國向新式銀行投放於工礦事業的支持微不足道，而只成為吸收民間資金以挹注政府財政赤字的抽水機。影響所及，社會擁有大量可投放於工商百業的資金，反耗費於非生產的用途上。非但對工業資本形成貢獻殊少，而且嚴重阻礙了中國工業化向發展。[21]

中國的銀行業在北洋政府時期有較大的發展。中華民國第二任大總統徐世昌認為，銀行是國民經濟的命脈，是經濟走向近代化過程中的第一推動力，「其重要情形，非尋常當局可比」。他主持下的政府一方面建設中央銀行，宏觀控制全國金融；另一方面鼓勵地方或民間或外國開設商辦、官商合辦、官督商辦銀行，多元化發展。北洋政府進一步修改了原晚清交通銀行的章程，並以大總統的名義頒佈了《交通

21　王業鍵：〈近代中國銀行業的發展（1840–1937）：山西票號史料〉，《中國文化研究所學報》第10卷下冊（1979年），頁384–385。

銀行則例》，規定它具有「掌握特別會計之金庫」、「受政府之委托分理金庫」、「專門外匯及承辦其他事件」等職權，實際上是北洋政府第二家國有中央銀行。北洋政府並直接任命中國銀行的總裁、副總裁，加強了總體調控，擴大了中行的獨立權。

徐世昌主持下的政府開放的金融貨幣政策，使民營銀行如雨後春筍，由 1912 至 1927 年，全國新增銀行 186 家之多，[22] 主要集中在上海、天津、漢口、北京、廣州等地。規模較大者如北京、天津成立的鹽業、大陸、金城、中南：號稱「北四行」；上海、浙江成立的商業儲蓄、興業、實業、通商，號稱「南四行」。

徐世昌大力籌建的同時，又致力於幣制的改革，進一步理順中國金融體制，保證順利進行近代化建設。清末民初，中國幣制十分混亂，已到非改革不可的時候了。原用的貨幣，計有黃銅幣、紫銅幣和未鑄成任何形式的白銀，形式雜亂。徐世昌將銅銀兩種幣制，根據複本位制或輔幣制予以統一。有時用黃金為貨幣。舊中國的幣值可以說是「並種本位的幣制」。中國近代除了本幣外，外國貨幣也大量湧入，使幣制更為混亂。

上述情況，極不利於中國資本主義統一市場的形成、民族工商業的發展及社會經濟的繁榮，並極大地造成了金融市場的風險。徐世昌對幣制的混亂問題高度重視，積極改革，採取了諸如：行用紙幣、鑄銅元、統一鑄幣等許多有力措施；並整理了各省地方幣制，擬定了《國幣條例》。徐世昌將幣制委員會撤銷，另組幣制會議，經過織幣制會議，進行認真研究，制定並公佈了《中華民國》13 條及其施行細則。這一方面的法規以法律的形式規定了國幣的單位、種類、重量、成色、鑄發權及其流通辦法，明確地規定：銀幣四种、鎳幣一種、銅幣

22　中國銀行：《全國銀行年鑒》(北京：中國銀行總管理處經濟研究室，1937 年)，頁 7。

五種，均以十進計算，而以一元銀幣為其主幣「袁大頭」，其餘則為輔幣。新銀元幣制的確立，是中國近代史上一次重大改革，這一改革產生了重大影響，適應了當時商品經濟發展的需要。當時，全國除小數省份外，已清除了各省濫鑄劣幣的行為。新一代的「袁大頭」，式樣新穎，形式劃一，成色規範，在流通領域中起了關鍵主導作用，市場流通份額佔有 85% 以上。這樣，有利於全國幣制改革，整頓全國貨幣制的混亂。使工商業、交通輸運業與民族資本主義得到長足發展。正因為如此，使得一向對徐世昌幣制改革持反對態度的上海英商會聯合會，在 1919 年亦不得不公開表示贊許。

初步認識早期的金融活動之後，第二章將會更深入探討主要銀行成立的經過及銀行業的發展。

錢脈傳承：中國貨幣及銀行業簡史

參 考 資 料

上海市銀行博物館、香港歷史博物館編：《從錢莊到現代銀行：滬港銀行業發展》，香港：康樂及文化事務署，2007 年。

中國銀行：《全國銀行年鑒》，北京：中國銀行總管理處經濟研究室，1937 年。

孔祥毅：〈近代史上的山西商人和商業資本〉，《近代的山西》，太原：山西人民出版社，1988 年。

孔經緯：《中國資本主義史綱要》，長春：吉林文史出版社，1988 年。

王業鍵：〈近代中國銀行業的發展（1840-1937）：山西票號史料〉，《中國文化研究所學報》第 10 卷下冊（1979 年），頁 384-385。

央視網：〈日升昌〉，http://news.cctv.com/special/shanxin/20090609/107989.shtml，2009 年 6 月 9 日。

安翔：〈山西票號的組織與管理制度及其啟示〉，《現代財經（天津財經大學學報）》第九期（2009 年），頁 87–91。

朱嘉明：《從自由到壟斷：中國貨幣兩千年（上）》，台北：遠流出版社，2012 年。

何平：〈鄭觀應的銀行論和近代中國銀行發展的指向〉，《中國錢幣》第一期（2022 年）。

余英時：〈中國近世宗教倫理與上人精神〉，《儒家倫理與商人精神》，桂林：廣西師範大學出版社，2004 年。

李宏齡：《山西票商成敗記》，太原：山西人民出版社，1989 年。

李祖德、劉精誠：《中國貨幣史》，北京：文津出版社，1995 年。

姜建清：〈別樣的銀行史〉，北大滙豐金融前沿講座系列，2020 年 11 月 20 日。

張家驤：《中華幣制史》，中國貨幣銀行史叢書編委會編，北京：書目文獻出版社，1996 年。

郭劍林、郭暉：《翰林總統徐世昌》，北京：團結出版社，2010 年。

陳成漢：〈香港一元硬幣的故事〉，《明報月刊》（2012 年 3 月），頁 97。

彭信威：《中國貨幣史》，上海：上海人民出版社，1988 年。

彭勇：《明史》（第一版），北京：人民出版社，2019 年。

黃鑒暉：《山西票號史》，太原：山西經濟出版社，1992 年。

黃鑒暉:《中國銀行業史》,太原:山西經濟出版社,1994 年。

葉世昌:〈清末中國通商銀行曾作廢 23 萬張鈔票〉,《中國經濟史學論集》,北京:商務印書館,2008 年。

赫連勃勃大王:《1911,革命與宿命》,北京:九州出版社,2011 年。

蔣立場:〈清末銀兩匯價波動與外債償付(1901–1911)〉,《安徽錢幣》第三期、第四期(2008 年 4 月 8 日),頁 23–28。

衛聚賢:《山西票號史料》,太原:山西人民出版社,1990 年。

鄭伯彬:《清末財政與財政制度的改革》,上海:中華書店,1947 年。

錢鋼、胡勁草:〈120 名清朝幼童赴美留學的前前後後〉,《晚清變局與民國亂象》(第一版),北京:北京工業大學出版社,2011 年。

戴建兵:《白銀與近代中國經濟(1890–1935)》,上海:復旦大學出版社,2005 年。

Beecham, Julian. *Monetary and Financial System in Hong Kon*g. 3rd ed. Hong Kong: Hong Kong Institute of Bankers. 2002.

Downes, John and Goodman, Jordan Elliot. *Dictionary of Finance and Investment Terms*. 5th ed. Hauppauge, New York: Barron's Educational Series, 1998.

Kemmerer, D. L. (1973). "Jacques Rueff. The Monetary Sin of the West. Pp. 214. New York: MacMillan, 1972. $6.95." *The Annals of the American Academy of Political and Social Science* 406, no. 1 (1973): 251–252.

Marx, Karl. "A Critique of Political Economy." In *Capital*. Moscow: Progress Publishers. 1887.

Milton Friedman, "Inflation is always and everywhere a monetary phenomenon." Scott Sumner, "Persistent inflation is always and everywhere a monetary phenomenon," *Econlib*, October 27, 2022, www.econlib.org/persistent-inflation-is-always-and-everywhere-a-monetary-phenomenon/

The Investopedia team, "What Is the Quantity Theory of Money: Definition and Formula," *Investopedia*, February 28, 2024, www.investopedia.com/insights/what-is-the-quantity-theory-of-money/

Yung, Wing. *My life in China and America*. New York: Henry Holt Company, 1909; transcribed by Cassandra Bates, 2006.

第二章

中國銀行業的初階

外資銀行在國內開業

上章提過，銀行在晚清由西方引入。清朝自 17 世紀立國以來，一直延續明朝的對外政策，奉行「閉關自守」，不與外國人貿易往來；晚清初期僅開放廣州作為對外通商之用，對外商的限制非常嚴格。銀行是在大清對外開放後引入的。引入銀行的經營模式後，銀行業在中國便逐漸發展起來。

18 世紀中葉，歐洲爆發工業革命。其後，英國的工業產品急劇增加，出現供過於求的情況，急需開拓外國貿易。但英國出口的羊毛、呢絨等工業製品在中國卻不受青睞，反而中國生產的茶葉、絲綢、瓷器等商品在歐洲市場上十分受歡迎。這為英國帶來嚴重的貿易逆差，白銀大量流入中國，中英兩國也常常出現貿易衝突，但英國人卻無計可施。後來英商，特別是英國東印度公司，發現部分中國人有吸鴉片的習慣，於是從當時屬英國殖民地的印度向中國大量輸出鴉片，賺取白銀。

提到英國東印度公司（British East India Company），它是一間在英國對外殖民歷史上扮演着重要角色的股份公司。1600 年，該公司獲英國女皇伊莉莎白一世（Queen Elizabeth I）授予皇家特許狀，取得在印度貿易的特權。此舉被近代研究公司管治（corporate governance）的學者認為是「委託人－代理人」（principal–agent）安排的源頭。而代理理論（Agency Theory）正是商業管理中的重要理論之一。

---

*　本章介紹主要集中於幾家存在時間較長的銀行，讀者中可能有資深銀行家會質疑作者未能論及其他銀行。對此問題，作者在此略加說明。本書原為大學課程講稿，分為八單元，各兩小時。由於課程時間以及書本篇幅均有限，故不能一一盡錄，讀者若有興趣進一步探討，請以電郵與作者溝通。

東印度公司倫敦總部繪畫

　　東印度公司在印度的壟斷貿易特權持續了 21 年。它名義上是一個商貿企業，但實際上卻操控着整個印度經濟。直至 1858 年被解除行政權力，它還操控着政府和軍方。1857 年，印度民族起義後，公司將它管理的事務交給英國政府，印度遂淪為英國的直轄殖民地，而東印度公司對印度的行政管理則成為英國海外公務員制度的原型。1860 年代中，東印度公司把在印度的所有財產交給英國政府。

　　東印度公司向中國輸出鴉片的做法果然有效，鴉片貿易不僅令白銀大量逆向流入英國，間接導致清廷國庫空虛，吸食鴉片的中國人更變得孱弱不堪。當時的愛國官員林則徐認為，若長此下去，國將不國，並上奏朝廷，認為必須禁止鴉片。1839 年，清朝派林則徐以欽差大臣身份往廣東禁煙。林則徐到達之後，將收繳的巨額鴉片集中起來，並於虎門銷毀。今天的廣東東莞市虎門鎮，留有當年林則徐銷煙的原址及紀念遺蹟。

　　但禁煙行為激怒了英國政府，並引發 1840 年的鴉片戰爭。軍備落後的清政府當然抵禦不了英國這個擁有先進武器的世界強國。兩年後，清政府被迫簽下《南京條約》，除開放上海、寧波、福州、廈門和廣州五個通商口岸外，還將香港割讓給英國。從此，英國及其他國家的各種行業，包括銀行業，紛紛到香港開拓業務，亦在上海及其他通商港口開設公司及銀行。

　　香港的第一間發鈔銀行是東藩匯理銀行。該銀行英文名為 Oriental Bank Corporation，其前身為西印度銀行（Bank of Western India），成立於 1842 年，總行設立於孟買。1845 年改名為 Oriental Bank Corporation，將總行遷至倫敦，並於香港德忌笠街（現稱德己立街，D'Aguilar Street）開設分行，中文名定為「東藩匯理銀行」。雖然東藩匯理於 1845 年開業後立即發鈔，但它卻在 1851 年才獲取發鈔的皇家特許狀。此後 20 年，東藩匯理一直是香港首要銀行，當時的香港上海滙豐銀行和渣打銀行均難望其項背。

東藩匯理銀行發行的首批香港紙幣，面值五元

　　1857 年，香港成立了第二間發鈔銀行——印度倫敦中國三處匯理
銀行（Mercantile Bank of India, London and China），即香港有利銀行。
此後，印度新金山中國匯理銀行（Chartered Bank of India, Australia &
China）也於 1859 年在香港開設分行，成為香港的第三間發鈔銀行。

　　東藩匯理銀行除在香港開設分行外，也積極地在中國內地發展業
務。1847 年，即香港分行開設兩年後，東藩匯理銀行在上海開設中國
首間銀行，不過名字與香港分行「東藩匯理」不同，而是稱為「麗如
銀行」。該行早期以鴉片押匯為主要業務，後來在錫蘭（即斯里蘭卡）

向咖啡業大量放貸。1884 年麗如銀行因咖啡業不景而破產。半年後，在原創辦人卡基爾的推動下，成立了新麗如銀行，但經營仍無起色，遂於 1892 年停業。

除了英國的東藩匯理銀行外，其他列強的銀行也大舉入華開設分行。比如當時與「東藩匯理」僅一字之差的「東方匯理銀行」（Banque de I' Indochine）就是法國的銀行。它於 1875 年成立，總部設於巴黎，起初經營法國的亞洲殖民地「印度支那」業務。1888 年，該行將業務擴展到中國，1889 年在廣州沙面法租界開設廣州分行，1894 年開設香港分行，1899 年開設上海分行。

事實上，自麗如銀行在上海開設後，多個國家的銀行包括德國、日本、俄國、法國、美國、比利時、荷蘭等，或獨資或合資，紛紛在上海開設銀行，包括：

表 2.1　在上海開設的多家銀行

1847 年	麗如銀行（Oriental Bank Corporation）（英國）
1854 年	有利銀行，即印度倫敦中國三處匯理銀行 （Chartered Mercantile Bank of India, London and China）（英國）
1865 年	滙豐銀行（Hong Kong and Shanghai Banking Corporation Limited）（英國）
1889 年	德華銀行（Deutsch Asiatische Bank）（德國）
1893 年	橫濱正金銀行（Yokohama Specie Bank limited）（日本）
1895 年	華俄道勝銀行（俄國）
1899 年	東方匯理銀行（Banque de I'Indochine）（法國）
1901 年	花旗銀行（City Bank of New York）（美國）
1902 年	華比銀行（Belgian Bank）（比利時）
1913 年	中法實業銀行（法國）

資料來源：馮邦彥：《香港金融業百年》（香港：三聯書店，2002 年）。

現在這些銀行很多已經停業。有些銀行雖仍然存在，但在近年全球興起的銀行併購潮之下，很多銀行經合併後其名字已變成字母組合，無從辨認其最早期的身份。例如香港上海滙豐銀行極力宣傳其新品牌為 HSBC；東方滙理經多次併購後外文名稱變為 CALYON，但由於該行珍惜它在亞洲的歷史，中文名仍為東方滙理。儘管如此，只要親身到現在的上海浦西（俗稱「萬國建築群」的外灘），參觀往昔銀行的舊址，你仍然可以體會當年外資銀行在中國的龐大勢力。

除外資銀行外，另外尚有中外合資銀行。但合辦通常僅是名義上，實權往往多落入外商操控。這些外資銀行或合辦銀行，通過控制進出口貿易、發行紙幣、開展存款、放款等銀行業務，控制中國的金融市場。此外，外資銀行更通過貸款予清政府，控制中國的海關和財政，或者通過控制外匯市場與匯率，導致中國政府嚴重的外匯損失和借款損失，加劇了嚴重的外債問題。

清末三次金融風波

清末，中國對外資是開放的，外國人可以在中國開設銀行，從事各種業務。鴉片戰爭之後，外資銀行數量日增，且實力雄厚，控制了金銀的輸出及進入。它們可以在社會以低利率吸收存款，然後以較高利率以短期拆借方式借給錢莊，因而錢莊逐步受其控制。當時金融活動毫無監管，因而在上海發生了三次金融危機。

第一次發生於 1872 至 1873 年期間，由於中國貿易逆差達 300 餘萬兩關銀，使上海金融市場銀根吃緊。1872 年初，正在絲茶出口的旺季，外資銀行只吸收存款而不肯放出，利率甚至高達 50%。同時，外資銀行還抬高滙價，對出口絲茶的商人施加壓力，1873 年出口減少

210 餘萬兩，錢莊收不回貸款。外資銀行只催收而不放貸，以致數以萬計商行破產，累及錢莊。1974 年初，有一半以上的錢莊破產。

第二次發生於 1879 年，絲茶出口已略有起色，但漢口和上海的外資銀行又不借錢給華商，造成銀根緊張，連在第一次金融危機中所受衝擊不大的票號也被牽連，有的且因周轉不寧而倒閉。

第三次發生於 1883 年，上海金融市場受囤積生絲投機活動失敗和股票價格大幅下跌的影響，市場需要大量資金，外資銀行卻拒絕辦理短期信用貸款，不少錢莊因而倒閉，與錢莊有業務往來的票號也受到嚴重損失。到冬天，78 家大錢莊只餘下 10 家，連其時中國巨賈胡雪巖的阜康錢莊也破產。

中國第一間商業銀行

除了外資銀行及合辦銀行外，在晚清，清朝亦自己開設商業銀行。其實除了大清銀行，即中央銀行外，當時尚有信成銀行以及俊川源銀行兩家甚少被提及的銀行。不過，如第一章所提到，當時第一家由中國人開辦的商業銀行，是中國通商銀行。此節我們將詳細地述說這家銀行的開辦始末。

1896 年，光緒准奏，命洋務運動大臣盛宣懷籌辦中國第一間商業銀行。1897 年，中國通商銀行在上海開業，其名「中國通商」乃取「通商興利」之義而命名。據稱，當年為其題字的是鄭孝胥，即後來清末皇帝溥儀的老師，後來更是擔任過偽「滿州國」第一任漢奸總理。該行為股份公司，為了提高競爭力，資本便不能低於在上海的外國銀行。通商銀行本擬定招商股 500 萬兩銀，最後先收半數，主要由盛宣

懷、李鴻章及其他商人投入資金，並向戶部借銀 100 萬兩，最終實際招股 350 萬兩。在公司運作章程、董事組織及管理制度方面，中國通商銀行皆模仿 1865 年在香港及上海成立的英資滙豐銀行。中國通商銀行總行設在上海，並先後在北京、天津、漢口、廣州、汕頭等多個地方設立分行。

中國通商銀行雖是商業銀行，實則卻「官督商辦」，且盛宣懷、李鴻章皆為掌握實權大官，得到清政府特別優待。通商銀行不僅獲得官款撥存特權，並在 1898 年開辦後次年，獲得發鈔權，亦擁有發行銀元、銀兩的特權。此外，該行也代收庫銀，經營國家證券。雖說通商銀行是商辦銀行，但從其擁有的權力來看，其實與國家銀行也相去不遠。

在經營管理權方面，此行雖由中國人開辦，但限於經驗、能力等問題，在實際運作中，中國通商銀行還是受制於洋人。有多年洋務經驗的盛宣懷知道，管理銀行並不容易，必須按照西方商業慣例，由經營者行使自主權，較少行政干預。當時，中國通商總行管理架構有華洋兩個班子。洋大班是英國人，名美德倫（A. M. Maitland），而華經理則是一個錢莊領班，叫陳笙郊。兩個班子雖權責有分，各行其職，稱不上是直屬領導關係，但二者的權力及待遇卻存在巨大懸殊。洋大班年薪 12,000 兩，再加住房；而華經理年薪則只得 1,200 兩。實際上，洋大班控制大權，華大班只是副職，擔當輔助職責，章程有明確規定：總帳用西帳記錄，華帳不需另記，最後的監督則由洋大班負責。如此一來，華洋大班之間必然存在矛盾。

雖然該行管理架構及模式不太完善，但自通商銀行成立之後，陸續有中國人自己開立銀行，整體銀行業務保持穩定的增長，盛宣懷開辦通商銀行實應記一功。更重要的是，盛宣懷能夠引入西方商業管理運作，將之用於中國人開辦的銀行，這對於中國企業管理可謂一個進步。

1912 年民國成立之後，中國通商銀行逐漸收回洋員職權，將主要領導權放到華大班身上。華大班陳笙郊去世後，由傅宗耀繼任，並將頭銜改成總經理。通商銀行也由「官督商辦」銀行，轉為「商業」銀行，不過與政府尚有密切的業務往來。傅宗耀曾以大量資金支援北洋政府，北洋政府倒台後，被國民政府通緝逃亡。直至「九一八」前夕，才撤銷對傅的通緝。其後，傅宗耀返回上海，任通商銀行董事長兼總經理。值得一提的是，香港中銀大廈設計者貝聿銘之父，創立中國銀行香港分行的貝祖貽，後來也曾轉到交通銀行擔任最早期的行長之一。由此可見，中資銀行圈高層管理人員圈內流動互調的現象由來已久。

1930 年，西方國家出現嚴重的經濟大衰退，號稱資本主義世界最嚴重的經濟危機，全球經濟陷入一片慘淡。1933 年，美國羅斯福總統上台，為了挽回經濟，大力推行連串新經濟政策，包括「白銀政策」，全球高價收購白銀。當時的中國幣值是以銀為本位，國內銀價遠比世界市場低，結果引致白銀大量外流，動搖了中國的銀本位基礎，導致中國也發生金融危機。金融危機下，貸款息口上漲，不少工商業未能於農曆年關前向錢莊及銀行還款，銀根緊張，導致擠提，令上海多家錢莊及銀行倒閉。白銀風潮導致金融危機，此乃中國自有銀行以來的第一次銀行倒閉潮。

在這樣的時局中，中國通商銀行也於 1935 年發生擠提，出現嚴重的經營危機。為挽救頹勢，當時的國民政府，採取了類似今天英、美政府面對金融危機時的做法，注資幫助發生危機的大銀行。在國民政府的授意下，杜月笙出面挽救中國通商銀行，並以官股形式加入，改成「官商合辦」銀行，杜月笙被推選為董事長。而通商銀行亦重新改組為「官商合辦」銀行。

　　説到杜月笙，此人可謂大有來頭。他出生於清朝末年的江蘇省，父母早逝，14 歲隻身到上海十六鋪水果行當學徒。後來開始販毒，並得到上海法租界華探頭目、黑社會青幫老大黃金榮賞識，壟斷法租界毒品交易，成為上海灘大亨。其後任上海法租界商會總聯會主席，兼法租界納稅人華人會監察。1929 年，杜月笙開設中匯銀行，並成立自己的幫會組織「恒社」，又先後任上海市地方協會會長、中國紅十字會副會長、中國通商銀行董事長等職，取得較高的社會地位。

　　除了在商界活動外，杜月笙也積極介入政治及社會、國家事務。1927 年，杜月笙與黃金榮、張嘯林組織中華共進會。他誘殺了上海工人運動帶頭人，即「四・一二事件」，導致共產黨工人武裝被迅速鎮壓。蔣介石與宋美齡在上海結婚時，杜月笙亦參與協助周邊的維安工作。1937 年抗戰爆發，杜月笙積極抗日，曾動員恒社門生組織部隊協助國軍作戰，暗中幫助軍統網路人員、搜集情報，並多次策劃暗殺漢奸行動。

　　上海淪陷後，杜月笙前往香港，以中國紅十字會副會長身份，將紅十字會組織設於柯士甸道，通過捐款、運送物資等各種方式，支援抗戰。香港被日本佔領後，杜月笙移居重慶，繼續營商。抗戰勝利後回到上海，曾短暫擔任上海市參議會議長。

　　1949 年，民國政府撤到台灣之後，杜月笙赴香港，並曾擔任新界青山酒店董事、中國航聯保險公司香港分公司董事長。他於 1951 年 8 月 16 日於香港病逝，享年 63 歲，遺體運往台北安葬，墓園上有蔣介石題字「義節聿昭」。在很多歷史敍述中，杜月笙一向被視為黑道老大，但甚少提及他曾擁有較高的社會、政治地位，更遑論蔣介石對其「義節聿昭」的道德褒譽。

　　回過頭來説中國通商銀行，1949 年中國解放後，其官股即由中華人民共和國政府接管，改造為公私合營銀行之一。1951 年，通商銀行

與其他銀行合併組成聯合總管處。後來又在 1952 年，與上海其他 59 家私營銀行、錢莊和信託公司一起組成統一的公私合營銀行。中國第一間商業銀行——中國通商銀行，從此成為歷史。

香港上海滙豐銀行的成立

滙豐銀行對於港人來說絕不陌生。它是香港主要的商業銀行，分行遍佈全港。除了接收市民的存款、貸款等業務外，也大量涉足各種商業金融活動，更是香港主要發鈔銀行。眾所周知，現在的滙豐基本上是一家多元化的股東銀行，不過其最初創辦人卻來自蘇格蘭。

自香港割讓給英國後，很多英商及銀行等金融機構蜂擁而至，開拓海外市場與業務。然而，當諸如「東藩匯理銀行」（Oriental Bank Corporation）及其他幾家商業銀行紛紛在香港站穩腳跟時，滙豐銀行尚未設立。

1864 年 7 月，在孟買的英國商人計劃在倫敦註冊一家總部設於香港的「皇家中國銀行」，但擬定只給香港和大陸的投資者四分之一的股權。消息傳出後，激怒了香港的洋行大班。當時有一名叫湯瑪斯・修打蘭（Sir Thomas Sutherland）的蘇格蘭人，其身份是大英輪船公司（The Peninsular & Oriental Steam Navigation Company, P&O）的香港代理人，[1] 在郵輪上得知此消息後，立刻在船上寫出了成立滙豐銀行的計劃書，建議按照蘇格蘭經營原則，開設一家總部設於香港，專門做中國生意的銀行。

1　此 P&O 為許多香港人所熟知，另一廣泛的叫法是「鐵行輪船」，是一所有規模的輪船及旅遊公司，不過其全名可能甚少有人知曉。

1865 年，滙豐銀行創辦人修打蘭（前排正中）及大英輪船公司的員工

1870 年代，滙豐銀行的首任經理克雷梭（前排正中）及銀行管理層

　　當時在香港及國內開設的外資銀行全屬分行，決策權都歸於在外國的總行，修打蘭之建議實屬新穎的創見。事實上，19 世紀 60 年代的香港已經成為西方國家對華貿易的中心，但金融匯兌仍需通過設在倫敦和印度孟買的幾家英國銀行，以及操控國際匯兌的大洋行來進行，這顯然不能滿足時代的發展與需求。與此同時，時任港督羅便臣（Hercules Robinson）打算將促進金融業的發展作為任內一項重要的職責，希望殖民地都能設立自己的總行，如此不僅可以適應急速增長的貿易需求，還可以為港督殖民政府的公用事業出力。修打蘭的提議正切合了時代與政府的需求。

　　在寫出計劃書的第二天，修打蘭即拿着這份計劃書，找香港著名律師波拉德幫忙籌募資金。在波德拉的協助下，除了香港著名的怡和洋行外，還包括寶順、瓊記、大英、沙遜、禪臣等英、美、法、德共 14 家洋行在計劃書上簽了字，成為銀行臨時委員會的成員。當時滙豐銀行額定資本為 500 萬銀元，分四萬股，每股 125 元。1864 年 7 月開始招股，不到半年的時間，股款已經募足。其中，英國寶順洋行是排頭的股東，修打蘭所代表的大英輪船排第三。而怡和銀行一開始並沒入股，到 1877 年滙豐銀行業務蒸蒸日上時，怡和才加入。不過其後，除英商外，其他主要股東陸續退出，滙豐逐漸演變成英國人管理的銀行。

Hongkong u. Shanghai Bank.
HONGKONG.

20 世紀初的滙豐銀行大廈（位於中環皇后大道中 1 號）

皇后像廣場昃臣雕塑

　　1865 年 3 月 3 日，新銀行正式開業，總部位於香港島皇后大道中 1 號向沙宣洋行租來的獲多利大廈。自此，滙豐大樓幾經重建，但地址不變。一個月之後，上海分行亦正式對外營業。而本來擬定開設的「皇家中國銀行」，則因滙豐銀行的誕生而胎死腹中。

　　這家新銀行最初命名為「香港上海匯理銀行」。1881 年，曾國藩長子、時任清朝外交官的曾紀澤為該行鈔票題詞，其中有「滙豐」兩字，從此，上至達官貴人，下至黎民百姓都稱之為滙豐銀行，銀行遂易名為香港上海滙豐銀行（Hong Kong & Shanghai Banking Corporation Ltd）。「滙豐」二字實取自「匯款豐裕」的意思，當時滙豐銀行以國際匯兌業務為主，所以起名「滙豐」寓意匯兌業務昌盛繁榮，也算是投中國人所好；也有說這個名字是華人測算筆劃吉凶後建議的。

　　修打蘭創辦滙豐後擔任副主席，亦曾任立法局及商界要職，為了紀念他，香港上環有一條街即以他的名字命名為修打蘭街（Sutherland Street）。而滙豐首任經理克雷梭（Victor Kresser）則是已來東方多年的法國人，是匯兌專家。

　　1890 年之前在華的外資銀行總行都在本國，銀行資本一般都以本國貨幣為單位，只有滙豐銀行設總行於中國，資本亦以中國通行的銀元為單位。滙豐的成立，實際上是將所有成員洋行的金融業務合併成

一家專業的金融機構，結束了由這些商業機構兼營金融業務的時代。這些洋行既是滙豐的發起人，又是它的客戶，彼此親密無間，有默契的合作。

而且，當時外資銀行在香港及國內多以匯兌業務為主，較少提供工商業融資和一般存款、貸款。而滙豐的策略則是以香港及上海為基地，爭取中國及其貿易夥伴的業務，所以在發展匯兌之餘，亦顧及發鈔、存貸和貿易融資。總行設於香港的滙豐銀行，不僅與香港及上海的大洋行保持密切的業務往來，更重視與香港殖民地政府保持密切關係，為其業務提供了良好的背景與網路。它成功地在 1866 年取得發鈔權，又於 1872 年招攬香港政府開設戶口，且在 1874 年替中國發行第一宗總值 62 萬英鎊的公債。

不過，滙豐首十年的經營並不是很成功，兩任總經理均辭職下台。1876 至 1902 年任職總經理的昃臣（Thomas Jackson），才真正把滙豐銀行帶入高峰時期。專門研究滙豐的學者甚至稱此時期為昃臣王朝。昃臣爵士曾出任立法局非官員議員。現香港立法會大樓及滙豐總行對面的皇后像廣場，仍放有一座昃臣爵士雕塑，以作紀念，附近也有一條昃臣道。

昃臣其實是臨危受命擔任滙豐銀行的總經理。當時的滙豐因經濟蕭條，投資活動受到重創。昃臣上任之後，通過發放貸款給中國錢莊，迅速扭轉了滙豐的頹勢。其他銀行爭先仿效這個做法。結果，外資銀行當時很快便操縱了中國的金融市場，而錢莊就只能依賴拆票周轉推廣業務。

此外，滙豐另一個重要的業務拓展，就是對中國政府的政治貸款和鐵路投資。滙豐的第一筆政治借款是 1874 年提供的福建台防借款，這也是清政府的第一次大規模借款。隨後的中法戰爭、甲午戰爭和八

國聯軍侵華戰爭後，清政府也是向滙豐大量舉借外債。大量的借款令清政府更依賴滙豐銀行，使滙豐成為清廷最大的債權人。

在鐵路投資方面，昃臣極力改善滙豐銀行與怡和洋行的關係。1877 年，兩家最有實力的英資財團終於聯手，並在 1898 年共同組建了「中英銀公司」。這個公司後來改組為「中華鐵路有限公司」，專門針對中國進行築路借款，怡和洋行負責承包修建鐵路、供應機車及鐵路附屬設施，財務上則由滙豐銀行負責。通過借款，英國控制了鐵路沿線的大部分地區，操縱了這些地區的原材料和礦產資源。踏入 20 世紀後，滙豐銀行的實業放款已經廣泛延伸到麵粉、機械、皮革、化學、五金等眾多工業部門。

從 19 世紀 80 年代開始，滙豐銀行還掌管了中國海關總稅務司的帳戶，並於 1916 年起，取得了代中國海關總稅務司收存保管中國內債的權利。若中國政府想使用抵債後的鹽稅、關稅，也必須經過它的同意。

至於存款方面，19 世紀 80 年代之後，滙豐把潛在的存款客戶定位在中國社會的兩個極端階層。一方面接受豪紳大吏的存款，另一方面也接受基層百姓的存款。可見當時滙豐銀行的存款中，肯定有晚年清王公大臣以及民國後的軍閥官員所貪污的贓款和剋扣得來的軍餉。1881 年 4 月 19 日，滙豐在上海成立了儲蓄部，接受的存款從最低 1 元起，年利率為 3.5%。開辦儲蓄業務讓百姓受惠，也進一步擴大了滙豐的影響力。截至 1932 年，滙豐銀行的存款額高達 9.3 億港幣，接近中國各行存款數量的一半。

至此，滙豐銀行的勢力達到巔峰，成為中國在半殖民地、半封建時代的財政總管。當時上海的英文報紙亦正面報導：「在東方的全體企業中，無論在發展的速度方面、在成就的可靠方面、在基礎的穩固方面、在前景的美妙方面，很少有幾家能趕上滙豐銀行。」

1923 年，滙豐銀行在上海設立的新辦公大樓

1923 年，上海滙豐大樓八角廳穹頂壁畫，描繪滙豐銀行網絡中一些主要貿易城市

1923 年，上海滙豐銀行底層大廳

　　1937 年，日本發動侵華戰爭後，滙豐銀行在華的業務一落千丈，香港總行被日本橫濱正金銀行接管。1943 年 1 月 13 日，英國樞密院下令滙豐總行遷往倫敦。新中國成立後，滙豐在中國的許多分行先後停業，只有上海、天津、北京、汕頭等繼續營業，但實際業務已經瀕臨停頓。最終，滙豐銀行與新中國政府達成協定，將全部資產、房產轉交中國政府。至於其當年耗資 1,000 萬的上海滙豐大樓（相當於當時外灘所有建築物造價總和的一半以上），則一度成為上海的市政府大樓。其金碧輝煌的壁畫差點毀於一旦，後來則被石膏覆蓋起來，直到 1997 年才重現於世人眼前。如今，此大樓已是全國重點文物保護單位。

　　至於香港的滙豐總部，雖在二戰期間短暫地搬遷到倫敦，但戰爭結束後，滙豐在香港的業務恢復，並取回香港總行營運權。在 1965 年及 1980 年的兩次銀行風潮中，滙豐扭轉形勢，並收購了當時最大的華資銀行——恒生銀行。1989 年，香港上海滙豐銀行自願根據香港公司條例註冊為有限公司，現屬於滙豐集團成員，也是香港的最大註冊銀行。香港滙豐與渣打銀行、中銀香港同時獲得香港金融管理局授權發鈔，在很多方面都扮演着中央銀行的角色。

　　至於在中國大陸的事業，滙豐銀行也在 20 世紀 80 年代重返中國，是新中國成立以來首間取得內地銀行牌照的外資銀行。它在上海的辦公地點，設在最新發展的浦東金融中心，繼續其蓬勃輝煌的事業。

中國第一家國家銀行

　　2006 年，中國銀行（Bank of China）在港招股上市，其附屬機構中銀香港分行亦遍佈全港，幾乎要與滙豐、恒生等傳統大銀行抗衡，實力不可低估。雖然其招股書上，對自身的歷史只是略略幾筆帶過，事實上，這是一家親身見證中國近代史的老店。它曾為中國第一家國家銀行，亦曾因納入政府部門而成為某些大官員的私人提款機，甚至私人印鈔廠。

　　中國銀行前身為清末 1905 年成立的大清戶部（即財政部）銀行，是中國的第一家官方銀行。1908 年該行改組為大清銀行；1911 年，大清銀行成為全國規模最大的銀行，其功能相當於當時的中央銀行。

　　1912 年 2 月，清帝溥儀遜位，清朝正式滅亡，大清銀行也隨之改變。中華民國成立後，孫中山任臨時大總統時，臨時政府財政總長陳錦濤在孫中山、袁世凱及商股股東同意下，將大清銀行改組為具有中央銀行權利的中國銀行（以下簡稱中行），有代理國庫、發行鈔票的特權，和當時的交通銀行共同履行中央銀行的職能。

　　1916 年，袁世凱為籌集軍費，下令中行及交通銀行停兌，即不准兩總行向市民將紙幣兌現回白銀。此令一下，遂掀起軒然大波。幸好當時一班由海外留學返國的年輕銀行家，包括 26 歲的張嘉璈（字公權）和 34 歲的陳光甫，認為一旦停兌，不只中行信譽破產，連帶所有中國其他銀行的聲譽都將受打擊，這樣中國金融業要擺脫外國銀行束

袁世凱政府於 1916 年 5 月 12 日，宣佈全國的中、交兩行兌換券停止兌現和存款停止付現的命令。後日，上海中行登報通告照常兌現鈔票，抗拒停兌令 (1916 年 5 月 14 號《申報》)

縛就非常困難。於是，這班上海中行年輕管理層，堅持不理停兌的命令，並以訴訟之計（類似港人的司法覆核）拖延執行袁世凱的命令，又獲外資銀行如上海滙豐銀行及當時社會各界的支持，令上海中行避過危機。此後張嘉璈四處勸募商股，使當年的商股超過了官股。至1923年，中行在張氏的領導下，基本上成為商辦銀行，擺脫了北洋政府的控制。

而袁世凱因企圖恢復帝制，不得民心，受到反對，只得於1916年3月（稱帝百日後）宣佈撤銷帝制，之後羞憤而死。其後，中國進入了混亂的政治時代。1927年，蔣介石在南京組成了國民政府，中國銀行又再次捲入政治風雲。

國民政府成立後，擬定成立中央銀行。在籌備過程中，時任財政部長宋子文在陳光甫的建議下，一度考慮將中國銀行改組成中央銀行，條件是新銀行的名稱必須為「中央銀行」；政府的股份要多於商股。這個條件遭到中國銀行張嘉璈的「婉言謝絕」，新的中央銀行遂另行籌設。

1928年國民政府另立中央銀行，第一任中央銀行總裁為當時財政部長宋子文。宋子文在開幕禮上説，成立中央銀行的目的有三：一、統一全國之幣制；二、統一全國之金庫；三、調整國內之金融。

在設立中央銀行的同時，國民政府頒佈《中國銀行條例》，改組中國銀行為「政府特許的國際匯兌銀行」，負責代理一部分之國庫事宜，並加入官股500萬元，合原商股共2,500萬元。但此時商股仍佔80%，實行總經理負責制，基本上仍向資本主義發展。改組後的國際匯兌銀行（即中國銀行）仍由張嘉璈任總經理。在其精心經營之下，中行的各項經營績效均居國內銀行首位，遠遠領先於中央、交通及其他銀行，能與海關、郵政局並駕齊驅。

中國銀行自成立起，有近17年的時間履行着國家中央銀行的職能。張嘉璈於1929年5月27日啟程出國考察，1930年3月15日回

國。在這 10 月間，他走訪了蘇聯、法、德、英、美等 18 個國家。其間，倫敦分理處不過籌備了 3 個月，便於 1929 年 11 月 4 日正式開業，這是中國金融機構走向世界金融機構的開始，意義重大。

中國銀行的雄厚實力及不斷擴大的版圖，引起了蔣介石的覬覦。為了實行金融壟斷，國民政府必須控制中國銀行。於是 1935 年，南京國民政府再次對中行實行改組，增加官股 1,500 萬元，以當年金融公債撥款，合原股 4,000 萬元。由國家財政部指派董事，當時財務部長孔祥熙（上海四大財閥家族之一，出生於山西，蔣介石的連襟，其妻宋靄齡是蔣介石的妻子宋美齡的姐姐）指定宋子文為董事長，總經理一職由宋漢章擔任。而在中行任職 22 年的張嘉璈則被免職，調到鐵道部擔任部長一職。美國總統威爾遜（Woodrow Wilson）曾說：「任何一位偉大的企業家，血液裏總流有一些理想」，張嘉璈的行為正印證了這句話。1976 年 5 月，張嘉璈在接受採訪時，談及這次調職曾說：「財政當局要拿銀行當國庫，我卻以為銀行就是銀行，國庫是國庫，這點意見不合，是造成我離開中央的最大原因。」國民政府成功了，中國銀行經過此次改組，從此被納入南京政府的運作，成了國庫，一直到國民政府 1949 年戰敗逃離至台灣。

接任張嘉璈的中國銀行董事長宋子文，也是大有來頭。其父是牧師及富商宋查理，亦是孫中山從事革命的支持者，其本人則與大姐宋靄齡的丈夫孔祥熙、二姐宋慶齡的丈夫孫中山、妹妹宋美齡的丈夫蔣介石關係密切。蔣、宋、孔、陳亦被稱為國民政府的四大家族。

宋早年於上海聖約翰大學求學，後到美國取得哈佛經濟學碩士及哥倫比亞大學博士，曾於紐約花旗銀行見習，故一般人都認為宋的財經觀念優於孔。後者只是山西票號出身，對於現代財經沒有太大了解。在宋子文接任中國銀行董事長之後，加強對分支行的嚴格管理，調動各行的資金，並擬定業務方案，制定標準。此外宋子文還特別重

視發展銀行的國內外業務，在國內建立更多的分行，並在 1936 年 6 月和 1937 年 7 月分別設立了新加坡分行和紐約分行。

由於宋子文的特殊身份和嚴格的經營管理，在他領導中行期間，中行的業務顯著提升，但實際增長速度卻遠遠落後於通貨膨脹的速度。故自 1942 年起，中行則開始落後於中央銀行。1944 年，孔祥熙取代宋子文成為中國銀行董事長，宋子文則升任中央銀行總裁。

至於宋子文本人，1943 年時，《亞洲華爾街日報》報導其資產估計為七千萬美元，投資美國通用汽車和杜邦公司，可能已是全球首富了。他曾長期擔任要職，且擁有巨額財富，宋子文長期被指責為國民黨貪污腐敗的代表之一。美國政治作家墨爾米勒宣稱，蔣介石曾質疑美國政府沒有依約把援助金錢送到中國，杜魯門卻反指此乃中國政府貪污，跟杜魯門本人及美國政府毫無關聯。

1949 年中華人民共和國成立後，宋子文經香港轉到美國三藩市隱居，時任駐美大使胡適對他的評價是「子文有不少長處，只沒有耐心」。1971 年，宋於一個小型宴會用餐時，因誤吞雞骨而被鯁死，終年 77 歲。

關於宋子文的財產問題，根據遺產分割書，他名下非固定資產為 100 萬美元，不動產價值約 400 萬美元。為此，很多學者及歷史專家認為，宋子文不懂中國官場，人際關係惡劣，所謂宋子文貪污公款成為巨富的說法，多是源於政治上的誹謗。2004 年，宋子文在美國稅務管理局的檔案被公開，美國胡佛研究院據此研究得知，宋子文曾為中國向美國求取軍事和財政支援而殫精竭慮。宋子文的日記中，記有其辭去台灣中國銀行董事長職務時的話：「外界於我之毀謗，毫不在乎；為國家民族之責任，淡然處之」。

蓋棺定論本非易事，圍繞着宋子文的爭議，想來也將繼續。至於中國銀行，在新中國成立之後，中國人民解放軍軍事管制委員會接管

中國銀行。原總管理處隨民國政府遷往台灣，至 1960 年在台重新開業。在台機構部門於 1971 年改名為中國國際商業銀行（International Commercial Bank of China）；2006 年 8 月間和台灣交通銀行（Chiao Tung Bank）合併為兆豐國際商業銀行（Mega International Commercial Bank）。大陸地區的總部及各分支機構部門則收歸國有，繼續以「中國銀行」行名營業。

交通銀行

交通銀行（Bank of Communications），顧名思義，應與交通有關。的確，交通銀行的設立，與中國早期修建鐵路大有淵源。

幾乎所有與現代化相關的事務初被引入中國時，都會被中國人視為異類，鐵路也不例外。儘管中國現時逐漸使用高速鐵路，但在清朝末期，鐵路也曾一度被當作「怪物」，遭到國人的抗拒。不過，在提倡「中學為體，西學為用」的洋務官員的堅持下，中國還是慢慢地開始修築鐵路。

1874 年，李鴻章在籌建海防時曾上奏同治皇帝，認為中國沿海地區地段過長，若要聯合一體，唯有學習西方的電線通報；而要聯合內地，則必須有火車鐵路通車，屯兵於旁，聞警則馳援，一日千里，如此則防禦大固。除了戰略防衛考慮，李鴻章還提出，唯有修築鐵路、發展郵電、開採礦產，方可達到富國之效。

1878 年，英國人金達（Claude W. Kinder）為中國設計第一條鐵路——唐胥鐵路，此後俄國人出資在中國修建了中國東省鐵路，接着清政府又通過與外國合資或借款的方式，陸續修建了多條鐵路。當時，清政府先後借債 4.59 億元國幣，用於鐵路建設，結果導致利權的大

量喪失。英、德、法、俄、比利時等列強通過鐵路貸款控制了中國鐵路，除獲得巨額本息回報外，還享有鐵路的行車管理權、稽核權、用人權和購料權等。

早期鐵路修建項目少，沒有正式的管理機構，主要由海軍衙門代管。到 1897 年方成立鐵路總公司；1898 年又設立礦物鐵路總局。1903 年清政府裁撤礦物鐵路總局，將所有鐵路礦物事務劃歸新成立的商部辦理。1906 年，清政府另設郵傳部，專管輪船、鐵路、電話及電報、郵政等四政。光緒三十三年（1907 年），郵傳部上奏要求設置交通銀行，獲得朝廷准奏。

其實當時商部、農工商部都曾一度要求設立銀行，但都被清政府否決。清政府批准設立交通銀行，可能由於郵傳部的規模和財源較大（大部分來自鐵路）。當時，郵傳部每年的財政收入竟然是戶部的五倍。其次，郵傳部聚集了一批具有先進金融思想的人才，他們對鐵路的整頓以及銀行的建設，都有濃厚的興趣，後來這些人逐漸被稱為交通系。他們的言行，對交通銀行的成立有着重要的影響。

至於郵傳部奏請設立銀行的原因，與外國銀行控制中國金融命脈這點也有關。經濟金融入侵往往給一個國家帶來了相當嚴重的後果，清朝末期的中國更是如此。當時鐵路、郵電的借款均是由外國銀行存儲，操縱由人。而且若要從國外匯款中國，全部不能自為匯款，必須通過英國滙豐銀行、華俄道勝銀行、華比銀行等外國銀行辦理。這對日常收支龐大的郵傳部來說吃虧甚大，也非常不方便。而恰巧，京漢鐵路的贖回問題促使這種需要變為現實。

京漢鐵路，又稱盧漢鐵路，是清政府自己修築的第一條鐵路。由於清政府國庫空虛，財力不足，而各省富裕華商又不信任清政府，不願意投資，最終只得由盛宣懷出面統籌，向比利時公司借款 450 萬英鎊（年息 5 厘，期限 30 年）。比利時承辦鐵路，並享受免稅待遇，在

借款期限 30 年間，一切行車管理權均歸比利時公司。後來，清政府又以同樣的條件，向比利時續借 1,250 萬法郎。

自借款達成之後，中國政府一直力圖取得京漢鐵路的全部自主權。要贖回京漢鐵路，關鍵是資金問題。郵傳部多次集議，認為要籌備資金，不外乎兩個方法，要不就是本國籌款，售股票、募內債；要不就是另向他國借款，或者改訂合同。顯然，後一種辦法絕不可行。基於郵傳部的自身需要和贖回京漢鐵路的名義，交通銀行終於得以籌設。光緒三十三年（1907 年），郵傳部開始籌備設立交通銀行，於 1908 年正式在北京開設總行，創辦時屬官商合辦性質，一切經營按各國普通商業銀行法。

交通銀行是郵傳部奏准，並以輔助航運、鐵路、電話及電報、郵政四政為宗旨而設立的，因此其設立初期，一切活動都是圍繞這四政而進行，尤其以贖回京漢鐵路及贖回電股兩事最為主要。在京漢鐵路管理權的收回過程中，郵傳部從談判到籌款，均承擔了主要任務。在贖回京漢鐵路管理權之後，交通銀行又收回電報事業中的商股，將電報改為完全官辦。

作為政府的銀行，交通銀行雖以交通為名，但業務上多局限於官款調撥。而在放款業務中，私人放款佔主要地位。據統計，1912 年初，商家欠款是公家欠款的 2.9 倍。至於公家放款則主要集中在鐵路放款，其中比較大的幾項放款有：峰興煤礦公司北段路局借款 60 萬兩；福建鐵路公司借款 50 萬元；江蘇鐵路公司借款 80 萬兩等。另外，作為政府的銀行，交通銀行也對清政府和有關事業進行過放款，從貸款來看，這些事業與鐵路、輪船、電話及郵政並沒有太大的關係，但存款上卻有一些電政部門的存款。導致這種情況的原因在於，交通銀行成立之初，其所管轄的四政中，除了鐵路外，輪、電、郵三政由於歷史原因，與交通銀行的業務聯繫並不緊密。

光緒年間（1875 年–1908 年）的交通銀行本票樣本

　　交通銀行的第一任總經理為李鴻章之侄李經楚，善於理財，當時擁有二十多間銀號和典當。交通銀行成立後的首要任務——贖回京漢鐵路，即是李經楚上任後通過發行股票及公債，籌集資金後方贖回達成的。可惜的是，李後來因家族生意失敗，在償還交通銀行貸款後去職。第二任老總是梁士詒，他是籌設交通銀行的要員，後來經歷新舊政府交替，曾為袁世凱重用，為當時的政府發行公債及處理郵傳部存款。

　　交通銀行自建立之後，發展迅速，從 1908 年開設總行於北京至 1911 年，已在國內開設 23 間分行。清政府覆滅之後，交通銀行繼續生存並壯大。到 1925 年，交通銀行和中國銀行已是中國最大的兩家銀行，兩行共持有上海銀行公會 22 間會員銀行全部資產的 55%，其中交通銀行持有 14.3%。交通銀行這個時候名義上是政府銀行，但由於當政的北洋政府勢力衰弱，業務已被上海的私人金融家控制，政府只佔有象徵性股份。

　　南京國民政府成立之後，蔣介石執政，宋子文任財務部長，曾一度與交通銀行總經理梁士詒約談，試圖將中國銀行及交通銀行代行國家銀行的職責。但這樣政府股份勢必多於商股，中行及交通銀行的銀行家皆不願意。國民政府最後另設中央銀行，交通銀行得以保持本身業務。不過，為顧及新上任宋部長的情面，兩行均有所讓步，與政府合作。1928 年，國民政府對交通銀行進行改組，改為「發展全國實業之銀行」，交通銀行的經濟實力繼續壯大。但 1932 年，國民政府再次改組交通銀行，非但宣佈交通銀行將由政府接管，而且政府將增資控制該行半數以上股份。此次改組之後，交通銀行為國民政府所控制，成了國家壟斷資本主義的金融機構，與中央銀行、中國銀行一起，成為三位一體的國家銀行。

　　1949 年，國民黨退守台灣時，有部分交通銀行人員也隨之遷移到台灣，而在大陸的交通銀行各部，則被人民政府收歸國有，仍保持「交通銀行」之名。1950 年代，政府對所有的金融機構進行公有化改造。1958 年，除香港分行仍繼續營業外，交通銀行國內業務分別併入當地中國人民銀行，以及在交通銀行基礎上組建起來的中國人民建設銀行。1986 年 7 月 24 日，為了適應中國經濟體制改革和發展，作為金融改革的試點，國務院批准重新組建交通銀行。1987 年 4 月 1 日，重新組建後的交通銀行正式對外營業，成為中國第一家全國性的國有股份制商業銀行。

　　交通銀行現有總部設在上海浦東。據傳聞，由於四大國有商業銀行中，只有交通銀行將總部設於上海，為此它成為了中國 2010 年上海世博會的全球合作夥伴。

鹽業銀行

　　2005 年，胡錦濤主席訪問俄羅斯新西伯利亞市，機場歡迎儀式上，熱情的姑娘們送給胡錦濤主席一盤麵包，麵包上放了一小堆鹽。這是俄羅斯人的古老民俗，表示對高貴客人的至誠歡迎，是西方古風的延續。其實不僅該市將鹽當貴重物品，在古代很多國家，鹽一直可用來支付工資，或者直接當貨幣使用。在古希臘，人們用鹽作為祭神的貴重祭品；在古代英國，國王餐桌上的鹽是一道珍貴的佳餚；在古代歐洲，人們將品德不好或被人瞧不起的人稱作「沒有資格吃鹽的人」。羅馬天主教徒的洗禮儀式中，要把一丁點兒鹽放進嬰兒口中，祝福嬰兒靈性純潔、健康長壽。

所謂「開門七件事，柴、米、油、鹽、醬、醋、茶」，沒有鹽，我們的日常生活會大受干擾。在今天，我們很方便就可以在便利店買到食用鹽。但在古代的很多國家，卻都實行鹽業專賣。所謂鹽業專賣，指的是食鹽銷售由政府壟斷、限於政府授權私人經營、或者由政府統一收購等壟斷制度，古羅馬、印度、及中國等均實行此種鹽業專賣行為。

在古代，鹽業專賣一度成為強勢政府控制財源的絕佳方法之一，例如歐洲羅馬帝國就曾利用食鹽專賣控制所轄領域，二十世紀的英國，也曾於印度殖民地實施食鹽專賣。不過因為鹽業專賣容易造成市場提供不均及價格爭議，因此常引起糾紛。例如印度地區的食鹽專賣，也是印度國父甘地反抗英國政府的起因之一。

在中國，自漢武帝開始，各朝政府都對鹽業實行不同程度的專賣。合法販賣的鹽叫官鹽，非法販賣的鹽叫私鹽。抗戰時期國民政府曾實行食鹽專賣。解放後，人民政府亦實行鹽業專賣，政府對此的解釋是，這樣可以平衡鹽價和保證品質。

鑑於食鹽行業的特殊性，加之當時北洋政府仿效日本銀行制度，相繼制定特種銀行規例，籌設特種銀行，於是在 1915 年，袁世凱委派其表弟、時任總統府顧問張鎮芳籌辦專門的鹽業銀行。張是清朝鹽運吏，熟悉鹽務。當時的籌辦資本，除由鹽務署撥銀幣 200 萬元外，張還聯絡銀行業知名人士集資，後來經財務部核准後，鹽業銀行正式開業。總行初設北京，於 1928 年移至天津，1934 年又遷至上海。該行開辦之初，原是為了「輔助鹽商維護鹽民生計、上裕國稅、下便民食為宗旨」，主要是與鹽商建立起大宗往來，並在鹽務產銷區設機構為鹽務提供服務，乃鹽務專業銀行。

清朝金編鐘，一套 16 枚，形同一制。鐘體橢圓，飾雲龍紋，雙龍鈕。陽面鐫刻「乾隆五十五年制」，背面鑄鐘名。此乃各省總督為乾隆帝 80 歲壽辰祝壽而鑄造。這一組金鐘置於太廟，遇有朝會、宴享、祭祀大典，會配合玉磬奏樂。

這 16 個編鐘用黃金鑄造，外觀大小一樣，但厚薄不同，能擊出不同的音色，因而成為世間罕有的樂器。溥儀出宮後，將編鐘抵押給北京鹽業銀行。新中國成立後，故宮博物館收回編鐘。

鹽業銀行在籌備過程中，額定資本 500 萬元，其中官股 200 萬元，商股 300 萬元。但實際開業時，僅收股款共計 64.4 萬元。後來的增資中，政府不僅不撥官款，還調回已撥資金，亦未能徵收鹽稅，加之該行在鹽務區的業務開展不暢，不得不全部改為招商股，轉為普通商業銀行，經營普通商業銀行業務。儘管如此，鹽業銀行依然資金雄厚，擁有巨額存款，並購入國內公債和外幣債券，在當時的銀行界領先。

除此之外，由於鹽業銀行與北洋政府之間有良好關係，其重要經營業務還包括拉攏北洋政府的存款，同時也對北洋政府大量貸款，例如著名的鹽餘貸款，及北洋政府財務部以鹽餘為擔保向國內各銀行借款。北洋政府倒台以後，鹽業銀行又積極拉攏南京政府，主要向政府放款，特別以國家及地方政府的公共基礎事業為主，其中包括鐵路事業。通過與政府的交易，鹽業銀行當時，特別是在北洋政府時期，取得了蓬勃發展。

鹽業銀行曾有一個特殊業務。辛亥革命後，南（革命黨）北（袁世凱）議和，袁世凱逼末代皇帝溥儀退位，但給予清皇室優厚條件，清帝仍保留皇帝尊號，並仍住在宮廷內；民國政府待以外國君主之禮，而且每年共給 400 萬兩的費用（鑄新幣後，改為 400 萬元）；宮內各項執事人員照常留用，民國對皇帝原有的私產特別加以保護。但 1916 年袁世凱因復辟帝制失敗而憂憤至死後，清室後裔斷了經濟來源，而北洋政府自顧不暇，根本無力照顧他們，他們就只好變賣宮中古物度日。

大約在 1919 年以前，這些古物初由英商匯豐銀行押款，後轉到鹽業和大陸銀行。例如 1924 年 5 月，清皇室以金鐘一套 16 個以及金器、玉器、瓷器等，向北京鹽業銀行押借貸款，先後三次貸款銀元 129 萬元。當年 8 月 9 日，清室變賣金冊寶暨金鑲器具償還 40 萬元，

尚欠 89 萬元，逾期三年。此項巨額貸款的逾期利息及保險等費，共計
1,196,019.68 元。由於清室沒有財源，對鹽業銀行的欠款根本無力歸
還。後來鹽業銀行決定沒收這批古物押品，將這批文物拍賣，大獲其
利。直到新中國成立後，在抵消了清室所欠本息後，還餘下千餘件文
物，鹽業銀行才將這些文物交回故宮博物館存放。

全國解放後，鹽業銀行於 1951 年參加由金城、鹽業、大陸、中南
四家銀行聯合組成的「北四行」聯營，並於 1952 年，加入私營金融
業的公私合營，成為中國人民銀行的構成部分，從而完成了其歷史使
命。至於鹽業銀行香港分行，則在 1918 年成立，也已有相當長的歷
史。其後在中銀集團港澳管理處統籌管理下經營全面商業銀行業務，
包括銀團貸款、財資產品等，直到 2001 年 10 月併入中銀香港，由香
港立法會通過議案，合併於 2001 年 10 月 1 號生效。鹽業銀行香港分
行本在上環德輔道中（近永安百貨對面），重組後，此部分剩餘產業
已經公開出售與第三方。

參考資料

上海市銀行博物館、香港歷史博物館編：《從錢莊到現代銀行：滬港銀行業發展》，香港：康樂及文化事務署，2007 年。

王鋒：〈鹽業銀行概況研究（1915-1937）〉，河北師範大學碩士論文，2006 年。

田興榮：〈北四行聯營研究（1921-1952）〉，復旦大學博士論文，2008 年。

周葆鑾：《中華銀行史》（第二編），上海：商務印書館，1919 年。

周興文、趙寬：《交通銀行史書》，上海：上海書畫出版社，2009 年。

金研：〈清末中國自辦的第一家銀行──中國通商銀行史料〉，《學術月刊》第九期（1961 年 9 月），頁 1-6。

洪葭管：〈張嘉璈與中國銀行〉，《近代史研究》第五期（1986 年），頁 84-108。

香港金融管理局：〈歷史時間線〉，www.hkma.gov.hk/chi/data-publications-and-research/publications/annual-report/1995/，1995 年。

香港經濟日報：〈中行百年滄桑 兩陷危機〉，2006 年 5 月 19 日。

個人圖書館：〈探尋中國近代建築之滙豐銀行〉，www.360doc.com/content/18/0410/15/32366243_744474646.shtml，2018 年 4 月 1 日。

夏友仁：〈國民政府中央銀行制度研究〉，鄭州大學碩士研究生論文，2003 年。

徐鋒華：〈交通銀行的兩次改組始末和角色定位〉，《中國社會經濟史研究》第三期（2007 年 3 月 10 日），頁 75-81。

崔志海：〈論清末鐵路政策的演變〉，《近代史研究》第三期（1993 年），頁 62-86。

張啟祥：〈交通銀行研究（1907-1928）〉，復旦大學博士論文，2006 年。

陸建志：〈中國通商銀行小史〉，《史學月刊》第一期（1984 年），頁 109-110。

雯霧：〈圖説晚清鐵路史話（一）〉，《鐵道知識》，第六期（2007 年），頁 39-41。

雯霧：〈圖説晚清鐵路史話（五）〉，《鐵道知識》，第四期（2008 年），頁 40-41。

馮邦彥：《香港金融業百年》，香港：三聯書店，2002 年。

虞寶棠：《國民政府與民國經濟》，上海：華東師範大學出版社，1998 年。劉詩平：《金融帝國‧滙豐》，香港：三聯書店，1996 年。

潘淑貞：〈簡論中國通商銀行的組織結構與內部溝通〉，《福建論壇‧人文社會科學版》（2006 年），頁 92-93。

蔣立場：〈清末銀兩匯價波動與外債償付〉，《安徽錢幣》第三、四期（2008 年），頁 23–28。

駱向韶：〈清政府的鐵路政策〉，《湘潭師範學院學報（社會科學版）》第 24 卷第 4 期（2002 年 11 月），頁 147–150。

戴建兵：《話說中國近代銀行》，天津：百花文藝出版社，2007 年。

第三章

國共交替下的銀行業

中國幣制——廢兩改圓

　　正如第一章第一節所介紹，自秦統一中國後，中國歷代皇朝均採用銀銅貨幣體制。到了明朝，白銀則成為主要貨幣，銀本位的貨幣制度得以確認。由於中國使用的白銀通常鑄造成錠狀，在使用過程中，其重量往往以「兩」為單位。

　　直到明清時期，中國與西方貿易往來愈見頻繁，大量外國白銀流入中國。這些白銀大多是鑄造成硬幣的銀圓，流入中國最多的銀圓是西班牙的「本洋」，後來是墨西哥的「鷹洋」，老鷹是墨西哥國徽的標誌。此外還有英國的「杖洋」、日本的「龍洋」等。

　　外國銀圓在中國逐漸受歡迎，間接影響了清政府控制經濟的能力。光緒十三年（1887 年），洋務運動主力重臣之一張之洞奏准清廷，在廣東設造幣廠，試鑄銀圓，因為銀圓上印有蟠龍像，因此被稱為「龍洋」。隨後，彷照此圖樣，於光緒十九年（1893 年）在湖北武昌設置湖北銀元局，設立第二年即開始鑄造銀元。銀圓正面的漢文為「光緒元寶」，背面有蟠龍圖像，周圍有「湖北省造」、「庫平七錢二分」字樣，時稱為「湖北龍洋」。湖北龍洋重量雖略輕於墨西哥洋，但含銀率較高，因此，投入市場後，深受商民歡迎。以後各省仿效，相繼奏准鑄造，但因質量、成色及重量不符標準，不受民間歡迎。流通時，甚至不能按枚計值，只能按重量計值。

　　宣統二年（1910 年），清政府將鑄幣權統一歸中央，規定以圓為單位，每圓重七錢二分，定名為「大清銀幣」，由湖北、南京兩個造幣廠鑄造，預定於十月發行。不久，辛亥革命爆發，所有已鑄成的銀幣均充作軍餉，故清朝只有各省自鑄的銀圓，而無全國統一鑄造，成色、重量都符合標準的銀幣。

日本貿易銀（明治九年鑄）

墨西哥鷹洋

光緒一元龍洋（廣東省造）

宣統三年鑄造的一元龍銀（用以取締各省成色參差之龍銀）

1912 年 1 月，中華民國臨時政府在南京成立。民國政府自成立後，屬行經濟改革，統一貨幣，改變自清末以來混亂的金融貨幣制度。民國政府將江南造幣廠改為財政部管理，開始鑄造有孫中山先生側面肖像，面值分為壹元、貳角、壹角之「中華民國開國紀念幣」。

袁世凱上台之後，於 1914 年推出《國幣條例》，確立銀本位貨幣制度，定國幣「壹圓」，又定十分之一元為角，十分之一角為分。壹圓國幣由九成銀、一成銅鑄成，上印有袁世凱頭像，即俗稱的「袁大頭」。「袁大頭」出現後，逐漸取代「龍洋」、「鷹洋」等舊有銀圓，在全中國流通。

1928 年國民政府定都南京後，又頒佈《國幣條例》，繼續使用銀本位發行貨幣，停鑄「袁大頭」，改用民國元年發行的開國紀念幣舊模，略改英文幣銘等，由南京、天津、浙江、四川等造幣廠鑄造，暫為替代。這種銀圓比「袁大頭」略小，含銀量較低。因為印有孫中山頭像，被稱為「孫小頭」。

儘管民國政府希望規範金融制度，但實際上，民國初年雖鑄造銀圓，但中國貨幣依然是兩、圓並用。當時的貨幣市場充斥着外國貨幣、以及印有各地軍閥肖像的貨幣，加上銀圓在成色及重量上均有出入，情況極為混亂。銀兩雖然在日常生活中已為銀圓取代，但在商業往來和國際收支方面，銀兩仍是主要支付方式。同時，制錢雖然在市場上被淘汰，但銅輔幣制度也沒有統一，因此在商業和金融市場上，常常面臨這樣的矛盾：交易結算用銀兩，實際收支則用銀圓，記賬單位用銀兩，實際流通用的又是銀圓。這種交易用銀兩、通貨用銀圓的情況，不免引發銀市市場價格驟漲驟落，正當商人經常因此受損，投機商人則從中獲利。為此，「廢兩改圓」的呼聲不斷響起。

1933 年 3 月 1 日，財政部頒佈命令，規定通用銀兩與銀本位幣換算率為七錢一分五厘合一圓，於 3 月 10 日先從上海施行。上海各業全

孫中山像開國紀念幣，俗稱「孫小頭」

袁世凱像一元銀幣，俗稱「袁大頭」（中華民國三年造）

孫中山像帆船銀幣，又稱「船洋」（中華民國一十三年造）

部實行銀圓本位制，洋厘行市被取消，海關關稅亦改收銀圓。4 月 5 日，財政部正式頒發「廢兩改圓」佈告，規定從 4 月 6 日起，「所有徵收稅款，自用銀兩交納者，一律改用銀本位幣」。至於銀行和錢莊的本票、支票、匯票，一律停出銀兩票，以前開出的銀兩票在兌換時，也一律改為銀圓計算。雖然外商銀行起初三天採取觀望態度，但中國金融界一切業務都改用銀圓，權衡利弊後，外商銀行很快也加入了「廢兩改圓」的行列。

1933 年 3 月 10 日，新建立的中央銀行造幣廠正式開始鑄造標準的銀圓，統一將白銀鑄成幣值為壹圓的銀圓。此壹圓銀幣為一切交易的本位幣，每銀幣 1 圓（成色為 0.88，總重為 26.6971 公分）易銀 7 錢 1 分 5 厘。上海的金融機構於 3 月 10 日一律改用銀圓。其他都市自 4 月 6 日也一律改用銀圓。1933 年 7 月 1 日起，中央造幣廠的新銀圓開始流通。新版銀本位幣，正面有孫中山半身像，背面為一艘雙桅帆船圖案和幣值，俗稱「孫頭」或「船洋」。從此各種雜牌銀幣陸續停用。

但民國政府「廢兩改圓」，實施銀本位制度沒多久，很快就遇上了西方 1930 年代的大蕭條。大蕭條初期，由於中國的貨幣體系和世界金本位之貨幣體系不同，世界經濟蕭條並未馬上對中國造成影響，相反，由於中國幣值相對偏低，大大刺激了中國的出口。不過，英、美等國其後為了擺脫金融危機，先後放棄金本位制，不惜陷入匯率戰。特別是美國，為了轉嫁國內危機，於 1934 年 6 月，公佈了《白銀收購法案》，之後又採取一系列措施，提高銀價大量採購白銀。美國極力買入白銀，白銀開始從世界各地流向美國，中國的白銀也無一例外，被「虹吸」到美國。據統計，中國在 1934 至 1936 年的白銀風潮中，經海關及走私出口的白銀約 64,531 萬盎司，合 12.9 億元。白銀大量外流，嚴重影響了國民經濟發展及原幣制。

中央銀行發行的法定貨幣（中華民國十九年印）

　　面對此情況，國民政府開徵白銀出口稅和平衡稅以阻止白銀外流，但收效甚微。白銀外流動搖了中國的銀本位基礎，引發了金融危機，各地不少錢莊因放款不能收回或資金周轉不靈而倒閉。政府雖然也有對銀行業進行救濟，如 1934 年 12 月，財政部為救濟銀行，請中國銀行、中央銀行、交通銀行撥款 1,000 萬元，供銀行錢莊使用；1935 年元旦和 4 月，財政部又分別從香港和倫敦購買銀圓，合共 775.65 萬元，投放上海市場，無奈這些措施只是隔靴搔癢，國內經濟與金融市場依然處於冰凍時期。此時，幣制改革成了擺脫危機的唯一出路。

　　在英國的協助下，由時任中央銀行董事長的宋子文領銜，民國政府擬定幣制改革方案，將匯率下調到一個較低的水平，根據資料，1930 至 1934 年中國貨幣與英鎊的平均匯率為法幣（即法定貨幣）1 元兌 1 仙零 2.5 便士，實行白銀收歸國有、國家壟斷貨幣發行，印製不兌現紙幣。1935 年 11 月 4 日，中國發表了「法幣政策」宣言。宣言一出，美國認為中國法幣與英鎊掛鈎影響了美國在中國的利益，雙方周旋之下，最終達成《中美白銀協定》：法幣採取緊貼英美套算匯率中幣值較高的一方，與英鎊、美元同時建立聯繫。於是，民國政府的貨幣制度，由本來的銀本位改為外匯本位，以紙幣代替銀兩。新辦法規定：

（1）中央銀行、中國銀行、交通銀行三家銀行（後增加中國農民銀行）所發行的鈔票為法定貨幣（以下簡稱法幣），所有完糧納稅及公私款項收付，概以法幣為限；

（2）白銀國有，禁止以白銀作貨幣性的使用，凡銀行、商號、公私機關及個人，應將所有銀元、生銀交予發行準備委員會或指定銀行，兌換法幣；

（3）中央銀行、中國銀行、交通銀行按照現行對價，無限制銷售外匯，匯率是每元法幣買美金 0.259 元，賣美金 0.3 元。

此政策成功穩定了中國貨幣，匯率趨於穩定，走出了白銀危機，可以譽為中國近現代史上最徹底的一次貨幣改革。而中國第一種全面流通的不兌現鈔票法幣，統一了貨幣並使幣值脫離銀價，壟斷了國內貨幣發行權，邁進了現代化貨幣管理，並使中國與世界的貨幣制度均一。

國民政府之金融管理

國民政府（即蔣介石南京國民政府）成立於 1925 年 7 月 1 日，1928 年 12 月 29 日東北易幟後名義上統一中國。國民政府執政期間經歷軍閥對峙、國民黨內部戰爭、抗日戰爭、第二次世界大戰及國共內戰等事件。1948 年 5 月 20 日，蔣介石依循《中華民國憲法》就任行憲後第一任總統，國民政府則改組為總統府，國民政府主席一職也改為中華民國總統。[1]

1　由辛亥革命至中華人民共和國成立之前的時期一般被統稱為民國時期。在此期間，國民黨的中華民國國民政府（簡稱國民政府）是民國時期的中央政府與最高行政機關，包括孫中山 1912 年在南京成立的中華民國臨時政府、袁世凱及其後的北洋政府，還有蔣介石在南京建立的南京國民政府。歷任國民政府主席中，蔣介石是最知名者，也是任期最長的主席，其在任年期為 1928–1931 及 1943–1948；其後在台灣三任總統。他本是與孫中山關係密切的追隨者，被後者視為難得的革命人才，成為孫所倚重的得力幹將。曾在孫中山病逝時任黃埔軍校校長，後為國民革命軍總司令。

　　國民政府時期，管理國家金融的官方資本金融機構是所謂的「四行二局」，包括中央銀行、中國銀行、交通銀行、中國農民銀行，以及中央信託局和郵政儲金滙業局。從某個程度上來說，這四行二局掌管着全國的金融經濟命脈。其中中央銀行、中國銀行、交通銀行，在第二章已介紹過，以下將介紹中國農民銀行、中央信託局和郵政儲金滙業局。

　　首先介紹的是中國農民銀行。正如諾貝爾經濟學得獎者，瑞典經濟學家繆爾達爾（Karl Gunnar Myrdal）所強調：「經濟發展長期鬥爭的成敗取決於農業部門。」和平年代如此，在糧草至關重要的戰爭年代更是如此。然而，國民黨執政後，由於戰禍連年，自然災害頻繁和租稅苛重，導致農村經濟狀況急劇惡化。面對深重的農村危機，當時社會各界「資金下鄉」、「資金歸農」、「救濟農村金融」呼聲響遍全國。

　　蔣介石政府在社會輿論壓力下，不得不採取一定的措施以挽救農村危機，其中特別提出「農民銀行尤為救農之百年大計」的觀念。更重要的是，除了維持與共產黨作戰的軍事費用，更可同時拉攏農民民心，成立專門的農業銀行，發行農業貸款，確實是一舉兩得。加之當時宋子文掌握財政大權，而蔣、宋之間存在分歧，因此蔣用錢時，往往受宋的約束，不大方便。而當時最具實力、且有國家銀行性質的中國和交通銀行還未完全受蔣控制，所以蔣介石決定設立四省農民銀行，並自任理事長。銀行享有軍事護照和軍事交通的特權。

　　不過雖名為「四省農民銀行」，但自成立之後，特別是 1934 年紅軍開始長征後，該行的業務及分行，也隨着國民黨擴大軍事活動範圍而不斷增多，四省農民銀行曾提出「軍隊開到哪裏，機構設到哪裏」的口號。1935 年初，該銀行的分行已遍佈全國 12 個省。1935 年，因追截紅軍，需要大量軍費，蔣介石認為四省農民銀行太小，無濟於事，便決定將其改組為中國農民銀行。初成立時，資本總額為 1,000 萬元，總行設在漢口，1937 年遷至南京。

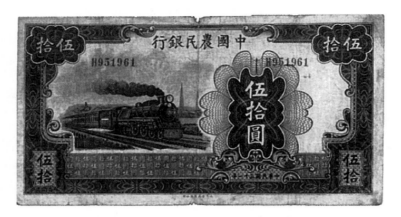

中國農民銀行發行的法幣

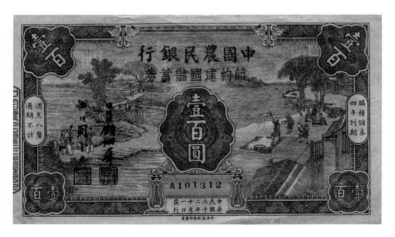

中國農民銀行一百元「節約建國儲蓄券」(中華民國三十二年十月一日發行)

銀行的成立宗旨本是辦理全國農貸與土地金融業務，當時國民政府制定公佈《中國農民銀行條例》，規定該行為發展農村經濟之專業銀行。但實質上，農民銀行成立初期的活動卻不止發展農村經濟。在該行的營業報告中，多次提到為了方便國民黨的作戰活動，擬定隨軍隊開設分行。

此外，農民銀行的所有大權全部歸屬蔣介石，不僅是人事任免，還包括貸款。按數據顯示，從 1933 年 4 月到 1937 年 1 月，根據蔣介石手諭，農民銀行先後撥款 73 筆，金額高達 1 億 8,000 萬元，僅墊支軍費就有 6,400 萬元。[2]

其後，國民政府又宣佈中國農民銀行為國家銀行之一，賦予其發行「法幣」的權利，與中央、中國、交通三大銀行一起形成統制全國金融的國家金融體系，世稱「中中交農」或「四行」。直到 1942 年，國民政府將鈔票發行權集中於中央銀行，該行方停止發鈔。不過由於國民政府實行國家四行專業化，此時的農民銀行接管中國、交通兩銀行及中央信託局的所有農貸業務，成為全國唯一的中央農業銀行。

國民黨退守台灣後，中國農民銀行隨國民黨政府遷至台灣，於台北市繼續營業。除了繼續處理農業金融業務外，也處理一般商業銀行業務。為配合政府公營事業民營化政策，農民銀行於 1999 年以出售官股方式完成民營化。

由中國農民銀行的簡短介紹可以看出，該行的發展某程度上與蔣介石私人政治需要是有關的。作為銀行，竟然擁有軍事護照及軍事交通特權，這似乎有點匪夷所思。不過接下來介紹的中央信託局也與政治有關。

2　鄒曉昇：〈試論中國農民銀行角色和職能的演變〉，《中國經濟史研究》第四期（2006 年 4 月 8 日），頁 59–67。

　　信託事業是受委託代行管理各種財產的行業，為近代金融業的重要支柱之一，始於 1822 年的羅馬，遍及歐美，以美國最為發達。中國信託事業雖發展較晚，至 1921 年才有信託公司出現，卻發展得很快，短時間內，僅在上海已有十餘家信託機構。

　　中央信託局是國民政府金融體系重要的機構之一，於 1934 年由中央銀行開始籌備，1935 年在上海設立總局。該行設立之目的，是由於當時國民政府對外採購軍備器材甚多，且正在籌辦強制儲蓄和壟斷特種儲蓄，需有專門機構，隨成立中央信託局。由於該局與央行關係密切，當時被稱為「行局一家」，是國民政府執行「國策」的機構，專為辦理特種信託、保險、儲蓄業務而設，因此資本雄厚，擁有國民政府賦予的特權，如軍政機關、公營事業單位對外採購各種物資器材，必須一律委託該局承辦。當時，國民黨政府高層人員所需物品的採購，也由該局獨攬，如蔣介石的用品，小到日記本，大到座機，都是信託局負責採購。另外，公務員、軍人和公營事業人員的壽險與儲蓄、有獎儲蓄、國有財產辦理與標售也只委託其承辦。

　　剛開始時，該局以全國各地之重要銀行為代理處，其後設分局於昆明、桂林、貴陽、衡陽、成都，全國其餘地方仍由當地之中央銀行代理。信託局亦曾在國外，包括：香港、仰光、馬尼拉設辦事處。1949 年，中央信託局的地方分局被新政府接收，至於原信託局總局則隨國民政府遷往台北。剛開始，其在台灣的業務限於購料、易貨、儲運與保險，其後擴展至辦理軍保等項目。2003 年，該局配合中華民國政府金融改革政策，改制為公司，全稱為「中央信託局股份有限公司」(Central Trust of China)。時任董事長許嘉棟，曾任中央銀行總裁與台灣大學經濟系教授，足見該局與央行仍有密切關係，與普通商業銀行不同。

最後介紹的是郵政儲金滙業局。中國郵政事業很早開始，在第二章講述交通銀行的設立時亦曾提到，李鴻章在 1874 年上書皇帝，主張興辦郵局增強國力。雖然當時這個主張沒有被立即採納，但在 1898 年，清政府已舉辦郵政匯兌業務，1908 年又增辦儲蓄業務。至 1929 年，全國通匯的郵局和郵政代辦所已達 2,374 處，這是中國郵政業的雛形。

1928 年，國民政府郵政司司長劉書藩前往歐洲進行考察，回國後建議在交通部設立郵政儲金滙業局，與郵政總司平行。經批准，於 1931 年在上海成立郵政儲蓄滙業總局，直屬國民政府交通部，把郵政局原來的儲金匯兌業務接過來，但其人員和機構不變，並規定一切政府款項凡中央銀行、中國銀行、交通銀行三銀行未設有分行之地點，均由郵匯局轉飭當地郵局代為辦理。它的主要業務是舉辦各種形式的儲蓄、匯兌、放款、貼現、購買公債或庫券、經營倉庫、辦理保險等。除了發行鈔票外，當局還會承做商業銀行的一般業務。

郵政儲金滙業局成立時，只有資本 1,000 萬元，1935 年增至 5,000 萬元，而其分支竟然增加到 9,500 處，可謂滲透到中國的每個角落。1949 年，該局隨國民黨遷到台灣，除原有業務外，也涉足證券等金融投資。2003 年，改稱「中華郵政公司儲匯處」。

中國自辦新式銀行與工商關係疏淡，沒有肩負起扶助工業發展的歷史任務，是其嚴重缺點。二戰前中國銀行業的工業貸款只佔其總放款額的 12%，不及其資產總額的 6%。

當時中國銀行業對於工業資本形成的貢獻，也不過百分之三。從民國成立到抗戰前夕，政府向銀行界籌借而來的資金，絕大部分都耗費在非生產的用途上，政府與銀行界的這種共生關係，導致了工業發展緩慢的嚴重後果。

抗日戰爭期間的中央銀行

1937 年 7 月 7 日「盧溝橋事變」後，中日戰爭全面爆發，這場戰爭一直持續到 1945 年美國向日本廣島投放原子彈，日本宣佈無條件投降，第二次世界大戰結束。此時期長達八年，中國人民進行了長期不懈的抗日戰爭。

戰爭期間，中國金融也隨着時代的轉變而產生變化。在 1937 年 8 月，即戰爭正式爆發一個月後，為了應付戰事驟起後的金融緊急情況，國民政府協調中央、中國、交通、中國農民四家銀行，設聯合辦事處，簡稱「四聯總處」，集全國一切金融大權於四聯總處，由蔣介石兼任四聯總處理事會主席。總處本來設於上海，當年年底上海淪陷後，總處先移至武漢，之後又隨國民政府遷至重慶，成為國家金融領導機構。

根據《戰時健全中央金融機構辦法綱要》規定，四聯總處「負責辦理政府戰時金融政策有關各特種業務」，「財政部授權聯合總處理事會主席在非常時期內對中央、中國、交通、中國農民銀行可為便宜之措施，並代行其職權」。這樣，四聯總處不僅成了四行之間進行聯絡、協調的辦理機構，而且是指導、監督、考核四行的領導機關。1942 年中央信託局、郵政儲金匯業局也受該處監管。

此外，該處理事會（包括蔣介石、孔祥熙、宋子文）還負責擬制戰時金融政策及辦理有關特種業務，督促四大銀行的總行移設重慶，在西南、西北金融網內設立，集中外匯審核、統籌鈔券印製、調撥軍政款項、核辦生產事業貸款及投資等。事實上，四聯總處絕不是簡單的金融機構，作為一個重要的中樞決策機構，它在金融、經濟領域內發揮重大作用，被蔣介石喻為「經濟作戰之大本營」。

在四聯總處的指導和監督下，抗戰期間重慶金融迅速發展。金融方面，除了中央級的「四行二局」全部遷到重慶外，外省許多著名的銀行如金城銀行、上海商業儲蓄銀行、大陸銀行、中南銀行、四明銀行等，亦將總行遷至重慶，或在重慶設立分行。在金融繁榮時，作為戰時首都的重慶，幾乎每月都有一家或數家銀行開業，從而促使重慶在戰時發展為全國金融中心。除了金融機構的數量增多外，更主要的是金融資本的增加。而資本的劇增與流通，促進了重慶其他各業的發展與進步。

蔣介石本人擔任四聯總處理事會主席，通過四聯總處的決策和運用權力，對內控制了中央、中國、交通三大銀行，對外加強壟斷了金融和經濟。當時與蔣介石一起大抓權力的還有行政院副院長、財政部部長孔祥熙，他同時兼任中央銀行總裁，其後又擔任四聯總處副主席，不久又任代主席，幾乎控制了當時的中國經濟金融命脈。順便一提，四聯總處的會計長為楊汝梅，他留學美國，獲經濟學博士學位。1948 年來港，分別在新亞書院、其後成立的香港中文大學及浸會學院任教。

抗戰時的中國，除了蔣介石國民政府所發行的法幣外，日本也在佔據區域發行軍票。軍票本是日本政府發放日軍軍餉的貨幣，在 1904年日俄戰爭中早已使用，其後日本每次對外用兵時皆使用軍票。太平洋戰爭時期，日本在中國、菲律賓、馬來亞、緬甸等地的佔領區大量發行軍票，更逼使佔領地居民兌換軍票作為貨幣。由於軍票發行時不會有保證金作為兌換支援，也沒有特定的發行所，所以軍票不能兌換日圓。基於這個緣故，日本政府以此作為支配佔領地經濟和掠奪佔領地財富的一種手段。

除蔣介石國民政府的「法幣」、日本發行的「軍票」，汪精衛偽國民政府發行的中儲券也是流通貨幣。提到汪精衛，很多中國人的第一

反應是「大漢奸」，其實他在早期是一個革命者。於辛亥革命前，曾因謀刺清朝攝政王載灃失敗而下獄問死，後改終身監禁。辛亥革命成功後獲釋，加入革命黨，多次任要職，獲孫中山信任，為孫中山遺囑的草擬者。他一度是國民政府主席及國民黨副總裁。但在日本侵華期間，他屈服於日本帝國主義的軍事進攻和政治誘降，在日軍庇護下，於 1940 年 3 月 30 日在南京正式成立「中華民國國民政府」，加入由日本提出的「大東亞共榮圈」，實行多項親日反共的政策。

汪偽政府為確立統治權威，向日本提出成立中央銀行，力圖通過發行新貨幣來統一幣制、驅逐舊法幣，進而消除重慶國民政府在華中地區的政治影響力。剛開始，日本擔心損及自身日幣（包括軍票）的利益，採取消極態度，後來轉而積極扶持汪偽政府建立中央銀行。

1940 年 12 月，汪偽政府正式決議設立中央儲備銀行，日本派遣顧問並給予金融援助。在日本最高經濟顧問青木一男的策劃下，在上海成立了中央儲備銀行（The Central Reserve Bank of China），並發行中央儲備銀行券，以圖控制上海金融市場，獲取貨幣資源（即重慶國民政府發行的法幣）。中儲行資本擬準備一億元，由日本從關稅中按月留六、七百萬元撥給中儲行，其餘的資本向華興商業銀行借用。日本承印中儲券，並先後借貸予中儲行信用借款 5 億日元。中儲行先後在蘇州、杭州、揚州、無錫、漢口、廣州、廈門等多個地方設立分支機構，在日本東京也設立了辦事機構。至此，在日本政府的權利指導下，汪偽政府借此聚斂了大量財富，開始了「統一幣制」的活動，進而在華中、華南地區確立其中央銀行的地位。而日本也利用中儲行，間接統治佔領區，奪取了更多的經濟利益。

隨着抗日戰爭進入持久階段，經濟實力的重要性逐步突顯。各方政府都採取削弱敵方經濟力量以增強自身經濟實力的策略。當戰場上硝煙瀰漫的同時，在經濟戰場上，三種紙幣也在上海展開了「鐵血」金融戰。特別是日本的軍票與汪偽政府的中儲券，更是聯合抗衡法

日本在佔領香港期間發行的百元軍票

中央儲備銀行十萬元紙幣（中華民國三十四年印）

幣。當時日本政府企圖通過套用可兌換外匯的法幣來攫取軍用物資，以此遏制蔣介石政府。面對這一策略，退居重慶的國民政府為了維持法幣的信用，通過獲取英美列強的財政援助，設法保證法幣在外匯市場上幣值穩定，來抗衡日本及其偽政府發行的貨幣的衝擊。

對於偽政府中儲行的成立，重慶國民政府嚴陣以待。四聯總處決定將駐在上海四銀行的現鈔一律逐步收回，因該四銀行鈔票均能購買外匯，轉而投入其他八大商業銀行的鈔票流通市面。同時通知在滬的中外銀行界全面抵制中儲券。這期間，重慶國民政府與汪偽政府甚至動用恐怖手段，引發了數宗銀行血案。同時，英美也支持中國法幣，建立平准基金會，力圖保證抗戰時期上海外匯市場的安定。通過一系列措施，軍事上失利的重慶政府還是維持了相對穩健的法幣制度，在一定程度上達到了對抗日本的經濟目的。

抗日戰爭結束，四聯總處的作用逐漸減弱，到了 1948 年 10 月正式宣告結束。抗戰期間，四聯總處穩定了國民政府的經濟。1945 年 8 月 15 日，日本宣佈無條件投降，汪偽政權隨之垮台，而中儲券也隨之停用。至於日軍所發行的軍票，則全部變成廢紙。倒是中儲行，成為蔣介石集團接手汪偽政權集團最重要的金融機構。對於這中央銀行的接收，不僅具有政治上的意義，更重要的是其巨大的經濟價值。

抗戰勝利後之金圓券風暴

法幣在 1935 年起由國民政府中央銀行發行，雖然國民政府採取一系列措施穩定了法幣，但抗戰期間，由於財政支出增加，需要大量發行法幣，導致法幣貶值。但真正嚴重的是，在抗日戰爭結束後，國民黨為了支付與共產黨作戰的軍費，在三年內戰期間，大肆發行法幣，

三年間發行量增加超過 1,000 倍。結果，在政府庫存黃金、外幣都沒有實質增加的情況下，造成了民間的惡性通貨膨脹，法幣急劇貶值，物價暴漲。

有人曾作出這樣的調查，國民黨政府發行的法幣 100 元的購買力：1937 年為兩頭牛，1938 年為一頭牛，1941 年為一頭豬，1943 年為一隻雞，1945 年為一尾魚，1946 年為一隻雞蛋，1947 年為三分之一盒火柴，1948 年連一根火柴都買不到了。在這種情況下，有造紙廠以低面額的法幣作為造紙的原料獲利，[3] 這事似乎就顯得不那麼誇張了。這情形讓人想起 2008 年 11 月津巴布韋官方公佈高達 2,200,000% 的通貨膨脹率，其中央銀行只得宣佈，發行單張面額 1 千億津元的鈔票，以對付失控的通貨膨脹。

正如凱恩斯在《貨幣論》中提出，希望控制貨幣量，以消除通貨膨脹。[4] 正因為通貨膨脹對於一個國家的經濟往往能夠造成致命的打擊，為此，面對急劇通貨膨脹，時任行政院院長宋子文試圖以金融政策穩定法幣，拋售庫存黃金購回法幣。但因為法幣發行量仍在增加而沒有成果。1948 年 5 月行憲選舉後，由翁文灝出任行政院院長，王雲五任財政部部長，開始籌劃貨幣改革方案。當晚由蔣介石以總統之名發佈《財政經濟緊急處分令》，作全國廣播，並發佈《金圓券發行辦法》，實行「金圓券」的幣制改革，其主要內容為：

(1) 金圓券每元的法定含量為純金 0.22217 公分，由中央銀行發行壹圓、伍圓、拾圓、伍拾圓、壹百圓五種面額的金圓券；

(2) 按 1:300 萬比率收兌法幣，收兌後法幣停止流通；

3　李育安：〈國民黨政府時期的幣制改革與通貨惡性膨脹〉，《鄭州大學學報（哲學社會科學版）》第二期（1996 年 2 月 3 日），頁 21–25。

4　戴國強：〈凱恩斯的「准繁榮」思想及其對通貨膨脹的態度〉，《財經研究》第三期（1993 年），頁 47–50。

（3）禁止私人持有黃金、白銀、外匯。凡私人持有者，限於 9 月 30 日前收兌成金圓券，違者沒收；

（4）金圓券之發行採取十足準備制，發行準備金必須有 40% 為黃金、白銀及外匯，發行額以 20 億元為限；

（5）全國物價及勞務價凍結在 1948 年 8 月 19 日的水平。

金圓券發行初期，包括上海銀行公會，錢業公會及信託公會合稱「三業公會」，斡旋在政府與業界之間，充當了不可缺少的仲介角色。在金圓券發行後，上海三業公會將中央銀行實施改革幣制時，業務上應該注意的要點轉知會員機構，減少了幣制改革帶來的混亂。除三個業界公會外，較活躍的銀行包括有：浙江第一銀行、浙江興業銀行、上海商業儲蓄銀行、江蘇省銀行、中國墾業銀行、中國農工銀行、綢業銀行、中國通商銀行、中國實業銀行、四明銀行、中國國貨銀行及新華銀行等。

除了工商界的認可外，在沒收法令的威脅下，大部分小資產階級民眾皆服從政令，將積蓄之金銀外幣兌換成金圓券。同時，國民政府亦試圖凍結物價，依法命令商人以 1948 年 8 月 19 日之前的物價供應貨物，禁止抬價或囤積。在政府的壓力下，部分金融家雖不願意，亦被迫將部分資產兌成金圓券。

此外，為了使金圓券更好地實行，蔣介石特派專員到各大城市監督金圓券的發行。當中上海作為全國金融中樞，特委派蔣經國為副督導，留意上海的情況。在上海，蔣經國將部分不從政令的資本家收押入獄甚至槍斃，殺一儆百。而杜月笙之子亦因囤積罪入獄。蔣經國嚴厲執法，使人們對金圓券稍有信心。

但以行政手段凍結物價，結果反令貨物有價無市。於是商人想盡方法保存貨物，等待機會出售。交易大幅減少，紛紛轉往黑市進行交

易。物價管制最終失敗，在 1948 年 11 月 1 日全面撤銷。翁內閣亦在 11 月 3 日總辭。

金圓券失敗的原因也是在於沒有嚴守發行限額。發行時規定，金圓券的最高發行額不應超過 20 億元。但由於國民政府在 1948 年戰時的赤字，每月達數億元至數十億元，主要以發行鈔票填補，而向美國貸款亦沒落實。11 月 11 日，行政院修定金圓券發行法，取消金圓券發行限額，准許人們持有外幣，但兌換額由原來 1 美金兌 4 金圓券立即貶值五倍，降至 1 美金兌 20 金圓券。自此金圓券價值江河日下，出現數以十萬計的兌換潮。

金圓券鈔票面額不斷升高，最終出現面值一百萬元的大鈔。在短短三個月內，金圓券的發行額便超過 20 億元，到 1949 年 5 月 25 日，發行額已經增至 60 萬億元！

可想而知，在這樣的局勢下，通貨膨脹會有多嚴重。以上海物價為例，用 1948 年 8 月總指數為標準，11 月漲 25 倍，12 月漲 35 倍，1949 年 1 月漲了 128 倍，3 月漲了 4,000 多倍，4 月更猛漲了 83,800 倍。這時的物價，已經不是以年、月看漲，而是以日計。1949 年 5 月，一石（約 120 市斤）大米的價格要四億多金圓券。各式買賣經常要以打捆鈔票支付。這些資料，清楚地描述了國民政府政策所引起的惡性通貨膨脹給中國人民帶來的災難。[5] 這在世界通貨膨脹史上也是罕見的。結果，市民為免損失當然不想持有金圓券，發薪後所得的金圓券，皆換成外幣或實物，或乾脆拒收金圓券。

1949 年 4、5 月，南京、上海相繼被解放軍攻佔，共產黨在 6 月起宣佈停止金圓券流通。但國民政府遷至廣州後，繼續發行金圓券，新疆等地區亦繼續發行，不過其價值已接近零，例如新疆銀行曾發行

5　蔡如今：〈國民黨政府在大陸崩潰前夕的財政〉，《唯實》第一期（1991 年），頁 66–67。

中央銀行發行的五百萬元金圓券 (1949 年印)

市民以大捆鈔票去採買日用品

（按：法國攝影師布列松攝於 1948–
1949 年的上海）

過單張 60 億元的高額紙鈔。直到 7 月 3 日，行政院宣佈停止發行金圓
券，改以銀圓券取代，結束了金圓券的歷史。其後，金圓券風暴亦波
及台灣。

　　凱恩斯的財政貨幣理論，1936 年 9 月即被中國學人引入，連孔祥
熙也趕時髦，把他 1941 年的「理財方針」命名為「積極的財政政策」。
無奈國民政府生不逢時，它「財」綱獨斷，赤字高企，狂發貨幣，完
全用錯凱恩斯的藥方。十年彈指一揮間，財金強人宋與孔，肆無忌憚
的掏空了國庫與銀行，加速斷送國民政府在中國大陸的統治。國民黨
失敗固然有多方面因素，但濫發貨幣，造成金融崩潰，肯定是造成整
個國民政府迅速在大陸敗走的原因之一。

　　北韓在 2010 年末實施貨幣改革，將 100 元兌換為新貨幣 1 元，
引發社會混亂與民眾不滿。[6] 貨幣改革帶來嚴重通貨膨脹，糧荒問題加
劇，導致社會大亂。南韓媒體報導，北韓當局承認幣制改革失敗。除
了開始採取補救措施，主持幣改規劃的北韓執政勞動黨前計劃財政部
長朴南基，也成為代罪羔羊，慘遭槍斃。北韓的貨幣改革與金圓券相

6　　蘇斯沃德：〈朝鮮因貨幣改革失敗降罪高官〉，BBC 新聞，2010 年 2 月 3 日，www.bbc.com/
zhongwen/trad/world/2010/02/100203_nkorea_official

似，同樣失敗，不為國民所接受。前車之鑒，執政者應以史為鑒，在改革之前，不可不深思。

國民黨退守台灣之資金安排

1949 年 10 月 2 日，蔣經國促請父親及早回台灣，因蘇聯已正式宣佈承認北京人民政府執政，並從廣州召回原駐中華民國大使。10 月 3 日，蔣氏父子乘飛機離開廣州，飛往台灣。10 月 14 日，廣州失守，國民政府再遷四川，蔣介石也趕回重慶指揮。11 月 30 日，重慶失守，蔣介石逃往成都。12 月 7 日，行政院院長閻錫山率國民政府各部門從成都逃往台灣。12 月 9 日，雲南省主席盧漢起義。同月 10 日，西康省主席劉文輝宣佈起義，成都被解放軍四面包圍。1949 年 12 月 10，即劉文輝宣佈起義當日下午 2 時，蔣介石帶着兒子蔣經國，從成都鳳凰山機場倉惶逃飛台灣。

隨着國共內戰進入後期，眼見國民黨在大陸大勢已去，蔣介石開始在台灣部署。蔣介石政府最終運送多少資金與財務到台灣，其具體如何運作等，目前也沒有非常確實的數據，因當時行動非常保密，只有很少人參與，連李宗仁代總統也不知悉。

在內戰尚未完全結束前，蔣介石已經部署可能戰敗的策略。1948 年 11 月底，蔣介石制訂《大事預定表》，第 15 條即為「中央存款」之處理，並分批將財物運往台灣。據資料顯示，1949 年末，國民黨政府要求總稅務司以細小的緝私艦，把 80 萬噸黃金及 120 萬噸銀圓，從上海國庫轉移到台灣。1948 年 12 月 1 日，中央銀行總裁俞鴻鈞奉蔣介石之命，從上海中央銀行和中國銀行地下國庫搬出庫存黃金 774 箱，計 200,144,459 萬兩，送上另一緝私艦，在美國船艦的護航下送達台北。同年，又有幾艘軍艦，再次運送約黃金 5,712,899 萬兩及銀

圓 1,000 箱至台灣，存於台灣銀行金庫。這些金銀外匯原是 1948 年及 1949 年發行金圓券的準備金，無數老百姓因此損失慘重。協助蔣介石押運國庫黃金到台灣的財務署署長吳嵩慶之子，醫學博士吳興鏞，對此感嘆：「台灣本島未遭戰火，主要拜賜於朝鮮戰爭與這筆巨金。從另一角度來看，海峽兩岸的億萬中國人民則是受害者，無數百姓因金圓券的劇烈貶值而傾家蕩產。」[7]

1949 年，當國民黨政府徹底潰敗，不得不退守台灣之時，很多國家機構、黨內高官以及大批重要財物，一併隨着國民政府遷台。在撤退過程中，除了巨額黃金白銀之外，四大家族也通過授意交通銀行，把多餘的外匯陸續轉移到菲律賓交通銀行。另有許多軍閥，變賣其官僚資本企業，連同軍餉和掠奪的財富，全部轉移到台灣。例如山西軍閥閻錫山，早在 1948 年底變賣其企業，連同財產，約值 115,000 多兩，全部轉移到台灣。

官員方面，掌控了當時國家政治、經濟命脈的四大家族（蔣介石、宋子文、孔祥熙、陳果夫及陳立夫）部分亦同行。其中宋子文移居香港，1949 年 6 月移居美國紐約，並於三藩市逝世。孔祥熙於 1945 年辭去行政院副院長及中央銀行總裁二職，1947 年以妻子宋靄齡病重為由赴美國定居，1948 年辭去中國銀行董事長一職，1962 年後到台灣暫住，1967 年，於美國紐約病逝。陳果夫、陳立夫兄弟則同行到台灣，其中陳果夫於 1951 年病逝於台北。同年，陳立夫移居美國，其後返台，於 2001 年病逝，享年 103 歲。兩兄弟素養良好，陳立夫更被總理周恩來讚許為一位值得尊敬的敵人。

金融機構方面，當時國民政府的六大核心金融機構「四行二局」，均隨國民政府撤離。其中，中國銀行有部分總部工作人員隨行遷台，

7　吳興鏞：《黃金秘檔：1949 年大陸黃金運台始末》（第一版）（南京：江蘇人民出版社，2009 年），頁 5。

其後在台灣改組，並更名為「中國國家商業銀行」。至於在中國大陸的中國銀行各部，則被新成立的人民政府收歸國有，並繼續稱為「中國銀行」。不過，在撤退台灣時，所乘搭的豪華太平號客輪發生沉船災難，許多重要文件和太平輪一起沉沒，使央行遷台後十餘年無法復業。遷台之初，重要業務均委託台灣銀行辦理。

太平輪乘載的是「最後一批乘客」，包括靠用金條換取艙位、或靠關係擠上船的近 1,000 名船客，另有裝運中央銀行的一批銀元寶及 1,000 多箱國民黨檔案，以及大批沉重貨物，包括 600 多噸鋼材、東南日報印刷器材與白報紙 100 多噸，故導致超載。太平輪從上海開往基隆的途中，於夜間航行，為逃避宵禁，沒開航行燈，結果 1949 年 1 月 27 日（農曆除夕前一日），太平輪與另一艘輪船相撞沉沒，船上 932 人罹難，死者中不乏有名望及富商級的人物。沉船後，許多珠寶首飾、佛像、木箱文牘等在海上漂流。有傳媒稱此為「東方鐵達尼號」；又因乘客多帶黃金，有人稱太平輪沉沒為「黃金船」之沉沒。出事後，保險公司立刻宣佈倒閉，有關輪船公司亦結束營運。60 年後，披露這一事件的《太平輪 1949》出版，多位罹難家屬共聚一堂，緬懷這一段大時代悲歡離合的歷史悲劇。

共產黨對國內之經濟改革

經過長達三年的國共內戰，1949 年，中國共產黨在北平（今北京）宣佈中華人民共和國成立，國民黨退守台灣，中共成為大陸的唯一執政黨。

正因重視經濟，中共在新中國政權還沒有正式建立以前，已經着手設置專門機構，處理全國的財政經濟。1949 年 5 月，黨中央建立中

央財政經濟委員會，統一領導全國的財政經濟工作，並委派陳雲（後來出任政務院副總理）為主任，對財政經濟情況進行調查研究。這麼早建立財政經濟委員會是有原因的。解放全中國並非一朝一夕之事，而是逐個地區、逐個城市實現的。中共領導人深刻地意識到，如果只是攻打勝利，而沒有好好管理解放的城市，則會功虧一簣。

1949 年 5 月，上海解放。作為當時的經濟金融中心，上海的形勢是否能夠穩定，直接影響到全國解放後的形勢。為此，從 1949 年 5 月進城到 1950 年初，陳雲協同當時的上海市長陳毅將軍（合稱「兩陳」），與上海的投機商人，在貨幣和商品上打了三次激烈的經濟戰。

第一仗是銀圓大戰，金融投機商在此役中全軍覆沒。上海解放當日，陳毅就頒佈：自即日起，以人民幣為計算單位，人民幣與金圓券的兌換比例為 1:10 萬，在 6 月 5 日前，暫准金圓券在市面上流通。到 6 月 3 日，收兌的金圓券已堆滿了所有銀行庫房，裝運的汽車擠在馬路上。可是，金圓券收了，人民幣卻兌不出。多年的惡性通貨膨脹，市民已對紙幣失去信心，投機商乘機炒作「黃白綠」——黃金、銀圓和美鈔，短短十天，銀圓價格暴漲了將近兩倍，市面拒用人民幣。為控制混亂的形勢，兩陳商量後，決定採取斷然的軍事手段，於 6 月初，全副武裝的軍警分五路包圍上海證券大樓，所有銀圓炒賣活動頓時停止。隨後，全國各地的證券交易場所全數遭查封，「資本市場」從此退出了中國的經濟舞台。民間的金融活動徹底停止，意味着上海不再是亞洲金融中心，而是漸由香港取代了它的地位。證券交易所重新在上海灘運作已是整整 41 年後的事。

銀圓大戰結束後，接着上演的是紗布大戰。當時全國物價動盪，人民幣大幅貶值，在所有上漲商品中，最能作為指標的就是政府收購的紗布，而主戰場在上海。為解決此問題，陳雲用的辦法是增加供應，舉全國之力解決上海問題。坐鎮上海的陳雲給各地密發 12 道指

令，命令各地把紗布調集到中心城市待命，人民銀行總行停止所有貸款。在一系列的準備之後，11 月 25 日，陳雲命令全國採取統一步驟，在上海、北京、天津、武漢、瀋陽和西安等大城市大量拋售紗布。

一開始，投機商爭相囤貨，甚至不惜以日計息借高利貸。然而，各地的國營紗布公司源源不斷地拋售紗布，而且一邊拋售，一邊降低牌價。於是，有投機商開始悄悄拋出手中的紗布，消息傳開後，市場局面頃刻逆轉。兩陳仍然窮追不捨，規定所有國營企業的錢一律存入國營銀行，不得向私營銀行和民營企業家貸款；規定私營工廠不准關門，而且要照發工資；同時在這幾天裏加緊徵稅，稅金不能遲交，遲交一天，就罰稅金的 3%。有人問陳雲「這些招是不是太狠了？」陳雲説，「不狠，不這樣，就天下大亂。」數招並下，投機商兩面挨打，資金和心理防線同時崩塌，不得不派代表要求政府買回他們手上的紗布，兩陳乘機以極其低廉的價格購入。經過這番交手，上海的商人元氣大傷，有人血本無歸，有人因應付不了「日拆」而跳樓自殺，有人遠遁香港。

其實兩陳在紗布大戰中採用的戰法，來自毛澤東屢戰屢勝的軍事思想，即「集中優勢兵力，各個殲滅敵人」，「不打無準備之戰」，這讓很多原來看不起共產黨的經濟學家心悦誠服。

紗布大戰剛剛鳴金收兵，兩陳很快轉入第三戰——糧食大戰。1949 年秋季，華北糧區遭天災，莊稼歉收，糧食形勢十分嚴峻。在籌劃紗布大戰的時候，陳雲就非常擔心北方的投機商集中攻擊糧價，使得政府兩面受敵。為此他想出一計，要求東北每天發一列車糧食到北京糧倉，而且每天必須增加運送量。北方的糧販子被誤導，多不敢輕舉妄動。等到紗布戰事抵定，陳雲才專攻糧食。

當時上海的存糧只有 8,000 萬斤，僅夠市民食用 20 多天，各大城市也面臨糧荒。上海的糧商大量囤糧，等待糧食開盤日。12 月，中財

委召開會議，對全國統一調度糧食進行具體部署。陳雲要求從東北、華中、四川等地調糧，同時在上海周圍部署三道防線。光此三道防線，政府掌握的周轉糧食就大約有十幾億斤，足夠上海周轉一年半，京津、武漢等大城市的糧食也得到了大量的補充。部署之下，糧食交易市場上糧價不漲反跌，上海廣泛開設國營糧店，持續拋售兩億多斤大米，投機商也不得不拋出，損失前所未見。

經此三役，上海的物價開始穩定下來。自 1937 年抗戰開始以來，困擾了中國經濟 12 年的惡性通貨膨脹終於被陳雲遏住。

指導這三場戰役的陳雲，有「共和國紅色掌櫃」之稱。陳雲出生於貧困農民家庭，自幼父母雙亡。他自學成材，曾在上海商務印書館當學徒，在發行所文具櫃枱當練習生，1925 年加入中國共產黨，後來成為中央委員，並往蘇聯學習。1944 年 3 月，陳雲在西北財經辦事處工作，他將邊區銀行確定為企業性質，建立有借有還的正規信用制度，各單位不可挪用銀行款項。為穩定金融，他提出邊幣的發行要有法幣準備金，即類似貨幣管理局制度。中共建政後，面對國家經濟崩潰的局面，陳雲臨危受命，主持全國的財政經濟工作，用半年多時間，初步統一了全國財政經濟、迅速穩定了物價和結束了惡性通貨膨脹。隨後又逐步完成了生產資料私有制，特別是對私營工商業的社會主義改造，即公私合營。此後長期擔任中央財經委員會主任、國務院副總理，是新中國經濟建設的決策人之一。

他的政治生涯幾經上下，建國初期為中共領導核心五大書記（毛澤東、劉少奇、周恩來、朱德、陳雲）之一。1950 年代中後期，陳雲與周恩來聯手反對經濟冒進，被毛澤東批評後投閒置散。1962 年，大躍進失敗後，毛澤東「家貧思賢妻」，重新起用陳雲，與劉少奇、周恩來、鄧小平一起收拾殘局。文革中陳雲失勢，從黨副主席貶至普通中央委員。1973 年，周恩來主持中央工作，整頓文革亂局，委託陳雲

負責外貿及金融，他曾指示中國人民銀行要好好研究資本主義。文革結束後，他在 1978 年末復任中共副主席。直至中國改革開放後，對於市場經濟的取向和經濟轉型，貢獻良多。他主張穩健地發展經濟，步伐與國力相適應，即「鳥籠經濟」。陳雲的工作方法可用 15 個字概括：「不唯上，不唯書、只唯實；交換、比較、反覆。」其子陳元，曾任中國人民銀行副行長及國家開發銀行行長，亦是著名經濟學者，著有《香港金融體制與 1997》等。

共產黨信奉的是馬克思主義，希望發展社會主義及共產主義。而共產主義觀念在經濟上主要是取消資本主義私有制，建立社會主義公有制。為此，早在全國解放以前，1949 年 3 月召開的中共七屆二中全會上，已經確定國家對私人資本的工商業進行改造，這一措施從共產黨接收大城市之日就開始了。全國解放後，中共從 1949 年到 1956 年這段時間實行的經濟措施，就是逐漸消滅資本主義和私有制，這段歷史稱之為「社會主義改造」。

改造的主要形式是採取私人資本和國家資本合作形式。國家資本主義分為初級形式、中級形式和高級形式。在國民經濟的三年恢復時期，國家資本主義主要實行初級形式和中級形式，即採取發工商貸款、供給工業原料、委託私營加工、收購私營工廠產品、委託私營商業代購等方式。同時，國家資本主義的高級形式——公私合營在這個時期也產生了。

所謂「公私合營」，即國家資本與私人資本合作，鼓勵私人資本向國家資本方向發展，例如為國家企業加工，或與國家合營，或用租借形式經營國家的企業、開發國家的富源等。通過這些方式，國家逐漸把原有官僚資本投資或屬舊政府財產的企業改變為公私合營企業。

新中國對公私合營改造大致經兩個階段：

（1）個別企業的公私合營；

（2）全行業的公私合營。

個別企業的公私合營是在私營企業中增加公股，國家派駐幹部負責企業的經營管理。由此引起企業發生巨大變化：

（1）一夜由資本家變為公私共有；

（2）資本家開始喪失企業經營管理權；

（3）企業盈利分配有限制。

原來的股東不再以資本家身份行使職權，而是逐步變為自食其力的勞動者。

公私合營進展很快。1956 年，陳雲發表《公私合營中應注意的問題》講話，他說全國各地的私營工商業很快都公私合營了，但很多重要的工作還沒有做，例如需要清產核資，安排生產，改組企業，安置人員，組織專業公司等。他指出大商店、小商店，連夫妻店，統統合營了。過去，50% 以上的商店不用店員的，政府對於這些商店本來要採取經營、代銷的方式，但是他們天天敲鑼打鼓，遞申請書，要求公私合營。沒有辦法，只好批准。

在陳雲的談話中，他指出如果一律採取對資本主義商業那種方式，不利經營。小舖子的經營方法跟百貨公司不同，居民很需要這樣的店舖，所以小舖子才能夠經營下去。陳雲說：「如果他們也跟我們一樣，一律發工資 30 塊、35 塊錢，他們的經營積極性就會大為降低，對消費者造成很大的不便。」陳雲也指出企業公私合營以後，原有的生產及經營方法，應該在一段時期以內依舊維持不變，以免把以前好的東西也改掉了。從上述談話內容，我們可知道陳雲早已洞悉「做又三十六，不做又三十六」是不利積極生產的。

公私合營是新中國經濟改革的重頭戲，那麼內地的銀行肯定也逃不過這改革方式。自從 1949 年中共在中國大陸執政後，就出現了公私合營銀行這種特殊性質的銀行，既不同於國家銀行，亦有別於私營銀

行、錢莊和信託公司。新中國建立後，在廣州僅存的七家私營銀行都被中國人民銀行總行收為中國人民銀行的組成部分。

人民政府對央行及各大銀行之改組

當中共在經濟上大刀闊斧地施行改造時，當然不會免過金融業。金融業可以說是一個國家的經濟命脈，也是穩定證券不可忽視的業務。在抗日戰爭和解放戰爭初期，各解放區都處於被敵人分割和封鎖的遊擊戰爭環境中，各區只能被迫分區印發貨幣。隨着共產黨在內戰節節勝利，統一各解放區的貨幣刻不容緩。

1948 年 12 月 1 日，按照中共中央的指示，經華北、山東、陝甘寧、晉綏政府聯合商定，將華北銀行、北海銀行、西北農民銀行等三行合併，正式成立了中國人民銀行。在組建中國人民銀行的同一天，以華北銀行為中國人民銀行總行，並於同日首次開始發行中國人民銀行鈔票——人民幣，同時確定了所有公私款項及交易均以人民幣為本位幣，其他貨幣逐步回收。

1949 年 2 月，中國人民銀行由石家莊市遷入北平。隨後，開始組建新中國的銀行等金融機構。在全國解放的過程中，為了恢復生產、市場和生活等秩序，以中國人民銀行為中心的銀行存款金融機構體系逐步形成，具體措施包括對原中國銀行和原交通銀行的接管改組，新設農業發展銀行（即中國農業銀行的前身），對 1,032 家民族資本銀行、錢莊、信託公司進行整頓改造，建立了 9,400 間農村信用社、2 萬多個農村信用組。

1949 年 10 月 1 日新中國成立後，中國人民銀行被納入政務院的直屬單位，成為新中國的國家中央銀行，一直沿用中國人民銀行的名

稱，直到今天。作為國家銀行，中國人民銀行承擔發行國家貨幣、經理國家金庫、管理國家金融、穩定金融市場、支持經濟恢復和國家重建的任務。

1949 年 5 月 27 日中共軍隊解放上海，中共人民解放軍上海市軍事管制委員會於同日成立，並且由其下屬的財經接管委員會金融處對全市金融業實行接管和監管。

在前期構建符合中國國情銀行體系的探索時期，雖然受到國內外各種因素影響和體制機制制約，中國的銀行體系在構建中經歷了多次曲折磨難，在實踐中也深深體現了新中國銀行發展的三個特點：

（1）經濟環境的整治是銀行體系健康發展的基本條件；

（2）銀行體系是國民經濟體系發展中不可或缺的構成部分；

（3）銀行體系機制是經濟體制的重要構成部份。

金融處在接管以「四行二局一庫」為代表的國家資本、官僚資本金融機構的同時，也清理了原官商合辦金融機構。「四行二局」於前文已提及，而「一庫」指的是中央合作金庫，也是國家金融機構。當時上海尚存 204 家私營銀行、錢莊與信託公司。其中，新華信託儲蓄商業銀行、中央實業銀行、四明商業儲蓄銀行和中國通商銀行的官股比例都在 50% 以上，按相關政策，其官股部分應由人民政府接管，但其私股權益則受到保障，至於董事會成員則重新任命。改組後，四家銀行合稱為「新四行」，成為上海誕生的第一批公私合營銀行。公私合營銀行是性質特殊的銀行，既不同於國家銀行，也不同於數目眾多的私營銀行、錢莊和信託公司。

「新四行」雖為公私合營銀行，卻仍以商業銀行的身份活躍於經濟領域。作為中國人民銀行的助手，其使命和任務是通過商業銀行的機能，配合國家財政經濟政策，幫助中國人民銀行推展業務，並擔任公

營和私營行莊之間的橋樑，在私營行莊間發揮帶頭作用。四家銀行實行公私合營以後，在業務、幹部、經營管理方面都獲得了中國人民銀行相關政策的照顧與指導。對於四家原官商合辦銀行來說，公私合營是政權更替下唯一的選擇，是新政府允許繼續經營。而實行公私合營在體制與政策上所帶來的益處，是使其能較快地與新的社會轉型和制度安排接軌，從而成為私營金融業中的最大利益獲得者，並在同業中逐漸取得領先地位，這也促使其他私營銀行主動提出公私合營。

至於其他私營金融機構，則受監管整治。自 1949 年 5 月底起，上海私營金融業經歷了呈報官僚資本、暗賬公開、規範業務範圍、增資驗資、辦理註冊登記等階段，不少私營行莊、公司因不能經受考驗而關閉。中央政府通過發行公債、徵稅來集中資金，以平衡財政、穩定物價，實施這種政策使上海原本經營困難的中小企業不堪重負，紛紛倒閉停業。受此影響，上海私營金融業也出現停閉風潮。僅 1950 年上半年，就有 95 家行莊、公司停業倒閉。

私營金融業逐漸認識到，實行公私合營可能是擺脫困境進而取得發展的出路，因而私營行莊、公司都主動選擇公私合營。當時很多大銀行也意識到，如果不改變以往分散的經營方式，將無以圖存。如浙江興業銀行在無力自行解決經營困難的情形下，積極尋求政府支持，曾多次致函中國人民銀行總行提出公私合營的請求，並得到接受。

與此同時，上海商業儲蓄銀行、金城銀行、大陸銀行、聯行商業儲蓄信託銀行、中南銀行、國華銀行、聚興誠銀行、和成銀行等大銀行也主動向政府提出公私合營的申請。鑒於這幾家銀行股份中官股比例較低，故中國人民銀行並沒有立即宣佈將其改為公私合營銀行，但依然給予不少實質上與政策上的支援。

隨着公私合營銀行不斷增多，有必要成立專門的聯合管理機構。1951 年 5 月，在中國人民銀行核准下，新華、四明、實業、通商與建

業銀行一同成立最高執行機構——公私合營銀行聯合總管理處（也稱公私合營新五行聯合總管理處）。隨後，浙江興業、國華、和成、中國企業、聚興誠、源源長、浙江第一等銀行先後提出加入，原五行聯合總管理處最終被十二行聯合總管理處代替。

私營金融業由個別經營走向集體聯營，並由集體聯營變為合併，乃大勢所趨。到 1951 年年底，上海的六十餘家私營行莊、公司組成了五個公私合營或具有公私合營性質的聯管機構。有 94% 私營行莊、公司，97% 以上業務均改為公私合營或由政府派幹部參與領導。也就是說，幾乎所有的私營行莊、公司，都把生存與發展的希望寄託於公私合營。成為公私合營銀行後，股東可享有固定股息五厘，但所有行政權及用人權要交給國家。[8]

在這些聯管機構成立後不久，1951 年年底上海金融業開始了「三反」和「五反」運動。運動中，金融業被揭露大量違法行為，使這些金融機構信譽掃地，無論是存款者還是貸款者，都不願與私營行莊打交道。與此同時，金融業人士各自忙於澄清與檢舉，業務額也急劇下降。中央政府知道營運私營行莊是弊多利少。1952 年 5 月，中央發出指示：全國金融業要全面改造，淘汰錢莊；合併或淘汰私營銀行；已實行公私合營的銀行，在勞資雙方運作成熟後，進行人員編制、機構合併。

12 月 1 日，五個聯合管理機構實行合併，成立聯合管理處，全稱為「公私合營新華、中國實業、浙江興業、國華、和成、聚興誠、浙江第一、金城、鹽業、中南、上海銀行聯合管理處」，簡稱為「公私合營銀行聯合管理處」。換言之，除保留上述 11 家銀行的行名外，其

8　吳景平、張徐樂：〈建國前後對上海私營金融業的整頓管理〉，《社會科學》第五期（2003 年 3 月 7 日），頁 87–95。

餘的行莊、公司，包括中國通商、四明、大陸等歷史悠久的銀行和其他錢莊、公司，它們的名稱一律被取消，從此在歷史上消失。

統一的公私合營銀行是國家銀行的組成部分，其聯合總管理處由中國人民銀行總行直接領導。為了方便國家管理，總管理處的總行遷抵北京辦公。同時公私合營銀行也在北京、天津、上海、漢口、重慶、青島、杭州、廈門等 14 個重要城市設立分行。其中，有 11 間分行的行長是由所在地中國人民銀行分行副行長兼任。其主要業務為私營企業存放款，以及中國人民銀行某些代理業務。從法律上說，將無權與公營企業存在業務聯繫。而且，中國人民銀行規定，在私營企業業務上，也要分行分業、一戶一行。

1955 年公私合營銀行上海分行與中國人民銀行上海分行儲蓄部合併，全面代理中國人民銀行的儲蓄業務；6 月，倉庫業務部併入上海市倉儲公司；7 月，本來經辦的私企業務歸併中國人民銀行；12 月，外滙業務併入中國銀行，房地產業務併入上海市房地產公司經租部。改組後的公私合營銀行接受中國人民銀行委託，專門辦理儲蓄業務，成為中國人民銀行的一個組成部分，相當於中國人民銀行的一個處或部。至此，公私合營銀行的專業化改組也徹底完成。

1957 年 7 月起，公私合營銀行聯合管理處及其他各地分行與中國人民銀行進一步聯合辦公，將前者的人員、業務、財產轉到中國人民銀行。對外仍保留公私合營銀行的名義，僅懸掛招牌，香港各行繼續沿用原名執行業務，由中國人民銀行總行國外局領導。此外，公私合營銀行總管理處及各地支行所有建行以後之檔案、接管行莊的檔案，由中國人民銀行總行及各地分行劃分歸屬後，派專員辦理銷毀或保管事宜。1958 年撤銷公私合營銀行上海分行，全部人員、機構都併入中國人民銀行上海分行。至此，除了還有公私合營銀行聯合總管理處的牌子外，1952 年年底成立的統一的公私合營銀行已經不復存在，在形式上和本質上都已經成為國家銀行體系的構成部分了。

在整個計劃中，中國人民銀行一直負責集中和分配國家信貸資金。作為國家金融管理和貨幣發行的機構，中國人民銀行肩負着組織和調節貨幣流通的職能，統一經營各項信貸業務，在國家計劃中實施具有綜合反映和貨幣監督的功能。一直到 1978 年，中國實行改革開放，由計劃經濟開始逐步轉向市場經濟，中國的銀行改革才跨入新的里程。

參考資料

中共中央文獻研究室編：《建國以來重要文獻選編》（第一冊），北京：中央文獻出版社，1991 年。

中國新聞網：〈民國貨幣五花八門：「孫小頭」取代「袁大頭」〉，http://news.sohu.com/20100621/n272958120.shtml，2010 年 6 月 21 日

毛德傳：〈國民黨撤離大陸前夕巨額金銀外匯運往台灣探秘〉，《軍事歷史》第二期（2009年 2 月 19 日），頁 74–75。

朱佩禧：〈角力上海：偽中央儲備銀行成立及其原因探析〉，《江蘇社會科學》第五期（2007年），頁 156–160。

李仲維：〈北市「立委」補選 新黨 12 日公佈人選〉，http://hk.crntt.com/doc/1008/8/1/6/100881606.html?coluid=7&kindid=0&docid=100881606，中評社台北，2009 年 10 月 13 日。

李林鸞：〈新中國銀行體系的誕生與探索〉，http://xw.cbimc.cn/2019-09/26/content_306156.htm，中國保險報，2019 年 9 月 26 日。

李育安：〈國民黨政府時期的幣制改革與通貨惡性膨脹〉，《鄭州大學學報（哲學社會科學版）》第二期（1996 年 2 月 3 日），頁 21–25。

吳景平、張徐樂：〈建國前後對上海私營金融業的整頓管理〉，《社會科學》第五期（2003年 3 月 7 日），頁 87–95。

吳景平：〈上海金融業與金圓券政策的推行〉，《史學月刊》第一期（2005 年 1 月 11 日），頁 69–76。

吳興鏞：《黃金秘檔：1949 年大陸黃金運台始末》（第一版），南京：江蘇人民出版社，2009 年。

武力：〈論陳雲同志對計劃經濟向市場經濟轉型的貢獻〉，《中國延安幹部學院學報》第六期（2009 年 6 月 11 日），頁 55–60。

宣講家網：〈公私合營中應注意的問題〉，www.71.cn/2009/0106/510878.shtml，2009年 1 月 6 日。

周永紅：〈偽中央儲備銀行研究〉，南京師範大學碩士論文，2003 年。

周林：〈歷史上曾經發生的白銀風潮〉，《國際金融報》（2000 年 4 月 17 日）。

洪葭管：〈四聯總處〉，《中國金融》第四期（1989 年），頁 60–61。

馬長林：〈民國時期的貨幣政策：廢兩改元〉，《中國金融》第八期（2008 年），頁 84–85。

耿春亮：〈新世紀以來陳雲生平與思想研究述評〉，《北京行政學院學報》第三期（2007 年），頁 52–57。崢嶸：〈人民幣在華北的首次發行〉，《文史博覽》第八期（2007 年），頁 58–59。

張亞蘭：〈大蕭條、白銀風潮與法幣改革〉，《中國金融》第十四期（2009 年）。

張徐樂：〈公私合營：制度變遷中的上海私營金融業〉，《史學月刊》第十一期（2007 年），頁 90–99。

黃立人、林威熙：《四聯總處史料》，重慶市檔案館、重慶市人民銀行金融研究所合編，北京：中國檔案出版社，1993 年。

鄒曉昇：〈試論中國農民銀行角色和職能的演變〉，《中國經濟史研究》第四期（2006 年 4 月 8 日），頁 59–67。

楊天石：〈國民黨為何會選擇台灣？〉，《同舟共進》第十期（2009 年 10 月 28 日），頁 59–62。

虞寶棠：《國民政府與民國經濟》，上海：華東師範大學出版社，1998 年。

蔡如今：〈國民黨政府在大陸崩潰前夕的財政〉，《唯實》第一期（1991 年），頁 66–67。

熊亮華：《紅色掌櫃陳雲》（第一版），武漢：湖北人民出版社，2005 年。

劉鼎銘：〈中央信託局概略〉，《民國檔案》第二期（1999 年），頁 65–68。

暮賓：〈銀行改革的歷史性跨越〉，《經濟導報》第 2997 期（2006 年 11 月 27 日），頁 20–23。

戴建兵：《白銀與近代中國經濟（1890–1935）》，上海：復旦大學出版社，2005 年。

戴國強：〈凱恩斯的「准繁榮」思想及其對通貨膨脹的態度〉，《財經研究》第三期（1993 年），頁 47–50。

蘇斯沃德：〈朝鮮因貨幣改革失敗降罪高官〉，www.bbc.com/zhongwen/trad/world/2010/02/100203_nkorea_official，BBC 新聞，2010 年 2 月 3 日。

第四章

香港開埠後的銀行業發展

香港開埠的背景

1842 年之前，香港由滿清政府統治，而當時的中國及香港均未有銀行。至於所使用的貨幣，日常的小額交易使用的是紅銅、青銅及鐵鑄錢幣；大額商業交易、繳稅及儲存財富等，則使用銀錠。

中國在第一次鴉片戰爭結束後割讓香港。當時英國為扭轉貿易逆差，大肆在中國販賣鴉片而引發鴉片戰爭。戰敗後的清政府，於 1842 年，被迫與英國簽下中國近代歷史上第一個不平等條約——《南京條約》（*Treaty of Nanking*）。

憑此條約，以英國為首的西方列強終於打破大清長久以來的「閉關鎖國」政策，從此得以將商品輸入中國，扭轉貿易逆差，並攫取各種在華利益。在諸條款項中，最直接影響香港的，就是「割讓香港島給英國」。

當時除割讓香港島外，還開放了上海、廣州、廈門、福州、寧波五個通商口岸。其中，在 20 世紀 30 年代商業已經頗為繁盛的上海，開埠後增加與外國通商，迅速崛起成為中國的航運、經貿和金融中心。

至於割讓成為英國殖民地的香港，對外商、尤其是英國商人的吸引力更大。上海只是開放成通商口岸，外國商人雖可在此進行自由貿易，但畢竟主權歸屬中國；香港則不同，成為英屬殖民地，所以當英商湧到上海開公司，很多都於香港辦理具法律效力的公司登記。特別是香港成為自由貿易港後，很多英商、外商、英資及外資銀行也逐漸在此開設。

第一次鴉片戰爭雖迫使清政府開放部分通商口岸，但由於中國傳統以來均為自給自足的小農經濟，加上中國農民本來就相對貧困，且保守排外，結果外國商品在中國的銷售情況遠沒有想像中的好。英國

中英官員在南京江口「華麗號」上簽訂《南京條約》

商人認為商品滯銷，乃因通商口岸開放得不夠多，範圍太小，不足以覆蓋廣大的中國市場。

　　為擴大在華利益，1856 至 1860 年期間，英國聯合法國，發動了第二次鴉片戰爭。此時適逢太平天國運動，清政府懼怕政權顛覆，大量投入兵力鎮壓，無暇顧及國外侵佔，結果在戰爭中節節敗退。潰不成軍的清廷被迫於 1858 年，與俄、美、英、法五個國家簽訂不平等條約──《天津條約》（*Treaty of Tientsin*），規定鴉片貿易合法化，開放了更多港口，並被迫修改中國的關稅。

　　1860 年，第二次鴉片戰爭結束。戰敗的清廷，被迫再與英、法、俄簽訂《北京條約》（*Convention of Peking*），在北京禮部衙門簽約，即現在天安門廣場東南角。在此條約中，清政府再次被迫將界限街（Boundary Street）以南的九龍半島割讓給英國。

　　1898 年，清政府又與英國簽訂《展拓香港界址專條》（*The Convention Between Great Britain and China Respecting an Extension of Hong Kong Territory*），將新界地區租借予英國，為期 99 年。至此香港、九龍及新界成為一體，統歸英國管理；其中，首二者是割讓，而後者則為租讓。

《北京條約》古地圖顯示九龍半島之割讓情況

首任港督砵甸乍爵士，
任期由 1841 至 1844 年

　　香港開埠初期是一個地瘠山多水源缺的小漁村。1841 年，英國為全香港島進行人口統計，當時島上只有村民約 3,650 人，聚居於 20 多條村落，而漁民則約有 2,000 人，棲宿於岸邊的漁船上。據稱，當時的英國政府曾嫌棄香港島為「鳥不生蛋之地，一間房屋也建不成」。

　　香港成為殖民地後，當時英國在華全權代表砵甸乍（Henry Pottinger）於 1842 年 10 月在香港發出告示，指「香港乃不抽稅之埠，准各國貿易，並尊重華人習慣」。砵甸乍本為英軍將領，指揮英國軍隊在鴉片戰爭中打敗清政府，並在戰後負責與清政府談判及簽約。1843 年 6 月，英國政府委派他擔任香港第一任總督，負責組織香港政府、委任官員、成立了行政局、定例局和最高法院。其中定例局（即當今之立法局）包括砵甸乍本人在內只有四名成員，且於其任內甚少舉行會議，因此總督擁有很大的權力。

　　1844 年 5 月，由於駐港軍官不滿砵甸乍干預軍務，英國商人又不滿他嚴守《南京條約》，不准英商在通商口岸以外的地方走私鴉片，砵甸乍備受孤立，卸任總督一職，返回英國，成為任期最短的港督。為紀念他，香港政府在 1858 年命名砵甸乍街（Pottinger Street）。建造砵甸乍街時，沿着皇后大道中的山坡向上連接荷李活道，用石塊鋪砌，故被華人稱為「石板街」。今天如果你到砵甸乍街，會發現這一

地段的石板一塊稍高，一塊稍低，原來這是為了避免下雨時路面濕滑造成危險。中區填海之後，砵甸乍街延伸到干諾道中，雖此路段非用石塊砌成，但人們仍稱之為「石板街」。

　　根據英皇的誥令，香港不收取任何稅款，只依賴賣地及牌照收入。雖然自 1850 年代起收取小量稅項，但由於一直不抽關稅，故對香港經濟發展影響甚微。而正是由於不抽關稅成為自由港，香港很快成為區內重要的轉口港。多間英國洋行紛紛在香港設立，同時也吸引不少華人在港從事與貿易相關的業務，如搬運及運輸等。部分華裔也在港設立南北行經商。工業方面，早年香港主要依賴造船業，在紅磡及香港仔等地均設有船塢。

　　1851 年太平天國起義，不少華南商人遷往香港逃避戰亂。香港人口由 1851 年的 33,000 多人，增至 1865 年的 12 萬多人。香港亦逐漸取代廣州，成為中國沿海的主要轉口港。

　　香港開埠，政府劃定今中區一帶為女皇城，為商業及政治的中心，不久，改名為維多利亞城，只包括中環、下環（即金鐘一帶）及上環的部分地方，並以皇后大道為中心。1920 至 30 年代，香港皇后大道中銀號林立。這一規劃遂成了此後香港經濟的發展模式，縱觀香港發展，從開埠到現在，香港的銀行總部大多設立在中環，只有個別規模較少的設在上環（如永亨、中信）或灣仔（大新），九龍則沒有。到今天，中環依然是香港的金融中心，皇后大道中、德輔道中有很多世界級的大銀行，「銀號」只能從歷史圖片中認識。

　　維多利亞城開發後，除匯集大批洋行、銀行外，中環「政府山」（或稱「鐵崗」）出現了總督府及聖約翰座堂等重點建築物，而皇后大道（Queen's Road）則成了沿海地區的主要幹線，並出現了兵營、郵局、醫院、貿易公司、銀行、警署及住宅等。中環一帶漸漸成了洋人聚居地，而華人則主要聚居在上環一帶。

香港最早期的金融機構

1842 年香港成為英國殖民地後，新成立的港府宣佈西班牙洋銀、墨西哥鷹洋、印度盧比以及中國銅錢均為香港法定貨幣。貨幣穩定之後，隨着商貿的發展需求，逐漸有銀行在港開業，但全屬外資機構。

香港第一家發鈔銀行也是第一家進入香港的外資銀行是 Oriental Bank，早期以鴉片押匯為主要業務。1845 年於香港的德忌笠街開設分行，中文名定為「東藩匯理銀行」。不過，雖然東藩匯理於 1845 年開業後即發鈔，發行總額為 56,000 元港鈔，但卻要到 1851 年才獲取許可發鈔的皇家特許狀。

此後 20 年，東藩匯理一直是香港首要銀行。該行先後在上海、廣州、福州設立分行，不過在不同的口岸名稱也不一致，在廣州稱為「金寶銀行」；在福州稱為「東藩匯理銀行」；在上海稱為「麗如銀行」。1884 年，因該行在錫蘭（今斯里蘭卡）以咖啡作物大量貸款，結果咖啡失收，銀行遂宣告破產。

1857 年，香港成立了第二家發鈔銀行——印度倫敦中國三處匯理銀行，即香港有利銀行（Mercantile Bank of India, London and China）。有利銀行一直經營至 1958 年才被滙豐收購。

1859 年，香港第三家發鈔銀行，渣打銀行成立。渣打銀行是於 1853 年由當時兩間英國的海外銀行合併而成，包括英屬南非標準銀行和印度新金山中國匯理銀行。1859 年，渣打銀行在香港設立分行之時，香港人口僅有 74,000 多人。當時，它在印度加爾各答、印度孟買及中國上海均已設立分行。

1862 年，根基穩健的渣打銀行才來港三年，就在香港發鈔，是現時本港三大發鈔銀行中最早發鈔的銀行。在警員月薪介乎三元至六元

的時代，五元鈔票可算是大面額，因此當時五元的鈔票都要經人手親筆簽署。其後，渣打又開始推廣支票運用，但兌票過程則相當複雜，職員先要用一至兩天時間檢查發票人帳戶的金額是否足夠，過程中客戶會先拿到一個編號牌，手續完成後，客戶才可以憑牌取錢。

個半世紀以來，渣打已茁壯發展成為跨國銀行。1959 年，銀行總部重建工程完工，新樓是當年全港最高大廈。1969 年標準銀行和渣打銀行合併，成立標準渣打（Standard Chartered PLC，現稱渣打集團有限公司）。現時的渣打集團總部雖然設在倫敦，但據專業人士透露，一直以來，英國甚至歐洲的業務都微不足道，香港、印度等亞洲、非洲新興市場才是其重心所在。

1859 年，即渣打銀行在香港開設分行的同一年，一間名為呵加剌匯理銀行（Agar and United Service Bank Ltd.）的銀行加入發鈔行列，成為香港第四間發鈔銀行。

1965 年，香港上海匯理（其後改名滙豐）銀行在香港成立總行並發鈔，成為香港第五間發鈔銀行。與當時其他英資銀行不同，滙豐是當時所有外資銀行中，唯一將總行設立於香港的銀行。

1866 年，香港又多了一間發鈔銀行，名為印度東方商業銀行（Commercial Bank Corp. of India and the East）。此銀行在香港開業那年，英國一間大規模貼現銀行 Overend Gurney & Co. 倒閉，引發英國金融危機，並波及全球，包括香港。當時在香港開業的 11 間銀行中有六間倒閉，包括兩間發鈔銀行，其中一間是剛開業的印度東方商業銀行，另一間為 1859 年開業的呵加剌匯理銀行。這是香港銀行史上第一次金融危機。

除外資銀行外，約於 1900 年前後，多間內地銀行亦開始在香港設立分行，當中包括中國通商銀行、大清銀行（民國建立後，該行於 1912 年改名為中國銀行）、交通銀行、廣東公益銀行等。

在這些早期的金融機構中，外資佔絕大多數，此外就是政府官辦銀行，本地華資則只是規模較小的銀號。這些銀號是因應香港開埠、轉口貿易、商業發展，以及與廣東各鄉及海外各埠的匯兌增加而湧現出來的。香港最早的銀號成立於 1880 年，到 1890 年有銀號三十餘家，而在 1930 年已有銀號近三百家。

20 世紀初，隨着香港轉口貿易和商業的蓬勃發展，華人商號對使用押匯、信用證及支票的需求也迅速增加。傳統的銀號並不辦理此類業務，促成了新的一批華資銀行誕生。新的華資銀行效法西方銀行先進的經營方法之餘，亦保持一些銀號的傳統。

1911 年，華人開始投資開辦銀行——廣東銀行。不過廣東銀行分別在 1931 年、1934 發生擠提，後來國民政府插手改組，1935 年復業，由宋子文出任董事長。

繼廣東銀行開設之後，陸續又有多間銀行開業。1914 年，大有銀行開業。1918 年，工商銀行及亞洲銀行開業。但亞洲銀行隨即與廣東銀行合併成廣東及亞洲銀行，可見香港銀行業很早就存在收購合併活動。1918 年，華商積儲銀行成立，後來易名為華商銀行。不過，華商銀行在 1924 年即清盤，而香港興業儲蓄有限公司及工商銀行亦於 1931 年宣告收盤。此外，新開設銀行還包括中華匯理銀行、大有銀行、國民商業銀行、東亞銀行、大東銀行、嘉華銀行、永安銀行、廣東信託銀行、香港汕頭商業銀行等。

註冊於 1918 年的東亞銀行算是其中的佼佼者。1919 年，東亞總部在香港中環正式開業。東亞銀行的創立始於船務公司東主李石朋晚年欲辦銀行不克，逝世後其兩名兒子李冠春（又名李沛材）及李子方為實現父願，於是連同多名合夥人，創辦東亞銀行。除李氏兩兄弟外，創辦人還包括銀號東主簡東浦、殷商周壽臣、南洋兄弟煙草公司的簡英甫及龐偉廷、黃潤棠、莫晴江、陳澄石共九個。

這些創辦人不僅具有相對充裕的資金，亦是銀行金融業的專業人才，以及具備充分人脈的政商界人物。其中，簡東浦、李冠春、莫晴江原本皆經營銀行。簡東浦出身於銀行世家，其父簡殿卿是日本正金銀行香港分行買辦。簡東浦曾就讀於皇仁書院，後來到日本進修，通曉中、英、日語。簡東浦曾就職於日本的正金銀行及萬國寶通銀行，亦曾與人合資開銀號，有實際經營銀行的經驗。

另一名創辦人周壽臣乃晚清政治人物，也是 20 世紀初期香港政商界著名人物。他是清政府派美留學的第三批學童，在美國完成初級及中級教育後，以優異成績獲得哥倫比亞大學（Columbia University）錄取。但因當時政治問題，該批留美學生被迫中斷學業。回國後，周壽臣被派往天津，在海關協辦稅務事宜，其後曾擔任袁世凱的帳內幕僚、招商局總辦、鐵路總辦及大清國外交部大臣。辛亥革命後退隱，任多間外資商號之董事。東亞銀行創辦後，曾於 1925 至 1929 年任東亞董事局主席。現在港島南區黃竹坑的壽臣山，即為周壽臣之出生地，1936 年英王為表揚周壽臣對香港的貢獻，故以其名命名之。

至於其他創辦人，亦皆是當時香港各大行的領頭人，行業包括有大米、紡綢、金屬、航運、煙草、房地產等。東亞班底所具有的龐大商業網絡，為該行的成功奠定堅固的基礎。

東亞開業時，簡東浦及李子方出任正副司理，首屆董事局主持是龐偉廷，1925 年起由周壽臣任主席，周當時亦是香港立法局非官守議員及行政議員。東亞剛成立時，法定資本為 200 萬港元，分作 2 萬股，九位創辦人每人認購 2,000 股，餘股公開發售。九位創辦人成為永遠董事。1921 年東亞因需要增資本到 1,000 萬港元，因此股商馮平山、簡照南等五人亦加入成為東亞永遠董事。除了創辦人的雄厚實力與強大背景外，東亞銀行亦獲得華資的南北行、金山莊以及銀號等認

股支持。當年滙豐創辦時，曾得到在港的外資大洋行認股及支持，而東亞之創辦情形，可稱為華資滙豐。

由於實力雄厚，東亞開業之後，發展迅速。1920 年代末期，東亞的代理已遍及天津、北京、漢口、東京、橫濱、神戶、長崎、台北、馬尼拉、新加坡、檳城、孟買、加爾各答、墨爾本、悉尼、倫敦、巴黎、紐約、西雅圖、三潘市及檀香山，並在上海、西貢、廣州、九龍建立分行，是當時一個十分具規模之網絡。

儘管如此，東亞的發展亦非一帆風順，在時局不穩的年代，金融業的命運往往與時局風波相聯繫。1924 年，華商銀行倒閉，導致大量存款從華資銀行流向外資銀行，東亞銀行亦未能倖免。1935 年，受世界經濟大衰退的影響，有華資銀行停業，因此其他華資銀行信譽亦受影響，東亞銀行亦遭擠提，最終東亞將一箱箱銀圓金條放在大堂示眾，才渡過危機。1941 年，太平洋戰爭爆發，香港淪陷，東亞銀行也被日軍接管，渡過了三年零八個月的艱苦歲月。

戰後，香港脫離日據時代，東亞亦在總經理簡東浦的領導下重開。簡東浦逝世後，其子簡悦強任主席，馮平山之子馮秉芬任總經理。東亞現任主席李國寶是第三代傳人（先有祖父李冠春，然後父親李福樹，現主席李國寶）。由於李氏家族持股量不大，曾惹得國浩集團覬覦，國浩曾不斷增持東亞股份，意欲爭奪東亞的控股權。為求自保，東亞於 2009 年 12 月向西班牙 Criteria 及日本三井住友銀行配售新股，涉資 51.13 億元，令 Criteria 的持股比例增至 14.99%，為東亞最大單一股東。東亞、國浩及 Criteria 之三角關係迄今仍惹人關注。李氏家族獲得三井住友銀行及 Criteria 的支持，迄今仍能阻止國浩的收購行動，保住對東亞的管理權。至 2022 年 12 月 31 日，三井、Criteria 及國浩的持股比率分別為：21.44%、18.97% 及 16.26%。

錢脈傳承：中國貨幣及銀行業簡史

李氏家族權力世系圖

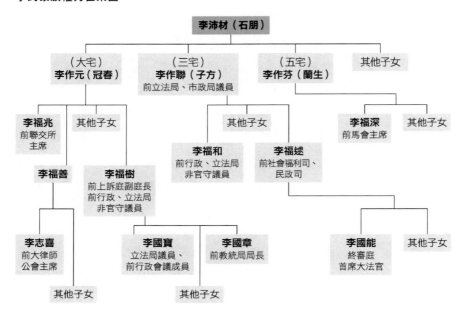

資料來源：馮邦彥：《香港金融業百年》（香港：三聯書店，2002年）。

東亞銀行開設之後，又有多家銀行陸續創辦。1921年，先施及永安公司股東籌辦了國民商業儲蓄銀行。其後數年成立的華資銀行尚有康年、嘉華及香港興業儲蓄銀行等。除銀行外，於1920及30年代，亦有多家華資銀號成立，包括道亨、恒生、永隆、大生、永亨及恒隆等。此外，亦有在戰後成立的華資銀號，包括廖創興、遠東、有餘、大新、華人、香港工商、友聯等，這些華資銀號後來均蛻變為銀行。

諸家銀號中，發展得最好的當屬恒生銀號，即現在的恒生銀行。恒生銀號，創辦於1933年3月3日，初期實收資本僅10萬港元。創辦人是林炳炎、何善衡、梁植偉和盛春霖。林炳炎早年曾在上海開設生大銀號，專門買賣外匯黃金。1929年，林在上海被綁架，獲釋後林決定

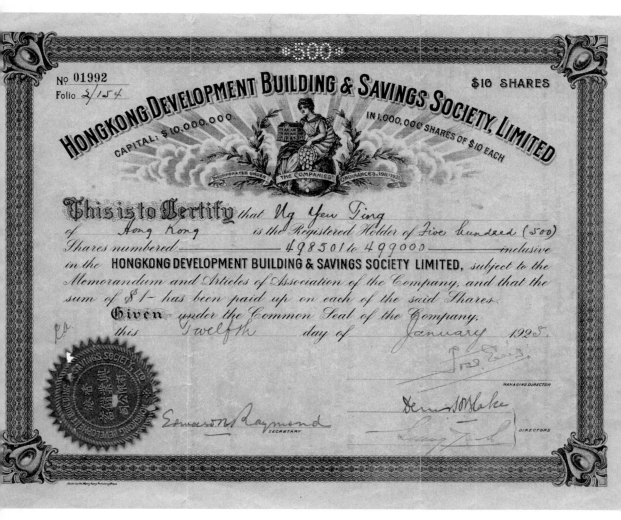

1925 年，香港興業儲蓄有限公司發行的股票

到香港發展。何善衡 14 歲時在廣州一間鹽館當雜工，其後轉到一間金鋪，因做事勤快，22 歲便當上金鋪司理，後來自立門戶，當金融經紀。

成立初期，恒生只是文咸街及永樂街一帶眾多銀號中的一家。有人說恒生乃「永恒生長」之意；亦有傳聞說，恒生副董事長何添指出，「恒生」二字取自盛春霖的恒興銀號和林炳炎的生大銀號，恒生是恒興和生大的結合。這一命名方式，與 20 世紀 60 年代三劍俠創辦「新鴻基」的命名類似。「新」取自馮景禧的新興公司，「鴻」取自郭得勝的鴻昌公司，而「基」則取自李兆基的名字。

恒生銀號創辦初期，恰逢時機而獲得發展。1937 年日本侵華，內地大戶紛紛南下或把銀圓兌換成港幣，恒生業務大增。此外，當時南京國民政府急需外匯支付抗日軍費，用貨車把一箱箱大洋從內地運來香港兌換港幣，恒生從中收佣，賺取了不少。

1941 年日本發動太平洋戰爭，香港淪陷，恒生被逼暫停營業，林炳炎及何善衡帶同 18 位員工將資金調往澳門暫避。當時澳門由葡萄牙管治，而葡萄牙因採取中立態度而未被捲入世界大戰，故澳門得以偏安。[1] 但當何善衡一行人擬定到澳門開展業務時，卻發現澳門已有另外一家恒生銀號，為區氏家族所擁有。最終，林炳炎及何善衡只得以「永華銀號」的名字經營，在澳門渡過了三年零八個月。

話說此澳門恒生銀號，成立於 1935 年，比香港恒生銀號遲兩年成立，創辦人為區榮諤。1962 年，區榮諤之子區宗傑到香港發展，但是

---

1. 葡萄牙人自明朝已開始在澳門進行貿易和修建洋房居住，並於 1583 年，在未經明朝政府同意下成立澳門議事會，管理澳門葡萄牙社區，隨後勢力逐漸擴大。1623 年，葡萄牙開始任命澳門總督負責澳門防務及一切有關事務。1845 年，葡萄牙女王瑪利亞二世單方面宣佈澳門為自由港，除容許外國商船停泊進行貿易活動外，更拒絕向清政府繳納地租銀。1887 年，清政府與葡萄牙簽訂條約，列明中國准許葡國永駐管理澳門。不過為避免主權徹底喪失，清政府保留了將澳門讓與他國的權利，葡萄牙若想將澳門讓與他國，必須經過中方同意，也表明了澳門並非葡萄牙的國土。自此，澳門由葡萄牙管理直至 1999 年回歸中國。

放棄「恒生」之稱號，成立滙業有限公司，專做外匯及黃金買賣。到
1970 年開設滙業證券，並成立控股公司管理整個集團——滙業集團。
1993 年整個集團統一形象，易名為滙業信貸有限公司，而澳門恒生銀
行易名為滙業銀號。1999 年，區宗傑曾與何厚鏵競選澳門特首不成，
後任澳門議員。2005 年美國財政部指控滙業銀行為北韓洗黑錢，很多
銀行遂停止與滙業來往，存戶也發生擠提，雖有政府支持，但元氣大
傷。多年來，滙業多次向美國「上訴」，安排獨立審查，可惜都是失
敗收場。但在 2020 年中，卻突然獲美國有關當局通知「無需進一步訴
訟，也無需任何一方承擔責任的情況下」撤回制裁。滙業在 15 年後，
終於恢復美元結算業務，得以發展私人銀行、資產管理及海外房地產
業務。

話說回來，澳門終究只是恒生的短暫停留之地，1945 年香港光
復，恒生的首腦回香港重整旗鼓。而本來任職國華銀行、在戰爭期間
協助處理恒生澳門業務的利國偉，亦於 1946 年應邀加入恒生。

1946 年，國共內戰再起，後來國民黨敗退，發行大量「金圓券」、
「銀圓券」，導致貨幣大幅貶值。為了保值，中國內地富戶紛紛將紙幣
兌換成外幣或黃金，香港兌換及黃金買賣活躍，而恒生銀號業務亦再
次得以蒸蒸日上。

1945 年，恒生自置物業於皇后大道中 181 號，中文名為「恒生銀
號」，英文則是 Hang Seng Bank。恒生銀號當時尚未註冊為有限公司，
而當時政府亦未有銀行法例。1948 年香港政府首次制定銀行法例，並
向銀行發牌，香港銀行數目因此由 1946 年的 46 家大增至 143 家。

總體而言，由於香港開埠早期的經濟活動以轉口貿易為主，金融
亦以兌換及輔助貿易為多，故雖然外資、華資銀行數量均不少，但還
是以外資大銀行佔優勢，華資經營的銀號及銀行規模較小，並多次發
生擠提。如 1924 年華商銀行因炒外匯引致嚴重損失，觸發擠提，最終

倒閉，大量存款從華資銀行流向外資銀行；1931 年及 1934 年的廣東銀行擠提事件；以及 60 年代的華資銀行擠提風潮。由此可見，華資銀行的信譽等級尚不及外資銀行高。

港元先後與英鎊及美元掛鈎

1842 年起，香港雖由英國管治，但文化及經貿卻與內地關係密切。香港早期對貨幣的規定是廣州做法的延伸，即大額交易用銀錠，而日常小額交易用銀圓及銅錢。

1842 年 3 月，首任港督砵甸乍定出香港的貨幣暫用法，規定西班牙本洋、墨西哥鷹洋、東印度公司所發的盧比銀洋、英國鑄的銀幣、中國的兩制銀錠銅錢等均可在市面流通。同時規定每 1 銀圓（白銀七錢二分）兌 2.25 盧比或 1,200 枚銅錢，每一盧比等於 533 枚銅錢。

由於貨幣繁多，金融市場混亂，1845 年 5 月，香港輔政司布魯士（F. W. A. Bruce）頒佈糾正公告，除了沿用銀圓及銅錢，更確定了英鎊為法定貨幣（Legal Tender），而且規定，政府收支均以英鎊記賬。

據考究，香港是最先把貨幣定為「圓」的地方，時維 1866 年；其後，中國內地、日本及韓國亦跟隨仿效。[2] 香港成為英國殖民地之初，沿用中國的流通貨幣。因為當時與中國大陸的貿易主要以銀為單位，使用銀錠及包括墨西哥與中國大陸各地的銀圓。1862 年，港府為更有效管理貨幣，正式宣佈使用銀本位貨幣制度，採用銀圓為基本通貨單位。1866 年香港成立鑄幣廠，自行鑄造各種銀幣及銅幣。當時香港生

2　香港政府新聞公報：〈大型貨幣展闡述香港時代變遷（附圖）〉，2012 年 3 月 13 日，www.info.gov.hk/gia/general/201203/13/P201203130264.htm

產的一圓銀幣，都會印上「香港壹圓」四字。「圓」這個名稱亦由香港傳回中國大陸，隨後傳到日本及韓國，並成為各地通貨的單位名稱。

鑒於香港貨幣不足，1872 年，政府特准滙豐銀行發行 1 元紙幣。但法例規定，發鈔銀行必須保持不低於流通鈔票量 2/3 的白銀儲備，而發鈔總額亦不應超過實際收資本額。1898 年，滙豐銀行發鈔已超實收資本，結果，港府只得改例，把滙豐的發鈔分成兩部分：

（1）授權發行（即 Authorized Issue，發鈔時 2/3 以白銀保證，1/3 是信用發行）；

（2）逾限發行（即 Excess Issue，發鈔時 100% 以白銀保證）。

其後，這制度亦適用於渣打銀行的發鈔情況。

1930 年，世界經濟大蕭條，國際金本位制度崩潰。1933 年，美國放棄金本位，並於 1934 年通過購銀法案。這法案導致中國白銀大量外流，引發金融危機及經濟不景。於是，1935 年 11 月，在中國政府宣佈放棄銀本位後的五天，港府也廢除了銀本位，改立《外匯基金條例》。

按照此條例，自 1935 年 12 月起，香港三家發鈔銀行（滙豐、渣打、有利）發鈔時，必須以等值的英鎊繳予外匯基金換取負債證明書（Certificate of Indebtedness），兌換率為 1 英鎊等於 16 港元。自此，港元與英鎊掛鈎。所謂掛鈎，即港幣隨着英鎊匯率波動。

這貨幣制度是當時通行於英國殖民地的貨幣發行局（Currency Board）的制度，唯一分別是，香港外匯基金不發行紙幣，但授權發鈔銀行發鈔。港元的貨幣制度在日治期間的三年零八個月中斷了，日軍當時在港發行軍用手票。1945 年日本投降，港元與英鎊掛鈎的貨幣制度恢復。不過戰後的英國經濟衰退，英鎊貶值，也直接影響了香港經濟。

　　港元與英鎊掛鈎時間長達 37 年。1972 年 6 月，英國讓英鎊自由浮動，港府於是將港元改為與美元掛鈎，匯率為 1 美元兌 5.65 港元。1973 年 2 月改為 1 美元兌 5.085 港元。1974 年 11 月，由於美元轉向弱勢，港府遂宣佈將港元匯率轉為自由浮動。

　　直到 1983 年，香港因前途問題引發信心危機，結果同年 9 月，港元兌美元曾一度跌至 1 美元兌 9.6 港元。為此，財政司司長彭勵治在 10 月 17 日宣佈，正式成立貨幣發行局制度（Currency Board System），港元再次與美元掛鈎，匯率定價為 1 美元兌 7.8 港元，此制度及定價一直維持至今。2005 年，金管局將美元聯繫匯率優化為 7.75–7.85 的強弱兌換保證範圍，並維持至今。

表 4.1　港元匯率制度

日期	匯率制度	參考為法定貨幣
1863 年 – 1935 年 11 月 4 日	銀本位	銀圓為法定貨幣
1935 年 12 月 – 1967 年 11 月	與英鎊掛鈎	1 英鎊兌 16 港元
1967 年 11 月 – 1972 年 6 月	與英鎊掛鈎	1 英鎊兌 14.55 港元
1972 年 7 月 – 1973 年 2 月	與美元掛鈎，干預上下限為核心匯率 +/-2.25%	1 美元兌 5.65 港元
1973 年 2 月 14 日 – 1974 年 11 月	與美元掛鈎	1 美元兌 5.085 港元
1974 年 11 月 25 日	自由浮動	1 美元兌 4.965 港元
1983 年 9 月 24 日	自由浮動	1 美元兌 9.600 港元
1983 年 10 月 17 日	與美元掛鈎	1 美元兌 7.80 港元
2005 年	與美元掛鈎	1 美元兌 7.75–7.85 港元

資料來源：香港金管局：「聯繫匯率制度」，2019 年 8 月 26 日，www.hkma.gov.hk/chi/key-functions/money/linked-exchange-rate-system/

當前，美元呈強勢，港元在聯繫匯率機制下，兌人民幣及其他貨幣升值，影響香港的對外競爭力。有見及此，有聲音建議港元改與人民掛鈎。然而，港大經管學院在 2024 年 1 月 10 日發表《香港經濟政策綠皮書 2024》，指出掛鈎人民幣亦或會帶來運作上的挑戰，處理不當的話可能引致系統性金融風險。[3]

香港華資金融機構的發展

1941 年，日本從廣州入侵香港。同年 12 月 25 日，港督楊慕琦 (Sir Mark Aitchison Young) 宣佈投降，直至 1945 年 8 月 15 日日本投降為止，香港被日本管轄統治，俗稱「三年零八個月」。在日治時期，所有的外資銀行包括華比、通濟隆、萬國寶通、荷蘭、友邦、美國運通、荷蘭安達及打通，連同三間發鈔銀行，即滙豐、渣打及有利，均被橫濱正金銀行及台灣銀行接管。

1945 年，第二次世界大戰結束，香港金融秩序逐漸恢復，外資銀行、本地華資銀號及銀行逐漸復開，計有東亞、上海商業、永安、康年等；復業的銀號有道亨、永隆、恒生、廣安、永泰、明德等。同時，在香港恢復營業的內地銀行有：中國、交通、廣西、中南、新華、中國農民、浙江興業、廣東省、金城、鹽業、及國華商業等。自此，香港金融市場漸趨活躍，外資銀行、華資銀行及商號、中資銀行各顯神通。同時，大陸爆發國共內戰，導致大量資金湧入香港，趁此時勢，銀行大量湧現。

3　Infocast：〈港大綠皮書：港元掛勾人民幣或會帶來運作上的風險〉，Yahoo! 財經，2024 年 1 月 10 日。

　　為規範香港銀行，1948 年，香港訂立了第一部《銀行業條例》，規定金融機構必須領有銀行牌照才能使用「銀行」名稱，經營銀行業務。1948 年首次發牌時有 143 家銀行，其後經市場淘汰，到 1954 年只剩下 94 家，這對金融業的穩定發展起積極作用。

　　20 世紀 50 年代開始，香港經濟結構開始轉型，製造業在香港興盛。因應此轉變，金融業的業務也發生較大改變，紛紛由戰前靠貿易兌換及融資，轉為投資製造業及房地產業貸款。隨着香港工業的騰飛，1940 至 60 年代，先後出現了一些新創辦的銀行，如：大新、中國聯合、南洋商業、浙江第一、集友、有餘、華人、海外信託、京華、華僑商業等。除新辦的銀行外，亦有大批傳統銀號借此契機，紛紛從銀號轉為銀行，其中包括永隆、大生、廣安、永亨、大有、遠東等。雖然此時期持牌銀行數目由 1948 年的 143 家跌至 1954 年的 94 家，其後再跌至 1972 年的 74 家，但與此同時，銀行的分行卻由最初的 3 間急增至 1972 年的 404 間。

　　工業化帶動香港經濟起飛，也意味着市民收入提高，因而具有更高的儲蓄傾向與能力。為了吸引更多的儲蓄客戶，很多中小型銀行更展開「分行戰」，紛紛開設分行以增加市場滲透率。此外，各大、中、小型銀行除了以利率吸引顧客外，還要送錢罌。1963 年，有些銀行的三個月定期存款利息竟然高達 7.5%，而其他外資大銀行的利息不過是 4%。香港各銀行的總存款，從 1954 年的 10.68 億增至 1972 年的 246.13 億，18 年間增長了 22 倍，存款增長實在驚人。1958 年，華資銀行已經吸收了 50% 的當地存款。到 1964 年，比重雖然有所下降，但依然佔有 45% 的分額，其中，恒生銀行與東亞銀行吸納的存款數最多。

　　銀行的信貸也快速增長，由 1954 年的 5.10 億增至 1972 年的 177.26 億。由於當時若要向大銀行借貸，必須有相當的擔保以及推薦人，故一般市民和中小型廠商往往覺得大銀行高不可攀，多投向恒

生、東亞以及其他中小型華資銀行。當時的銀行貸款主要是紡織、鞋類、服裝、金屬製品、工程、橡膠、塑膠、化工等製造業及相關的貿易墊款。由於本地銀行傾向以較高息吸存款，為取得高回報，其借貸利息也比其他外資銀行高出很多，此外，這些銀行也會以較寬鬆條件放貸予房地產業和股票市場，風險漸大。

在轉型的銀號中，恒生銀行堪稱成功的典範，曾一度發展為最大的華資銀行。1952 年，恒生銀號註冊成為有限公司，註冊資本為港幣1,000 萬元。何善衡為董事長，梁植球為副董事長，何添為總經理。1960 年恒生轉為公共有限公司，將「銀號」兩字改為「銀行」。

恒生早期主要客戶是市民大眾及中小型企業。何善衡訂下了一系列服務守則，規定員工必須以誠待客，深得社會大眾歡迎。有些中小型廠商希望得到信貸，卻沒有完善的公司資產負債表支援。由於恒生了解他們的背景，故不介意批出信貸。這些中小型公司後來發展成大公司、大集團，並成為長期客戶。

1960 年代開始，恒生積極開拓港九的分行網絡。1962 年，新總行大廈恒生大廈落成（2006 年業權易手後進行改建，並易名為盈置大廈），是當時香港最高的建築物，而現在的恒生總行則於 1991 年落成啟用。

1965 年 1 月，香港爆發了一次大型的銀行危機。當時明德銀號發出約值 700 萬港元的美元支票遭拒付，引致大量存戶至銀號提取現金，銀號一時無法支付數額龐大的提款，最終被港府接管。其後，擠提蔓延至其他華資銀行，如廣東信託銀行、恒生銀行、廣安銀行、道亨銀行、永隆銀行等等。一時之間，華資銀行信譽大損。後來，香港上海滙豐銀行及渣打銀行發出聲明對香港華資銀行作出無限量支持，加上港府採取多項措施，風波暫告平息。但仍有部分報紙刊登對華資銀行不利的中傷言論，導致很多華資銀行大客戶取消帳戶，並再次爆

發擠提風潮，恒生銀行首當其衝。當時華資銀行的風險管理不足，貸款過度側重於房地產，加上貸款對存款比率不斷上升，以致流動比率下降，週轉出現問題，這是造成此次風波的主要原因。

在擠提的壓力下，董事局經過商討，決議把控股權授予滙豐，在得到香港財政司郭伯偉的批准後，恒生即與滙豐進行談判。滙豐認為恒生總值 6,700 萬港元，並要求收購恒生 76% 股權，但恒生方面認為銀行總值 1 億港元，並只願意出售 51% 股權。由於滙豐顧慮到恒生倒閉，自己也難獨善其身，遂於 1965 年 4 月 12 日答允以恒生所提出的價碼，即以 5,100 萬元收購恒生 51% 股權（其後增持至 62.41%）。消息傳出後，風潮也告平息。

滙豐不單以低廉的價錢買入最寶貴的資產，也除去了香港銀行業最具威脅的對手，奠定了滙豐在香港銀行零售業的壟斷優勢。收購後，時任滙豐銀行經理桑達士認為，恒生的成功在於其華人的管理層，滙豐不必插手，故滙豐只派代表加入董事局，保持原來的華人管理層，何善衡等人也得以留任。唯 2023 年後已有改變，恒生高層基本上從滙豐調入。

1972 年 5 月，恒生銀行上市，以每股價格 100 元公開發售，6 月 20 日掛牌上市，以 165 元收市，即恒生市值已高達 16.5 億。恒生銀行的發展是有目共睹的，其後卻被收購。雖然華資銀行的發展曾一度頗為壯大，但在兼併年代中被收購的，確有好幾家。

1941 年太平洋戰事爆發，香港淪陷，由伍宜孫於 1933 年創辦的永隆銀號亦曾一度轉往澳門經營。1945 年戰事結束後回港復業，1960 年轉為永隆銀行。1973 年，渣打曾入股該銀行，股權一度達到 10%，但 1987 年退股。1982 年，新加坡發展銀行（DBS，於 2003 年改稱為星展銀行）亦曾入股 10%，2004 又退股。最後，於 2008 年，中資招商銀行先行收購該行 53.12% 的股份，最後於 2009 年全面收購該行。

　　此外，由董家於 1921 年創立的道亨銀號，在銀行轉型後，於 1970 年代被英資建利銀行（Grindlays Bank）收購，後來被國浩集團收入旗下，2001 年 4 月又轉到新加坡發展銀行的手中。

　　進入 21 世紀，本港同業或外資銀行收購不少傳統的小型銀行。2000 年 11 月，東亞銀行收購第一太平銀行。2001 年 11 月，中信嘉華（2010 年改名為中信銀行國際）收購華人銀行。2003 年 8 月，永亨銀行收購浙江第一銀行。2006 年 2 月，馬來西亞大眾銀行購入香港泰國華僑陳氏家族的亞洲商業銀行，並易名為大眾銀行。

　　當然，也有銀行在發展過程中被收購或與其他銀行合併，繼續發展，如馮堯敬於 1937 年在廣州創立的永亨銀行。創立之初，只是單一經營金銀找換業務。1960 年，獲香港銀行牌照。1973 年，美國歐文信託（Irving Trust）入股超過半數權益。1993 年永亨上市，並於 2003 年 8 月收購浙江第一銀行。永亨銀行於 2014 年 10 月 15 日被新加坡華僑銀行收購，成為其附屬機構，並改名為華僑永亨銀行。另一華資銀行廖創興銀行亦於 2014 年 2 月 14 日被越秀集團收購，並於 2021 年 9 月 27 日完成私有化，成為越秀集團的全資附屬公司。至今，香港的華資銀行數目已屈指可數了。

　　1948 年，富商廖寶珊開辦廖寶珊儲蓄銀行，1955 年正式註冊為廖創興銀行。自創辦後，廖創興銀行率先推出 10 元開戶、高息小額等創新措施，很快吸引大批中小客戶，從而在一眾華商銀行中佔一席位。1961 年 6 月 14 日發生擠提事件，三天後即情況受到控制。1988 年，廖創興在上海設立代表處，並於 1993 年於汕頭開設首家內地分行。2006 年 12 月 23 日，該行易名為創興銀行。銀行方面說明是希望淡化家族，以及方便進軍中國內地市場。2014 年 2 月 14 日成為越秀集團成員。2021 年 9 月 30 日，創興完成私有化。

　　2014 年，總部設於廣州的越秀集團收購創興銀行 75% 的股權，為創興銀行發展注入新動力，自此，創興銀行具有了國資控股、跨境

經營的雙重身份，既是一家典型的香港本地註冊銀行，扎根香港逾 70 年，在香港市場擁有廣泛的知名度和良好的品牌形象；現又被廣州市政府國資委旗下的國有企業：越秀集團控股跨境港穗兩地經營。創興銀行兩地經營，創興銀行這一華麗轉身，在海內外金融業引起廣泛的關注。在 CEPA 框架和國家建設之下，創興銀行拓展大灣區，於 2016 年開設廣州分行，並先後開設深圳分行、佛山支行及東莞支行。2019 年 11 月，在開設上海支行以及深耕大灣區的基礎上，邁出拓展全國市場的第一步。

在高樓林立的香港中環，有一庭低眉目的小樓，它大門的標識上寫着「上海商業銀行」。這家從未打算上市的本土商業銀行的出生地是上海，是 1915 年由傑出金融家陳光甫設立的上海商業儲蓄銀行。他為自己的銀行制定路綫與宗旨：除了在政界、商界找平衡，還要考慮與外商的交往，在幾股勢力之間，開鑿一家民營銀行的立足之地。上商誕生在一個動盪但輝煌的時期，1912 至 1927 年，被認為是中國民族資本「唯一的黃金時代」。從金融上看，還真是如此。此時除了傳統的錢莊票號，現代銀行冒出了兩三百家，國家大行紛紛在京津滬開設今支機構，貿易實業空前興旺。140 多家各式商品與證券交易所齊集上海，保險公司等其他金融機構遍佈口岸城市。對一個產業工人尚不足百萬的現代經濟體來說，當時中國金融機構的密集度位居世界前列。

陳光甫所設立的銀行，就是這個大時代的小故事。他畢業於美國華頓商學院，曾在地方政府出任財政工作，34 歲開辦上海商業儲蓄銀行。他專一思考，眼睛向下，提出一系列的存放款方針，爭取多向中小企開展。他提倡服務精神，要求員工視客戶為衣食父母。他很有創新精神，為了有效動員儲蓄，他首開了「一元存款帳戶」，還開設了調查部，研究市場和客戶。該行業務穩健，1930 年代就在上海蓋了總部大樓，一派民營大銀行的景象。1933 年，他和一眾銀行同人共同組織票據交換所。

曾任美國哥倫比亞大學校長的 Lee C. Bollinger 曾說：「1,520 年以來，全世界只有 85 個機構存活至今，其中 50 家是大學。大學依靠夢想、希望生存下去——這就是大學的歷史」。對於競爭激烈的經濟金融行業來說，總是不斷有機構倒下去或站起來，能否具備充分的實力承受急流的衝擊，是生存的關鍵。而華資銀行在香港金融的前景是否能夠繼續揚帆，對此我們也要如 Bollinger 所倡言，依靠夢想，心懷希望。

樓房按揭在香港的發展

一個中國老太太和一個美國老太太進了天堂，中國老太太垂頭喪氣地說：「唉，捱了一輩子，剛賺夠錢買一套房，本來要享享清福，可是卻來了天堂。」美國老太太卻喜孜孜地說：「我住了一輩子的好房子，還了一輩子的債，剛還完，馬上也來到了這裏。」故事中兩個老太太顯然有不同的消費觀念，代表了兩種不同的消費模式。改革開放之後，這個故事在內地廣為流傳，影響了很多人的消費觀念。當然，現在大家都明白，故事中的美國老太太，是樓房按揭的獲益者，很多中國人不僅也跟着成為「樓房按揭」的獲益者，他們還享受「汽車按揭」。不過，物極必反，2011 年內地房價暴漲，以致政府為了壓制高房價，不得不多次出台措施，提高樓房按揭的門檻。近三年，內地房價開始向下調。2023 年下半年，內地提出一連串減息、降首付和放寬限購等「利好」樓市的措施。[4]

---

4   吳幼珉：〈【市場探針】2024 年的中國樓市〉，香港商報，2024 年 1 月 8 日，www.hkcd.com.hk/content_app/2024-01/08/content_8617887.html

　　事實上，按揭不僅讓普通民眾獲得不少實質好處，更是當今銀行業的重要業務。按揭的英文是 Mortgage，該詞來自古舊法文。Mort 之原意是死亡，Gage 則是抵押貴重物品，合起來這個字的意思就是「死亡抵押」，這可以有兩方面的解釋：若借方不還債，貸方有權沒收其抵押之財產，借方因而損失財產；但當借方清還債項後，按揭便完結。

　　現在的按揭業發展迅速，除了住宅樓宇外，地皮、廠房、寫字樓、酒店、汽車及機械等都可以按揭。樓宇按揭顯然在香港銀行業業務中佔重要地位。而在先進的經濟體系中，如美國，樓房按揭對於金融業的存在更具有不可小覷的作用。美國的金融專家，更由樓房按揭變出眾多的衍生工具，結果導致 2008 年的金融海嘯，影響全球。

　　樓房按揭很早便開始在西方發展。早在約 1190 年，英國便有普通法（Common Law）保障貸方，使貸方有借方的物業權益，即抵押，這一法例後來不斷改善。此方式傳到美國後，1930 年代美國經濟大衰退，美國遂鼓吹減低置業首期，使更多人可買房子，並成立房利美（Fannie Mae）向貸款機構買入按揭，等於向市場提供融資，於是美國的銀行便放膽做按揭貸款。1930 年代，美國擁有房產的業主僅佔 40%，後因政府干預及鼓勵，業主數量上升至 2023 年年末的 70%。

　　中國直至晚清才開始有銀行，起初主要是外資銀行，後來陸續開設華資銀行。不過，初期銀行主要進行匯兌、存款、放款、國際貿易、替政府徵收各項費用及發行鈔票和公債等業務，並無按揭貸款。

　　雖然當時的銀行並沒有專門的按揭業務，但按揭這一行卻早在一百年多年前已在中國出現。2007 年 9 月，中山市曾舉辦一個「近現代民俗文化檔案文物展」。該次展覽展出了中山（當時稱香山）沙溪人劉仰廷的一本「按揭數簿」，上面詳細列明劉在 1902 年，為去美國金山求財而按揭借款的數目，以及分期還款的具體事項。原來，當

時如果沒有路費出國淘金，就可以向錢莊等民間組織借錢，等到在國外賺錢之後，再分期還清。早在 105 年前，中山人就已經開始按揭貸款，出國留洋了。

不過，中國人理財普遍保守，除了少數人不得不貸款出國淘金外，大部分人比較着重儲蓄。為此，20 世紀 30 至 40 年代，除銀行及錢莊外，民間還設有專門的置業按揭儲蓄公司。其宣傳海報強調儲蓄乃致富之道。2008 年的金融海嘯後，美國財長保爾森曾指，中國等新興市場國家擁有大量存款，導致息口低企，因而引發信貸泡沫。其實，所謂「養兒防老，積穀防饑」，儲蓄乃中華民族的根深蒂固的文化，而且節儉亦是一種美德。至少前文小故事中的老太太就絕不會因無力供房而要提前上天堂，也不會出現美國的次貸危機了。

香港開埠之後，無論是外資銀行或是華資銀行，都紛紛開設及發展。隨着周邊金融市場的步伐，及至 1925 年，香港已經成立了專門的物業儲蓄協會（Building & Savings Society）。

至於按揭方面，也陸陸續續有銀行及其他金融機構從事此方面業務。據早前有關渣打銀行的專題報告顯示，早在 1919 年，當香港大部分打工家庭仍然租住舊唐樓「板間房」的時候，渣打銀行已經在樓按方面早着先機了。此外，現存有一封 1936 年東亞銀行上海分行致客戶李寶椿的英文信，信中內容是告知客戶，銀行已代收妥另一客戶的按揭還款，並已發還有關之物業契據及按揭契。此乃有力證據，說明在 20 世紀 30 年代，東亞銀行也已經開辦樓房按揭業務。

另外，可以確定從事按揭業務的銀行及金融機構還有廣東銀行，以及陸海通置業按揭貯蓄滙兌有限公司。在廣東銀行的早期廣告中，曾清楚地顯示該行業務涉及按揭，唯其按揭是否涉及樓宇物業，因資料不足，尚難以確定。同樣的，陸海通置業按揭儲蓄匯兌有限公司在民國三十七年（1948 年）發行的股票，也說明了 1940 至 50 年代香港

1915 年廣東銀行的廣告

地產置業公司也從事按揭及儲存業務，不過，這是否與美國的 Savings & Loans 有關，則有待深入研究。陸海通乃香港早期地產商，現仍繼續經營。較為人熟識的是中環陸海通大廈，於 1925 年落成，後來皇后戲院於此開業，毗鄰的一條街亦名為「戲院里」（Theatre Lane）。可惜陸海通要重建此大廈，從此皇后戲院亦只能追憶了。

不過，上述提及的樓房以及其他按揭業務，規模應該不是太大，其中一個原因是，直到 1950 年代，香港的房地產依然冷冷清清。當時的房產市場並不活躍，樓宇買賣是以一整幢為單位，故只有巨富或大公司方有能力買樓。後來，房地產經營者慢慢創新經營手法，香港的房地產業亦因而開始騰飛。大致說來，香港樓宇買賣模式，由早期的整幢樓宇買賣開始，經歷了如下幾個階段：

1、分層買賣

1947 年，香港地產界商人吳多泰與高路雲律師樓的周建勳師爺，向田土廳查詢可否分層賣樓，徵得同意後，於 1948 年首創分層賣樓，第一個樓盤位於尖沙咀山林道 46–48 號。高路雲律師行（Wilkinson & Grist）是非常資深的律師大行，現於中環太子大廈，參與很多大型發展專案之法律工作及樓宇按揭業務，於北京設有分行。

2、分期付款

1953 年，霍英東也找高路雲律師樓的律師，商討推出分期付款買「樓花」的可行性與方案。此方案具體內容是，有意買房者，可在樓宇建成之前先交一定比例的訂金，然後隨着樓宇逐漸完成，購房者逐步繳納房費，建成入住。當時地產商用此訂金建房，最後制定的付款辦法是首期 50%，建至二樓再交 10%，建至三樓 10%，如此類推，餘款10% 在入伙時清繳。第一個樓花盤位於油麻地公眾四方街（現稱眾坊街，Public Square Street）。這是香港第一次推出分期付款。由於買家只是看到設計圖紙就交訂金購買樓房，就像是先買果樹花，再等摘果實一樣，所以這些興建中的樓宇就被喻為「樓花」。霍英東不僅首創賣住宅樓花，更發明了香港第一份售樓說明書，現已成為香港售樓業的通例。

3、分期供樓

自霍英東在房地產業大展身手，賺得盤滿缽滿之後，愈來愈多人看到香港房地產大有可為。許多銀行緊隨地產商步伐，為分層買家做按揭。從 1950 年代開始，不少銀行積極從事「樓按」業務，活躍的有東亞銀行、恒生銀行、廣安銀行、及廖創興銀行等。自此，以房地產的帶動為契機，加上當時工業蓬勃發展，香港經濟開始起飛，民生及社會有較大轉變。不過，樓花按揭乃香港獨創，外國並無類似房貸，故外資銀行早期在港也沒有做樓花按揭。

現代西方經濟學奠基大師、提出「市場經濟」理論的亞當‧斯密（Adam Smith）在傳世名著《國富論》中對「自利為何能夠推動市場經濟的發展」這一問題曾有一個非常形象化的解答，他說：「我們的晚餐並非來自屠宰商、釀酒師和麵包師，而是來自他們對自身利益的關切。」同樣地，銀行所提供的樓房信貸也不是向市民提供免費午餐。

在銀行家追求最大利潤的同時，市民也能享用眾多的金融服務，而社會經濟，也正因此得以蓬勃發展。

近年 ESG（環境、社會和企業管治）逐漸成為全球企業追求的共同指標，香港銀行亦積極響應可持續理念，推出「綠色按揭」產品，獲得特定「綠建環評」認證的物業便能申請，銀行會提供額外現金或獎賞，以鼓勵市民支持環保無紙化申請按揭。

參 考 資 料

上海市銀行博物館、香港歷史博物館編：《從錢莊到現代銀行：滬港銀行業發展》，香港：
　　康樂及文化事務署，2007 年。

吳幼珉：〈【市場探針】2024 年的中國樓市〉，www.hkcd.com.hk/content_app/2024-
　　01/08/content_8617887.html，香港商報，2024 年 1 月 8 日。

李弘：《西方金融如何改寫中國現代史》，台北：大是文化有限公司，2016 年。

香港金管局：「聯繫匯率制度」，www.hkma.gov.hk/chi/key-functions/money/linked-
　　exchange-rate-system/，2019 年 8 月 26 日。

香港金融管理局：《香港貨幣與銀行大事年表》，香港：香港金融管理局，2007 年。

梁濤：《香港街道命名考源》，香港：市政局，1992 年。

香港政府新聞公報：〈大型貨幣展闡述香港時代變遷（附圖）〉，www.info.gov.hk/gia/
　　general/201203/13/P201203130264.htm，2012 年 3 月 13 日。

馮邦彥：《香港金融業百年》，香港：三聯書店，2002 年。

馮邦彥：《香港華資財團》，上海：東方出版中心，2008 年。

劉詩平：《金融帝國·滙豐》，香港：三聯書店，2007 年。

鄭寶鴻：《圖片香港貨幣》，香港：三聯書店，1996 年。

Infocast：〈港大綠皮書：港元掛鈎人民幣或會帶來運作上的風險〉，Yahoo! 財經，2024
　　年 1 月 10 日。

Schenk, Catherine R. "Banking Groups in Hong Kong, 1945–65." *Asia Pacific Business
　　Review* 7, no. 2 (2000): 129–154.

第五章

香港發展成為金融中心的過程

金融中心的定義

　　香港本屬彈丸之地，其國際地位卻不可小覷。憑藉早期優勢，香港由轉口貿易發展成為主要製造業中心，後來更轉型為金融及服務業樞紐。多年來穩居世界第三大國際金融中心地位，吸引了世界各地的人才、資金。改革開放 40 多年，中國經濟發展保持著平均每年 9.2% 的增長速度。2010 年，中國經濟規模超過日本，成為世界第一貿易國。2019 年，中國人均 GDP 首超過 10,000 美元。[1] 近十幾年來，內地發展迅速，大力打造上海成為另一國際金融中心，某程度上，可能挑戰香港的地位，在 2023 年 11 月的中央金融工作會議上，中央更是首次把上海和香港並列提及。然而，「國際金融中心」並非只是一個名號，當然有其指標及定義。就目前情況而言，香港作為「國際金融中心」的確有不可替代的地方。

　　關於國際金融中心的說法，可參照前金管局總裁任志剛在中大劉佐德全球經濟及金融研究所刊物發表的一篇文章：

　　「在過去的觀點文章中，我將『金融』定義為『資金融通』，即把資金從投資者分配到集資者手上，從而促進經濟發展的活動。一個『金融中心』，顧名思義，就是進行資金融通的地方；而一個『國際金融中心』，便是一個進行國際層面資金融通的地方，當中涉及非本地的機構或個人在當地進行投資或集資的活動。一家內地公司在香港進行首次公開招股集資，吸引香港及世界各地的投資者認購，便是一個

1　　林毅夫、王勇、趙秋運：《論中國經濟的發展》（北京：中信出版，2022 年），序言。

典型例子。如果類似的國際層面資金融通活動大規模地在香港進行，我們絕對稱得上是一個國際金融中心。」[2]

上述定義指出金融中心是由很多銀行、證券市場及商品市場等組成。地區金融中心之所以發展成為國際金融中心，是因有眾多國際大銀行、大證券公司、投資公司、基金公司及評級公司等金融機構在這市場營運。擁有國際性金融機構只是一個必要條件，卻非充分條件。要成為在國際上有影響的金融中心，更重要的是不僅從事本地的金融業務，而更要大量涉及跨境的、國際化的業務。

根據英國 Z/Yen 集團和中國（深圳）綜合開發研究院聯合發佈的《全球金融中心指數》（Global Finance Centre Index），2024 年世界十大金融中心分別是：（1）紐約；（2）倫敦；（3）新加坡；（4）香港；（5）三藩市；（6）上海；（7）日內瓦；（8）洛杉磯；（9）芝加哥；（10）首爾。其中，香港擁有亞洲最大的證券交易市場——香港證券交易所，同時也是世界上最自由的經濟中心之一。

香港之所以能夠成為國際金融中心，有其因由。首先，金融中心一定要有銀行。中國早期並無銀行，只有銀號及錢莊，香港亦然。早於 1880 年，香港已有銀號成立，至於中文「銀行」一詞，則最早見於太平天國洪仁玕所著的《資政新篇》（日文及韓文亦通用「銀行」一詞）。順帶一提，洪曾在港生活。他在《資政新篇》中提出的一些金融建構想法，在當時的中國是很先進的。直到 1842 年香港開埠，英資銀行及其他外國銀行紛紛在港開業，並發展壯大。當時，無論是香港還是內地，金融活動多受外資銀行所控制。

2　　任志剛：〈香港國際金融中心地位〉，中大劉佐德全球經濟及金融研究所，2017 年 8 月 17 日，www.igef.cuhk.edu.hk/igef_media/people/the%20status%20of%20hong%20kong%20as%20an%20international%20financial%20centre%20chinese%20version.pdf

　　然而，光有銀行顯然是遠遠不足夠的。放眼當今世界，哪個城市沒有銀行？不論是銀行、證券公司、基金公司等金融機構，在很多城市都可以找得到。但要晉身成為國際金融中心，除了有國際性的大銀行、大證券商及基金公司等，尚需其他因素配合，例如：無外匯管制、資金可自由進出；具備良好的法律制度並得以有效地執行；低稅率及簡單的稅制；具良好的商業配套以及卓越的政府管治；城市處身優越的地理環境，交通方便；能提供優秀人才；資訊發達、言論及通訊自由等。

　　上述並非固定不變的標準，但卻是較多人認可的條件。香港政治穩定、貿易自由、尊重私有產權、法治基礎深厚、交通運輸便利、通訊設備先進、金融體系健全、監管制度嚴謹，這些因素都讓香港佔盡優勢。可以說，香港成為國際金融中心，其歷史、地理、政治因素，可謂是天時、地利、人和互相配合的結晶。所謂「羅馬不是一天建成的」（Rome is not built in one day.），從開埠初期到今天，由一個被認為是「鳥不生蛋」的小漁村，變成一個有份量的國際金融中心，個半世紀以來，香港能茁壯發展殊非容易，今天的局面實在應倍加珍惜。而作為國際金融中心，香港除了銀行機構外，亦擁有很多其他金融機構，金融活動也很繁榮。

外資金融機構在港的發展

　　香港開埠後，英國等西方國家紛紛在此建立銀行並取得發鈔權。特別是 19 世紀末 20 世紀初，香港漸漸成為貿易轉口港，興旺的商貿活動吸引更多外資銀行進駐。當時的外資銀行有法國的東方匯理（Banque de I'Indochine）、日本的正金銀行（Yokohama Specie Bank

Co., Ltd.）、台灣銀行（Bank of Taiwan Co., Ltd.）、美國的萬國寶通（National City Bank of New York，即花旗銀行）、運通（American Express Corp.）、英國的大英銀行（P&O Banking Corporation Ltd.）、荷蘭的小公銀行（Netherland Trading Society）、安達銀行（Netherland India Commercial Bank）、比利時的華比銀行（Belgian Bank）等。這些銀行圍繞着當時港英政府規劃出的維多利亞城中環一帶，東至戾臣道，西至畢打街，慢慢地發展成香港的銀行區。

香港早期的金融活動多受外資銀行操控。1897 年，香港外匯銀行公會（Hong Kong Exchange Bankers' Association）宣告成立，當時的會員大多為外資銀行。這些外資銀行在香港經營時，為了經營順利，通常都採用買辦制，僱用華人買辦做存款、貸款及按揭等業務。所謂「買辦」，指的就是幫助外商與中國進行雙邊貿易的中國人，相當於現在的經紀人。

相比之下，本地華資銀行規模細小，影響力甚微。早期的華資金融機構多為「銀號」，現代銀行不多。由於實力較為薄弱，華資銀號普遍依賴外資銀行借入短期資金，然後貸款予南北行、金山莊、米行等華人商號。向外資銀行借入資金時，必須由銀行的華人買辦作擔保，此類短期借貸稱作「拆款」。由於此類活動只存在於銀行與銀號之間，後來有人稱之為「同業拆款」。現今金融市場用語之「同業拆息」相信是源於此處。

外資銀行憑藉雄厚的資金，迅速發展，幾乎操縱整個香港的金融業。1923 年，香港票據交換所（Hong Kong Bankers' Clearing House）成立，當時規定，會員須為外匯銀行公會會員，而滙豐則是票據交換中心，所有會員均須於滙豐開設戶口以便交收。到 1939 年，只有 15 家銀行成為交換所會員；到 1941 年，香港已有外資、來自國內的中資及本地華資各類銀行達 40 家左右。

1970 年代的香港商業區心臟地帶

在頗為重要的外滙業務方面，外資銀行也因實力雄厚而備受政府信任。第二次世界大戰期間（1939–1945 年），很多國家都採用固定匯率及有限度的兌換，例如歐洲國家的貨幣包括英鎊。英聯邦國家或地區包括香港的貨幣均與英鎊掛鈎，形成了當時的「英鎊區」（sterling area）。香港跟隨英國，依據 Defense (Finance) Regulations 對英鎊以外的貨幣實施管制。不過，由於香港所需食品、日用品及原料都須從外地輸入，所以雖有外匯管制，港府還是容許自由外匯市場存在。對應外匯管制制度及自由外匯市場，港府亦將所有銀行分為兩類：授權外匯銀行（authorized exchange bank）及非授權外匯銀行（non-authorized exchange bank）。授權外匯銀行可按官價為客戶買賣外匯而無須得政府外匯統制處批准，但其外匯結餘須向政府結匯。非授權外匯銀行在自由外匯市場以自由價格交易，外匯餘額不須向政府結匯，但英鎊交易則受到限制。

當時，能夠獲港府授權的外匯銀行，大多屬大型的外資銀行。成為授權銀行雖然未必直接與經濟利益有關，但卻是對其實力的認可。相形之下，本地華資銀行多是中小型規模，大多都屬於非授權外匯銀行，因此通常活躍於自由外匯市場，買賣電匯美元、美鈔。當然授權銀行也可以通過控制這些華資銀行，在自由市場進行買賣交易。

不但外匯市場為外資銀行所操控，當時重要的銀行業務包括發行鈔票、進出口押匯及較大型的貸款，基本上也均由大外資銀行決定。20 世紀 60 年代開始，外資銀行更在香港積極開設分行，香港成為這些外資銀行的資金集散中心及貿易押匯中心。當時的渣打銀行及華比銀行積極在港九各處開設分行。當時的其他外資銀行包括法國巴黎銀行（BNP）、美國銀行（Bank of America）、盤谷銀行（Bangkok Bank）、美國大通銀行（Chase Manhattan Bank）及大型日資銀行例如第一勸業銀行（Dai-Ichi Kangyo Bank）、三菱銀行（Sumitomo Bank）等，也不甘落後，紛紛開設分行，提高市場佔有率。到 1965 年，總共

有 46 間外資分行，以及渣打 17 間本地分行。這些外資銀行中，除渣打外，華比銀行的發展策略最為進取。從 1935 年在香港開設第一家支行開始，到 1965 年已有五個分支。

除分行實行內部擴充外，有些外資銀行更憑藉香港作為亞洲金融中心的優勢，通過收購及合併等進行外部擴充，例如日資的第一勸業銀行於 1962 年收購浙江第一銀行；英資的建利銀行（Grindlays Bank）於 1971 年收購道亨；美資的平安太平洋國際銀行（Security Pacific National Bank）收購廣東銀行。特別是美資銀行，在香港金融市場表現尤為進取。最早來港的美資銀行可能是花旗銀行，它於 1902 年開設香港分行，並於 1962 年開設九龍分行。有研究分析指出，這與美國金融機構在環球市場上的擴展密切相關。當時美國經濟環境良好，美國金融機構有感在國內發展受到較多掣肘，相較之下，美資大企業在歐洲及亞洲的業務更需要銀行增加服務，因此美資銀行積極在境外擴充規模。美資銀行的積極擴展，對英資銀行形成不少的競爭壓力，為此英資、歐洲國家及日資銀行也亦步亦趨擴寬香港銀行市場，當時中資的影響力較微，而本地華資的勢力亦較弱。

至於與香港有商貿淵源的東南亞國家，雖在香港亦有不少的銀行，氣勢卻不強。據資料統計，到 1965 年，香港有 29 間外資銀行及 8 間中資（國有）銀行，其中約有 1/3 外資銀行來自新加坡、馬來西亞、菲律賓及泰國。但是，1960 至 70 年代，無論是香港的銀行家，或者香港商人，對於這些來自東南亞的資金及投資者都抱有戒心。

無可置疑，大量外資銀行湧入引起本地小銀行不少怨言。當時任職於英倫銀行（The Bank of England）的 H. J. Tomkins 來香港後，曾評論過這種情緒，他認為這並非不公平競爭，況且香港既然是一個經濟自由城市，自然不能歧視及限制外來銀行。

表 5.1　外資銀行辦公室數目（括號為分行數目）

地點	1955	1960	1965	1970
倫敦	69 (54)	80 (59)	97 (72)	148 (118)
紐約	40 (10)	61 (16)	67 (22)	96 (29)
巴黎	24 (16)	32 (18)	41 (17)	52 (18)
香港	19 (19)	27 (26)	43 (36)	43 (27)
東京	12 (11)	16 (15)	25 (15)	51 (17)
新加坡	15 (15)	17 (16)	15 (15)	28 (21)
法蘭克福 / 漢堡	17 (9)	23 (9)	34 (13)	55 (24)
貝魯特	12 (12)	17 (13)	29 (13)	42 (17)
布魯塞爾	9 (8)	13 (10)	14 (9)	22 (12)
蘇黎世	7 (4)	9 (3)	17 (6)	22 (9)

資料來源：*Bankers Almanac and Yearbook.*

　　無論是中國人所嚮往的「點鐵成金」也好，或者西方廣為流傳的「煉金術」也好，都顯示出世人對黃金趨之若鶩。馬克思說得好，「貨幣只可以是黃金與白銀」（Money by nature is gold and silver），紙幣因通貨膨脹而迅速貶值的情況在歷史上屢見不鮮，但黃金的價值較為穩定，它既能受時間的考驗，又不受空間的限制，能夠流通於各個國家，的確是保值、增值的好工具。為此，黃金交易自然而然地成為金融市場的重要一環。而香港更是當今世界四大黃金交易市場之一，其他為倫敦、蘇黎世及紐約。

　　早在第一次世界大戰（1914–1918 年）前後，香港已經流行買賣碎金碎銀，當時主要在錢銀台進行，後來演變為銀號，再後來，銀號又發展成銀行。

　　早期的黃金買賣是暗盤交易，買賣雙方通過握手作實。由於沒有白紙黑字的契約或者比較可靠的交易證據，這交易方式常引起爭執。為此，行內有識之士便籌組一個統一的機構，並於 1910 年創辦金銀業

1980 年代，香港金銀業貿易場的交易場面

貿易場（The Gold and Silver Exchange Company），當時稱為「金銀業行」。1918 年，在香港華民政務司面諭下，金銀業貿易場正式註冊，英文名改為 The Chinese Gold & Silver Exchange Society，場址在中環電車路永安公司對面，當時擁有超過 200 家會員。

貿易場正式成立之後，香港的黃金交易統一在此進行。當時場內的交易規則是，交易時，交易員於交易大堂內以粵語公開叫價，輔以手號進行買賣。買方或賣方先以電話向經紀行落盤，再由經紀行發出指示予場內的交易員。有意買入的交易員需觸碰叫價的交易員，第一個觸到的人就可達成交易。由於交易過程中有肢體接觸，故當時並沒有女性交易員。

交易場內叫賣聲太大，門外又常常擠滿人群，影響交通，於是港府要求貿易場搬遷。1927 年，交易場購入上環孖沙街 14 號，1932 年再購入相連的 16 號和 18 號，並拆卸重建，1935 年新廈落成。金銀業貿易場在香港的地位從此奠定。

貿易場雖以金銀買賣為主，但直到二戰之前，還有九九大金、銀元、大洋，戰後還有美鈔、日元、西貢紙、菲律賓披索和墨西哥金仔等買賣。直到 1962 年，才剩下金銀交易一枝獨秀。

金銀業貿易場自創立以來，除 1941 至 1945 年，因太平洋戰爭爆發香港淪陷而關閉外，一直正常營業。甚至在 1980 年蘇聯入侵阿富汗、1983 年石油降價兩次大事件導致金價動盪，全球主要金市均先後停板的情況下，香港金市卻如常買賣。香港貿易場牌價最初只值 $500，1930 年代升至 $3,000，戰後 1947 年升至 3 萬元，1970 年代升至 40 萬元。至 2011 年，會員牌價已攀升至 700 萬元。不過，這可能並非最高價額。2011 年 6 月 29 日《蘋果日報》報導，理事長張德熙希望通過引入人民幣公斤條等方式，壯大規模，從而刺激會員牌價漲至 1,200 萬至 1,500 萬元。到 2023 年 10 月，牌價已升至 1,000 萬。

　　除交易的持續性外，金銀業貿易場對鑄造標準金條也有嚴密審查，除保證金外，尚有聯保制度。自 1946 年起，交易場不再發鑄金條牌照，主要金條鑄造商包括周生生、慶豐、景福、利昌、寶生及新鴻基等。鑄造商所造的金條以兩計重量及 99 成色，貿易場有專家以磨金石驗證，因監管嚴格，香港金商的金條通行亞洲。

　　香港金銀業貿易場是個將現貨及期貨結合為一的市場，既有現貨交收，又可通過支付倉費延期交收，因而產生期貨的功能。這是因為，貿易場的買賣雖然以現貨為基礎，即日平倉交收為原則，但由於有一套交收倉費的制度，可以將現貨交收延遲至翌日，甚至無限期遞延，直至平倉為止。

　　現在只有金銀貿易場依然採用公開叫價的模式（open outcry）。當買賣雙方交易後，於 15 分鐘內，沽方負責填寫交易票據，交買方確認後再交予本場結算部登記交易及更新每名交易行員的存欠倉，以控制風險。所有行員的買賣合約價與公價對比而入帳結算差額，盈虧皆與本場相對清結。所有營業行員均須在指定的同一銀行開設帳戶，以利結算。貿易場每日上午及下午均會定出結算價，會員之未平倉盤要按結算價補價予對方，貿易場承擔了結算公司的角色。這制度運作了數十年沒有遇到重大問題。

　　當年貿易場的創立者大多為找換店及經營各埠匯兌之銀號東主或主事人。戰後出任領導人的何善衡、何添、馬錦燦等人都是香港各大華資銀行的創辦人。其中，1949 年任貿易場主席的何善衡，即恒生銀號總經理，他是黃金買賣高手，行內權威，且在美國期貨交易界享負盛名。

　　至於參與黃金交易的買賣者，自貿易場成立以來，一直主要由華人參與買賣，包括廣府幫、潮州幫和上海幫，廣府幫以順德人較多。

大陸解放戰爭時期，不少從上海來港的商家參與炒金，大量資金流入香港，香港黃金炒賣盛極一時。在這股炒金狂潮中，上海幫多人破產，而廣府幫卻大得其利。

香港金銀業貿易場能作為世界四大黃金交易場，除了因香港具有的獨特優勢外，更由於香港位於亞太區，因時差的關係，填補了紐約收市後而倫敦未開市前的一段時間真空，所以愈來愈多國際性投資者活躍於香港金市專做倫敦金（Loco London）。

不過，現時也有愈來愈多的國際性投資機構或者投資銀行在港成立黃金買賣部門，他們大多數不參與金銀業貿易場的買賣活動。外資大行不做以兩計算及公開叫價的港金，只進行國際性買賣，以美元計價，以益士計重量，以電子交易媒界進行，就像銀行與銀行進行外匯交易一樣。

至於華資金融機構，在銀號時代，寶生銀號已活躍於金市，後來該銀號發展成寶生銀行。該銀行後來合併為中銀集團的一份子，而中銀取代寶生活躍於金市。此外，據市場人士透露，新鴻基證券旗下之公司早期亦是黃金市場中堅分子，新鴻基公司現在以證券業務為主。

香港金銀業貿易場，曾試圖改變交易制度，例如加強電子交易、以美元及益士為單位，但仍舊難捨舊制。有業內人士曾指出，隨着現代交易方式的轉變，特別是電子交易的廣泛實行，金銀業貿易場所採用的傳統交易方式的確遇到很大挑戰。此外，傳統交易方式受限於金銀業貿易場的交易場次且缺乏充分的流動性，目前，國際大行的電子交易有超越金銀業貿易場的趨勢。金銀業貿易場雖然試圖變革交易方式，但改革的速度似乎稍顯緩慢。金銀業貿易場現任理事長張德熙乃新界名人張人龍之子，在他入主金銀業貿易場之後，開始推行人民幣買賣黃金。希望金銀業貿易場在其領導革新下，能取得新突破。

香港早期的股票市場

股票原來也是老古董。早在 1602 年，荷蘭東印度公司屬股份有限公司，並產生了股票。1611 年，東印度公司的股東在阿姆斯特丹股票交易所進行股票交易，後來更有專業經紀人。阿姆斯特丹股票交易所成為世界上第一個股票市場。目前，股票市場（包括股票的發行和交易）與債券市場已成為金融市場的重要基本元素。

香港股票交易市場的歷史雖沒有那麼悠久，但在香港開埠不久就開始出現。香港股市的發展可追溯到 1866 年，即《公司條例》通過後的第二年，當時已有歐、美、猶太、印度及華人擔任經紀，進行證券買賣。1871 年的報章（《香港中外新報》、《循環日報》等）已有股票行情報導，當時買賣的股份包括滙豐銀行、黃埔船塢及中華煤氣等。

最初的股票市場相當簡陋隨意，並沒有交易所或者交易大堂，只是在中區皇后大道中及畢打街周邊的街頭及附近的餐廳進行。而股市交易也無需掛牌買賣，單靠經紀與經紀之間的口頭報價，就可以直接口頭成交。

1891 年，英國商人保羅遮打（Paul Chater）發起並成立了最初只有 21 名會員的香港股票經紀會（The Stockbrokers' Association of Hong Kong）。1914 年，該會易名為香港股票交易所（Hong Kong Stock Exchange）。由於該會會員主要吸納外商，華人經紀備受排擠，於是 1921 年，另一間以華人為主的香港股票經紀協會（Hong Kong Stockbrokers' Association）也宣告成立，屬香港第二交易會，該會現稱香港證券業協會（Hong Kong Securities Association）。

自香港股票經紀協會成立之後，正式的證券交易市場開始成形，而股票交易也有較正規的交易程序。自 1891 年起，交易所每日有兩次公開叫價，一次在上午 10 時，另一次在下午 2 時 30 分。不過，初時

股票交易是按月結的，有時候可延至三個月之久，因而引起炒風。直至 1925 年發生省港大罷工，大市及每個交易所會員都受挫，從此改為現金交易，禁止期貨買賣。後來雖然取消了現金交易，但 24 小時內交收的條例維持了一段時期。

當時，對從事股票經紀的資格要求非常嚴格，除了能在滙豐開設戶口，還必須有財力及良好信譽，那時交易所只有二三十個會員。

日治期間，股市暫停。1946 年底，證券買賣重新活躍。在政府的推動下，1947 年，香港股票交易所和香港股票經紀協會合併，成為香港證券交易所，俗稱「香港會」。會員多是外籍人士及通曉英語的華人，掛牌多是外資大行。不過，早期的股票市場雖然充滿活力，但投資欠缺廣度——在 65 隻上市證券中，只有 25 隻買賣活躍，而且銀行股始終是中流砥柱。

股市浮沉向來與時局動盪有緊密關係。1947 至 1948 年，香港經濟復蘇，股市興旺。但好景不長，1949 年大陸解放，投資者因對香港的前途存疑慮，開始拋售股票；1950 年韓戰爆發，又再令港股陷入低潮，直至 1953 年停火後股市才轉興旺。但 1965 年，美國轟炸北越，時局動盪，再加上香港爆發銀行擠提風潮，股市大跌。禍不單行，1967 年，香港發生政治騷動，中英關係惡化，再而爆發中東戰爭及英鎊貶值，壞消息一浪接一浪地蓋過來，股市成交創 1960 年代新低。

所謂「否極泰來」，1968 年，港股漸趨活躍。特別是由於香港經濟起飛，華資公司對上市集資的需求愈來愈大，促成更多由華資擁有及管理的交易所開業。1969 年 11 月，恒生銀行推出恒生指數；1969 年 12 月，李福兆等人創辦了遠東交易所（The Far East Exchange Limited，俗稱「遠東會」）；1971 年 3 月，金銀業貿易場胡漢輝等人成立了金銀證券所（The Kam Ngan Stock Exchange Limited，俗稱「金銀會」）；1972 年 1 月，陳普芬等人成立了九龍證券交易所（The

Kowloon Stock Exchange Limited，俗稱「九龍會」）。自此，連同1947年合併的香港證券交易所，香港共有四間交易所，此所謂「四會時代」。一個城市擁有四家交易所，在世界上實屬罕見。

1972年初，美國總統尼克遜破冰訪問中國，與中國總理周恩來簽署《上海公報》，中美關係解凍，消息推動股市進入高潮；1973年越戰停火兼港府宣佈興建地下鐵路，股市更加狂熱，不少股民都「只要股票不要錢」。港府認為股市過熱，需要降溫，便制定證券條例，並組成政券事務諮詢委員會，又遊説四個交易所逢星期一、三、五開半日市。更有趣的是，甚至以消防條例為藉口，派消防員把守遠東交易所大門，以減少人流。

1973年香港發現合和的假股票，此事件觸發股票拋售潮。接着，1974年全球股市被中東石油危機拖垮，港股亦不能避免，很多股票包括藍籌股如置地、九倉等均跌破票面價。在經濟低迷、百業蕭條的情況下，港府開放了不少地區為小販特賣區，今天的旺角女人街及北角馬寶道等便是當年政策下開放的地區。此外，港府的善後工作還包括加強監管、頒佈《證券及期貨條例》及《保障投資者條例》等。直到1978年，香港股市才復蘇起來。

1982年，英國首相戴卓爾訪華並會見鄧小平，試圖解決香港前途問題，其後中國政府宣佈將於1997年收回香港。戴卓爾在北京會見鄧小平後，不小心在人民大會堂的台階上摔了一小跤，此事件曾被國際輿論廣為傳播。但戴卓爾夫人的一小跤，卻讓香港股市摔了一大跤。直到1984年中英草簽有關香港前途的聲明，股市才應聲反彈。

1985年，立法局通過四會合併條例（*The Stock Exchanges Unification (Amendment) Ordinance 1985*），1986年3月27日收市後，四會宣佈正式停業，而香港聯合交易所則於4月2日開業。其實，一個城市同時擁有四家交易所，難免會造成行政與監管上的困難，為此，早在

1974 年股市低迷、港府加強對股市的監管之時，四家交易所已在政府的壓力下，同意組成香港證券交易所聯會（The Hong Kong Federation of Stock Exchanges，簡稱「聯會」），並就未來發展及合併交換意見。1980 年，香港聯合交易所有限公司（The Stock Exchange of Hong Kong Limited，簡稱「聯交所」）註冊成立，並於次年舉行第一屆委員大會選舉。算起來，由籌備到正式開業，香港聯合交易所經過了 12 年的歷程，成為香港唯一的證券交易所，結束四會並立的時代。

聯交所交易大堂設於香港中環交易廣場，採用最先進的電腦輔助交易系統進行證券買賣。首項交易是時任財政司的彭勵治買入太古洋行股票。9 月 22 日，聯交所在成立不到半年的時候，獲接納成為國際證券交易所聯合會（Federation Internationale des Bourses de Valeurs）的正式成員，得到國際的肯定。同年 10 月 6 日，再由港督尤德主持「醒獅點睛」儀式，在鑼鼓聲中宣佈香港股市進入一個新年代。

四會合併解決了交易所因競爭而產生質素差的上市公司，使政府的監管工作更有效，並推動了香港證券市場國際化。1986 年，四會合併時恒指為 1,625.94 點，上市公司總市值約 2,500 億元。1986 年大市做好，到年底已升至 2,568.30 點；聯交所開業 9 個月指數升了 58%，總市值升了 68%。港股於年底的市盈率約為 18 倍，而 1973 年的高峰時期市盈率為 66 倍左右，1981 年的高峰時期市盈率為 23 倍左右。

到 1987 年，香港經濟表現理想，貿易、地產、股市各領域均表現良好，GDP 急增 12%。而且，因港元與美元掛鈎，美元弱勢下導致大量外資流入，令香港銀行利息低企，存款息低至 0.75%，優惠利率則為 5%。種種利好因素下，港股氣勢如虹，大市持續急升，引起了社會關注。1987 年 9 月，證監專員霍禮義（Robert Fell）在公開演說中，提出大市會出現調整的警告。10 月 1 日，恒指創下 3,949.73 點後，大市在高位徘徊，投資依然熾熱。然而到 10 月 16 日星期五，港股收市跌 45.44 點，而美國亦大跌 91.55 點，引發全球股市下挫。緊接着的

10月19日星期一，港股受週邊因素影響而急挫420.81點，一日之內跌了11.1%，恒指期貨跌至停板。但這還沒跌到懸崖底部。當晚美股杜瓊斯工業平均指數竟然狂瀉508點，創下美國百多年來單日最大跌幅記錄，這就是令人刻骨銘心的「黑色星期一」。

10月20日星期二清晨，聯交所高層在主席李福兆領導下，在星期二開市前，宣佈停市四天，理由是令投資者冷靜及清理積壓交收。這決定為香港金融史寫上重要的一頁。

香港股市停市的公佈宣告固然令人感到相當驚愕，但相信亦有股民拍手叫好，認為這可以防止美股下瀉，拖累港股繼續下跌。停市期間，美國華爾街股市曾一度大幅反彈160點，可惜後勁不繼。

股市崩潰使很多期貨經紀無法履行合約，加上當時期貨保證公司資本只有1,500萬港元，根本不可能承擔這數以十億元計的擔保責任。10月25日，港府由外匯基金牽頭，加上多家金融機構參與，共出資20億元挽救期貨保證公司。自此，買賣期貨每張徵收30元，而股票則按交易額徵收0.03%費用，以償還是次出資的20億元。

聯交所停市還是救不了期交所。10月26日香港復市，沽盤排山倒海地湧現，市場悲觀情緒達到極點，斬倉盤入市，全日大跌1,120.7點，以2,241.69點收市，跌33.33%，創下全球最大單日跌幅記錄，而期指更暴瀉44%。其後港府宣佈一連串救市措施，包括減息、貸款給予期貨保證公司，外匯基金、賽馬會、滙豐銀行等亦均入市買入股票以穩定民心。

10月26日傍晚，聯交所召開記者會，解釋停市決定。期間，一名澳洲記者質疑停市決定的合法性，質問停市是否涉及李福兆的私人利益。李福兆勃然大怒，指責該記者惡意誹謗。隨後，香港停市的新聞及李福兆大發雷霆的照片熱爆全球，輿論一片譁然。各方紛紛評論，停市有損香港作為國際金融中心的信譽，港府遂展開調查。

1988 年 1 月 2 日，香港廉政公署經調查後指控李福兆身為聯交所主席時，在審核公司上市過程中，非法收受配股。李被判入獄四年，出獄後定居泰國過退休生活。其實李福兆事件涉及聯交所眾高層，但最終入罪者只有李福兆一人。其後，港府委派來自倫敦的專家大衛森（Ian Hay Davison）擔任新成立的證券業檢討委員會主席。大衛森上台後，對聯交所、期交所及結算公司等作出連串改革，影響深遠。

香港早期的外匯市場

無論是股票市場，還是黃金交易市場，都有固定的交易場所，交易員在此固定場所進行交易買賣。這兩個市場是有形的，我們可以看到有關人員進行交易。隨着時代的發展，股票市場也出現愈來愈多的電子交易系統，但由於股票市場最重要的功能是安排上市掛牌集資，這是一個有形的市場，電子交易系統不能完全取代。至於金銀貿易場的買賣，由於黃金買賣並非專利，也無需掛牌包銷等手續，近年來，有外資大行在亞洲區包括香港建立電子交易買賣黃金，交易量日益龐大，已漸漸取代金銀貿易場的傳統有形交易模式。外匯市場也往往沒有一個固定的交易所，而是銀行與銀行交易時，透過銀行內的交易室（俗稱「盤房」）裏的交易員用電話及其他電子系統聯絡進行交易。

盤房的交易員也不僅進行外匯交易，還要開展資金拆放、證券、衍生工具買賣等業務。最初主要是本地經紀促成銀行與銀行之間的買賣，後來有外資經紀看中香港的外匯、資金及債券市場的發展，遂來港開業。這些國際性經紀參與後，積極促成更多交易，於是市場急速發展起來。銀行的盤房交易，初期主要是代客買賣，或者進行有實質商業需求的買賣，發展後期，炒賣活動大過實質的商業需求，成了銀行盈利的支柱。

　　第二次世界大戰後，西方國家重新確立金本位制度，香港則為英鎊區成員之一，港元與英鎊掛鈎固定於 1 英鎊兌 16 港元。1967 年 11 月 20 日英鎊貶值，港府改固定匯率為 1 英鎊兌 14.551 港元，折合為 1 美元兌 6.061 港元。1972 年英國宣佈讓英鎊自由浮動，7 月 6 日起港府改將港元與美元掛鈎，定價 1 美元兌 5.65 港元，上下波動 2.25%，並於年底取消外匯管制。

　　外匯管制取消後，香港外匯市場開始蓬勃發展。1970 年代，大量本地及外來的機構註冊成接受存款公司。1978 年，港府撤銷凍結銀行牌照，大批國際性銀行湧入香港，這些國際大行缺乏港元存款，而活躍於同業拆借、外匯市場及掉期交易（swap），加速了香港外匯市場的發展。

　　1973 年 2 月，美元兌黃金貶值 10%，港府改官價至 1 美元兌 5.085 港元，11 月，美元宣佈與黃金脫鈎，實行自由浮動，港元也隨之與美元脫鈎，實行自由浮動匯率。自此，外匯買賣大增，自 1975 年底起，四年之內遠期外匯增加了 11 倍。1980 年代初期，受政治因素影響，香港前途問題不明朗，港元一度跌至 9.60 元兌 1 美元。1983 年 10 月，港府實行聯繫匯率，外匯市場迅速發展。

　　在外匯市場馳騁縱橫的參與者，包括持牌銀行、有限制牌照銀行、註冊接受存款公司及受認可的外匯經紀行等，但外資大銀行依然佔主導地位。至於市面上的外匯公司，通常向一般中小形客戶提供炒賣外匯及黃金服務，俗稱「艇仔公司」。有些艇仔公司接受客盤後，會經大銀行向市場平盤，有些則索性與客對賭。不過，由於有不少客戶投訴艇仔公司，港府不得不立例監管。至於銀行的外匯買賣，最初主要為客戶提供交易，後來自己做盤超出客戶所需，遂發展為自己炒賣。

香港中銀集團

1950 年，中國銀行香港分行接受總管理處（中國銀行派出港澳機構）指示，同時交通銀行等七家銀行在港的機構也都接受了新中國金融機構的領導，加上南商、僑商、寶生、集友四家香港註冊銀行，形成香港中銀集團 13 行。

中國銀行（香港）有限公司（「中銀香港」）是一家在香港註冊的持牌銀行。2001 年，中銀集團重組其在香港的機構，合併了原香港中銀集團的十二行中十家銀行的業務，同時持有香港註冊的南洋商業銀行（「南商」）、集友銀行（「集友」）和中銀信用卡（國際）有限公司的股份權益，使它們成為中銀香港的附屬機構。為貫徹中國銀行集團的海外發展策略，中銀香港分別於 2016 年 5 月及 2017 年 3 月完成出售其持有的南商及集友的全部股權，並積極完善區域化佈局，深入推進東南亞業務發展，分支機構遍及泰國、馬來西亞、越南、菲律賓、印度尼西亞、柬埔寨、老撾、文萊及緬甸，為當地客戶提供專業優質的金融服務。

本土金融機構的興衰

在華資銀行中，很多都是規模不大的小銀行，但憑藉其特有的優勢以及經商策略，這些小銀行還是得以在香港銀行系統中生存發展。

在政治層面方面，對於當時的港英殖民政府而言，在諸如黃金交易等領域中，由華人控制較不易引起怨言。本土華資銀行所具有的最

大優勢是他們能夠獲得本土文化認同。華人向來重視相互之間的信任以及人際關係，商場也不例外。為此，這些小銀行發展出一套獨特的經營策略，根據客戶需要，由專門的經理提供個人化服務，照顧客戶的需求。此外，這些華資中小銀行也提供比大銀行更高的存款利率，吸引更多的儲蓄及存款，然後用比其他銀行更高的利率，將資金借給難以得到大銀行借貸的中小企業及個別客戶，同時也積極進軍證券、地產等領域。

憑藉這些經營策略，香港華資銀行在 20 世紀 40 年代末期快速發展。當時，恒生、道亨、永隆、永亨、廣安還有恆隆六間銀行成為其中的佼佼者，而其他華資銀行亦獲利豐厚。數據顯示，1947 年，200 家本地銀行中，只有 20 家虧損，其他銀行利潤由港幣 10 萬元到恒生的港幣 6,000 萬不等。

然而，由於經營存在較多的風險及投機行為，如借貸擔保相對寬鬆，貸款領域很多涉及證券、地產等風險高的行業；再加上外資銀行在香港擴展，以及銀行條例的管制，進入 1950 至 1960 年代，本地華資銀行數目開始下降，1965 年，本地銀行只比外資銀行多九間。

1965 年銀行危機之後，港府開始停發銀行牌照，結果外資銀行要進入香港唯有通過入股或者兼併本地銀行；另一方面，實力不足難以承受危機的本地銀行也歡迎外資加入。於是，本地銀行慢慢受到外資銀行的控制，甚至被兼併。根據 1979 年的資料，在 34 間本地執照銀行中，只有 15 間沒有接受外國資本或者受外資的控制。[3]

3　Jao, Y. C. *The Rise of Hong Kong as a Financial Center.* Berkeley: University of California Press, 1950, p. 681.

表 5.2　1977 年香港銀行併購

被收購銀行	收購者或接收者	收購股權（%）
恒生銀行	滙豐銀行	61.0
遠東銀行	花旗銀行	76.0
上海商業銀行	富國銀行	10.0
嘉華銀行	馬來西亞人劉燦松	74.0
道亨銀行	英國 Grindlays 銀行	100.0
廣東銀行	安全太平洋銀行	72.0
香港商業銀行	日本東海銀行	10.0
浙江第一銀行	日本第一勸業銀行	33.0
海外信託銀行	多倫多道明銀行	60.0
廣安銀行	株式会社富士銀行	55.0
永隆銀行	英國渣打銀行	13.3
永亨銀行	美國紐約歐文信託公司	51.0
恆隆銀行	多倫多道明銀行	50.0
香港工商銀行	多倫多道明銀行	10.0
廖創興銀行	三菱銀行	25.0
Hong Kong Metropolitan Bank Ltd.	瑞士銀行公司	30.0
Underwriters Bank	美國 Continental Illinois Bank	60.0

資料來源：Jao, Y. C. *Banking and Currency in Hong Kong: A Study of Postwar Financial Development* (London: Macmillan, 1974).

錢脈傳承：中國貨幣及銀行業簡史

表 5.3　香港本地註冊銀行被收購／入股的情況（直至 1990 年）

被收購銀行	收購者或接收者	收購股權（%）
廣東銀行	美國太平洋銀行	100.0
京華銀行	國際商業信託銀行集團	92.0
東亞銀行	法國興業銀行	5.99
	中國建設投資（香港）有限公司	4.0
浙江第一銀行	日本第一勸業銀行	95.0
香港商業銀行	日本東海銀行	10.0
	泰國盤谷銀行	10.0
大新銀行	英國標準渣打銀行	7.5
道亨銀行	馬來西亞豐隆集團	100.0
遠東銀行	國銀亞洲集團有限公司	65.0
	華美國際有限公司（中美合資）	10.0
恒隆銀行	香港政府	100.0
康年銀行	第一太平投資有限公司	100.0
香港華人銀行	美國華通集團	99.7
嘉華銀行	中國國際信託投資有限公司	92.0
廣安銀行	日本富士銀行	55.0
廖創興銀行	日本三菱銀行	25.0
海外信託銀行	香港政府	100.0
上海商業銀行	美國富國銀行	20.0
新鴻基銀行	阿拉伯銀行集團	75.0
永亨銀行	美國歐文信託公司	51.0
永安銀行	香港恒生銀行	50.3
友聯銀行	香港新思想有限公司（中美合資）	61.0

資料來源：馮邦彥：《香港金融業百年》（香港：三聯書店，2002 年）。

　　隨着全球經濟一體化進程，這種合作或兼併的浪潮也愈翻愈大。在時代與經濟的循環中，本土金融機構有些經不起經濟風浪倒下，有些被強大的對手兼併了。由「本地銀行與外資銀行數目的變化」圖表，我們可以略窺金融界的龍爭虎鬥。

表 5.4　**本地銀行與外資銀行數目的變化**

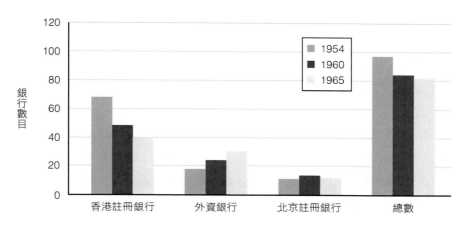

資料來源：馮邦彥：《香港金融業百年》（香港：三聯書店，2002 年）。

　　每家銀行的崛起和倒下都有它的故事，我們不能一一詳述，但有兩家較近代的本土大公司，卻不能不提。這兩家公司，其一是新鴻基銀行，其二是投資銀行百富勤。

　　新鴻基企業創辦於 1958 年，是由馮景禧、郭得勝及李兆基等三人聯合創辦。馮、郭、李三人早前已有合辦永業企業的經歷，在商場中有「三劍俠」之稱。新鴻基創辦之初，本包括地產業務以及證券業務。1969 年起，馮逐漸脫離新鴻基企業，自行向證券業發展。至 1972 年，「三劍俠」分道揚鑣，郭得勝領導新鴻基地產上市；馮景禧領導新鴻基證券（簡稱「新證」）；而李兆基則另創恒基兆業公司（即恒基）。

　　三間公司分立後，各自發展。新證創辦初期只有 6 名員工，1970 年代初期正值股市大牛市，新證遂於 1975 年收購華昌地產，成功變身上市。新證員工亦急劇增至 280 人，馮景禧及新證一時聲名大噪。1981 年，恒基也招股上市。

1973 年股災後，馮全力將新證旗下的新鴻基財務（簡稱「新財」），向財務及商人銀行業務發展。1979 年，新財從新證分拆出來上市。1982 年新財獲港府頒發銀行牌照，易名新鴻基銀行（簡稱「新銀」）為首家由接受存款公司升格為銀行的本土金融機構，在港曾有 14 間分行。

馮有特別的領導才能，旗下公司全盛時，曾聘請多名有能力之士協助，如陳祖澤、蘇澤光、周文耀、周安橋等全是後來獨當一面的才俊。在經營策略上，馮對證券業經營見解亦相當獨到。當別的公司把重心放在大客戶身上時，新證積極推動散戶及小戶服務，此法被馮稱為「漁翁散網法」。他旗下的公司聚集大量小戶後，市場影響力逐漸增大，其交易量竟佔全港總數的四分之一，馮也因此成了證券業的「大哥大」。而且，為了幫助客戶了解市場訊息，新鴻基公司成為香港唯一一家免費提供中文調查資料的經紀行。馮總結自己的做法為「證券銀行化」，以銀行吸引大眾存款的手法來從事證券業。

1983 年，馮將業務重組，成立新鴻基有限公司，作為新證及新銀的控股公司，集團業務主要包括銀行、證券、金融股務、地產、貿易及中國投資等，並於香港聯合交易所上市。當時馮擁有約 40% 股權，並先後獲法國百利達集團（Banque Paribas）及美國美林證券（Merrill Lynch）入股，兩大集團分別持有 20% 的股權，作為策略性股東，以共同發展「跨國金融超級市場」。而馮本人亦入股美林，成為最大個人股東。馮景禧與美林的合作，可說是非常順利，雙方只用 45 分鐘即達成合作協議，馮本人稱「45 分鐘架起一座洲際大橋」。出身於普通家庭的馮景禧，1938 年以 16 歲之齡來港當船廠小工，經過多年奮鬥，終成金融鉅子。旗下新證、新財及新銀均被視作本土金融界的少林寺。

然而，新鴻基公司雖有外資支持，卻敗於 1980 年代的地產狂潮。新銀曾於發展高峰時，動用股東資金的 70% 購買總行大廈，後來香港地產崩潰，並觸發銀行危機。1983 年 10 月，銀行出現擠提，新銀一時資金不足，導致存款流失，外資遂趁機增股至 51%。

1985 年，新銀被中東阿拉伯銀行收購，易名港基銀行。失去銀行後，1996 年 6 月，其子馮永祥又將馮家所持新鴻基公司的 33.18% 控股權，售予李明治的聯合地產，從而結束了馮氏在港叱吒風雲的一頁。易手後的新鴻基公司，現在仍活躍於香港證券界，由李明治之子主理。至於港基銀行，則再度易手，現由台資富邦集團擁有，並易名為富邦銀行。

另一家金融機構百富勤投資（Peregrine Investments Holdings Limited）則由梁伯韜與其來自英國的舊上司杜輝廉（Philip Tose）於 1988 年合資創辦。「百富勤」取意為「百富唯勤」，而英文名 Peregrine 意為獵鷹，追求獵物。梁與杜本來共事於萬國寶通銀行（後改名為花旗銀行），曾一起處理過不少投資銀行的大買賣，因此與香港的大家族及大企業頗為熟識。為此，公司創立時，得到不少華人富豪如李嘉誠、榮智健、胡應湘和香植球等人的注資支持。有此龐大而穩健的生意網路，公司業務規模在成立不久即急劇擴大。1989 年，百富勤收購廣生行；1990 年，收購泰盛發展並借殼上市。

百富勤主要活躍於投資銀行界，尤擅長收購合併及保薦上市。百富勤的崛起有特殊的背景與意義。1970 年代香港證券及投資銀行業務大多由英資壟斷，例如滙豐的獲多利、怡和的怡富及寶源等。至 1980 年代，美資大行包括美林及萬國寶通等透過附屬公司唯高達在港大展手腳。直至 1990 年開始，部分外資因大行在港的業務收縮，百富勤乘勢崛起，它打破外資行獨大之局，集團以華資背景，積極收購華資及國企，經營合併、集資、上市等業務，相當活躍。當時，它取得不少

國企來港上市的業務，包括上海石化、上海實業等，而梁伯韜亦被稱為「紅籌之父」。

1991 年，百富勤躋身香港十大證券公司之列。1995 年年底，百富勤市值達 63.76 億，遠超資深的新證（市值 21.44 億），為亞洲大行之一。從 1988 年創立，至 1997 年金融風暴前，在短短的十年間，百富勤已擁有資產 241 億，員工 1,750 人、分支遍佈全球 28 個國家（大部分在亞洲），成為最大的華資證券行（投資銀行），梁及杜也曾雄心勃勃地希望將集團發展成為中國的高盛、摩根士丹利或美林。

1990 年代中後期起，百富勤開始推出包銷債券及金融衍生工具等業務。但因擴張太快，配套管理並未完善，其在東南亞國家的分支管理混亂。1997 年 7 月，亞洲金融風暴爆發，百富勤的坐盤資產損失嚴重。為渡過危機，百富勤隨即引進蘇黎世集團（Zurich Centre Investments, ZCI）作為策略性股東。蘇黎世集團承諾以 2 億美元買入百富勤優先股，條件是要對百富勤的營運及資產債務等調查感到滿意。其後，百富勤準備以相同條件向美國第一芝加哥銀行再籌 2,500 萬美元。

資金稍有眉目，不幸之事卻接踵而來。由於金融危機在印尼惡化，導致印尼盾大幅貶值。1997 年年中，2,500 盾就可以兌換 1 美元，到了 10 月，已跌至 3,500 盾方可兌 1 美元。情況繼續惡化，1998 年 1 月，印尼信貸評級被降至垃圾級別，結果印尼盾急挫至 11,000 兌 1 美元。百富勤在印尼有巨額投資及發債擔保，印尼盾的貶值使百富勤陷入困局。蘇黎世集團與芝加哥銀行見此遂退出注資行動，而聯交所亦停其會籍，禁止它進行買賣。1998 年 1 月，百富勤宣佈清盤，港府委任獨立委員會調查清盤。最後，法國巴黎銀行購入其業務，並重組成法國巴黎百富勤。至於梁伯韜本人，在百富勤倒閉後，創立佑星資本。2010 年 2 月，梁伯韜成為了經營動漫產業的「意馬國

際」的大股東，又出任大中華區主席的私募基金 CVC（CVC Capital Partners），入股新鴻基公司。

　　1997 年金融風暴後，除了百富勤倒下，尚有其他中小形證券行逃不過這巨浪。全球金融機構走向國際化，大資本兼併小資本是不可抗拒的趨勢，本土金融機構多被兼併。但作為國際金融中心，香港卻沒有一個本土華人的投資銀行，甚至除了東亞外，也沒什麼實力強大的本土華資銀行。

金融監管的演變

　　金融在現代經濟體系中扮演至關重要的角色，因金融動盪而導致民生經濟大受影響的情況，比比皆是，2008 年「雷曼兄弟」事件就是其中之一。但金融機構往往施行自利行為，為此需要政府介入，對金融機構以及金融交易行為進行有效監管，方能保證金融市場的穩定。

　　在很多先進的金融體系中，政府往往委派中央銀行充當監管角色。據研究顯示，首家中央銀行始於十九世紀的英倫銀行（Bank of England）。英倫銀行為當時英國最大的銀行，且與政府關係密切，它常被政府要求拯救有困難的銀行，縱然有時候不樂意實行某些拯救行為，也必須按照政府的意願行事。英國週報《經濟學人》（The Economist）編輯 Walter Bagehot 曾指出，充當最後貸款人（Lender of last resort）是中央銀行的主要職責之一，當陷入困境的金融機構無法以任何其他方式籌措資金時，央行有責任向其發放貸款，助其渡過暫時的融資困難，而為防止濫用，通常會對受援助金融機構收取懲罰性的高息。就這個意義來說，當時的英倫銀行名義上雖然非正式的中央銀行，但實質上卻已發揮中央銀行的作用。

　　1842 年香港初開埠，由於與廣州貿易密切，首任港督砵甸乍宣佈香港貨幣的暫時使用法，確認香港及廣州一直流行的外國銀幣、中國銅錢、銀元等貨幣。既然貨幣不統一，也就沒有獨享發鈔權的中央銀行，更無金融監管機構。

　　港府真正踏出金融監管的第一步，要等到 20 世紀 30 年代。當時，因世界經濟大蕭條，先是美國於 1933 年放棄金本位，接着中國也於 1935 年宣佈放棄銀本位，五天後，港府亦隨之廢除銀本位，改立《外匯基金條例》（Exchange Fund Ordinance）。條例規定，外匯基金持有沽白銀所得之英鎊以支持港元，仿效其他殖民地貨幣發行局，通過負債證明書授權銀行發鈔。1939 年香港跟隨英國實施外匯管制，港府將所有銀行分為兩類：授權外匯銀行（Authorized Exchange Bank）及非授權外匯銀行（Non-Authorized Exchange Bank）。自此，授權外匯銀行要向外匯統制處申報官價買賣後的結餘，這就是香港金融監管的初階。

　　儘管如此，金融監管的發展還是趕不上香港金融業的發展。1947年，香港已經擁有 250 個提供銀行服務的機構，包括 14 家歐洲及美國銀行、32 家中國商業銀行、120 家本土銀行、76 家找換店，以及 20家包括保險公司在內的其他金融機構。當時經濟、政治時局不穩定，有些金融機構趁機借此謀取利潤，這些因素遂刺激政府推動正式的金融監管。1948 年，港府頒佈第一部《銀行業條例》，當時，在財政司之下有銀行監理專員負責監管及發牌。條例對何謂銀行的界定非常籠統寬泛，也沒有保證金規定，甚至沒有要求相關機構發表或者編制完整的財務報表。

　　1960 年代初期，有較大規模的銀行擠提風潮，港府委託顧問，檢討銀行制度及重訂條例。1964 年，《利率協議》正式實施，並通過修訂的《銀行業條例》。

1965 年，明德銀號被擠提至破產，此股擠提風潮衝擊其他華資銀行，引發恐慌。財政司郭伯偉於是指令銀行監理專員接管廣東信託商業銀行。數月後，擠提風潮再起，恒生受壓，被迫向滙豐出售 51% 之控股權，擠提潮得以平息。此次事件之後，港府停發銀行牌照。1966 年，按當時財政司指令，滙豐接管有餘銀行之舉，實際上帶有半央行的身份及使命。

制訂修改《銀行業條例》後，1974 年，港府頒佈《證券條例》及《保障投資者條例》，正式監管證券業。1976 年，又制定了《接受存款公司條例》。

1978 年，港府成立外匯基金管理部（Exchange Fund Division），隸屬布政司署轄下的金融事務科。同年，港府重新向外資銀行發牌。

1981 年，港府成立香港銀行公會，取代外匯銀行公會，並修訂《銀行業條例》，建立金融業三級制，該制度於 1983 年 7 月 1 日正式實施。

1983 年，中英談判氣氛緊張，港元跌至 9.6 兌 1 美元，信心危機導致銀行發生擠提，港府接管恒隆銀行。1989 年，政府將恒隆銀行轉售予國浩集團，並於同年 8 月 17 日實行港元聯繫匯率制度。1985 年港府接管海外信託銀行，1993 年又再次將之轉售予國浩集團。

1991 年，香港外匯基金管理局成立。1992 年，港府設立流動資金調節機制，並推行中央結算系統。

1993 年，港府把外匯基金管理局及銀行業監理處合併，成立金融管理局（簡稱「金管局」）。金管局總裁及金管局對財政司司長負責，主要功能是保持香港貨幣金融體系的穩定、監管銀行業以及管理外匯基金。

金管局成立之後，便制定了一系列的措施，監管和推動香港金融市場。1994 年 12 月，金融管理局制定《金融衍生工具風險管理指引》。1995 年，金管局和香港銀行公會成立香港銀行同業結算有限公司，屬私營公司。結算公司為香港所有銀行提供銀行同業結算及交收服務，並代表金管局管理公營和私營機構債券的中央結算及交收系統。1996 年，金管局建立即時支付系統（Real Time Gross Settlement System, RTGS）。

1990 年代的港府正積極發展債券市場，於 1997 年 3 月成立香港按揭證券公司。由港府通過外匯基金全資擁有，旨在透過可靠的流動資金，穩定銀行業，從而降低銀行在按揭貸款時可能引起的資產集中風險及流動資金短缺風險。

1997 年 10 月 20 日，對沖基金衝擊港元聯繫匯率制度。10 月 23 日，香港銀行同業拆息曾攀上 280% 的歷史性水準。1998 年 8 月 14 日，港府入市干預匯市、股市及期指，打擊「大鱷」，擊退以索羅斯為首的對衝基金，保住香港的金融穩定。1998 年 9 月推行強制性公積金計劃。2000 年銀行公會撤銷《利率協議》中 7 天以下定期存款利率的上限。2001 年銀行公會全面撤銷《利率協議》，港元利率全面市場化。

2000 年，按揭證券公司推出按揭保險的新產品，提供按揭成數高達九成的貸款。2001 年，金管局發出指引，不反對銀行對負資產按揭偏離七成上限。2003 年，金管局就銀行進行證券業務發出指引。同年，財政司及金管局總裁交換信件，列明職能與責任的分配及香港的貨幣政策。2006 年，存款保障計劃開始提供保障，規定存款人存放於計劃成員的合資格存款將獲得最高十萬元的保障。2007 年，金管局發行十元塑質鈔票，及負責首批人民幣債券在香港推出。2008 年，

香港銀行公會及接受存款公司公會聯合公佈推出經修訂的《銀行營運守則》。

香港被確認為金融中心

一般認為，香港發展成為國際金融中心，是始於 1960 年代末。這個推論可以從多方面獲得證實。首先，很多國際銀行在戰後開始將注意力由歐美轉向亞太地區；與此同時，歐洲貨幣市場也積極向亞洲拓展。此外，亞太地區很多重要城市的證券市場也同時開始繁榮，刺激國際商業銀行的增長。當然，還有一點就是，中國內地也在這個時候開始尋求與西方的經濟往來，而若要選擇交流樞紐，香港實在是不二之選。天時地利俱備的情況下，香港慢慢確立國際金融中心的地位。

當然，香港金融業的國際化並非刻意造成。就香港銀行的發展而言，正如東亞銀行聯席行政總裁李民橋所指出，香港的銀行之所以如此發展，主要因應客戶的流向，逐漸開設分行提供服務，遂形成國際化規模。以東亞銀行為例，自其 1919 年在香港創辦後，次年就在上海開設分行，1921 年，又在越南西貢設立分行，1922 年開設廣州分行。不過，由於客源變遷問題，現在只有在港業務得以擴展。

東亞銀行如此，其他銀行亦然。大陸開放後，很多香港廠商遷入內地，香港的銀行亦隨之在內地開分行為客戶服務。1980 至 90 年代，很多港人移居北美、澳洲及英國，不少香港銀行趁此機遇，也紛紛到海外開設分行。2003 年，香港與內地珠三角城市簽訂《內地與香港關於建立更緊密經貿關係的安排》（CEPA），為香港銀行帶來新商機，由於可做區內貿易及金融生意，隨即有香港銀行在深圳開分行。這些例子無不顯示，香港銀行網絡是按客戶的流向及需求逐步擴充業務。

雖然，香港不刻意走國際化路線，但仍在國際金融市場上佔據了重要的一席。與倫敦、紐約、蘇黎世等這些既是國家級也是地區性的金融中心不同，香港在早期只是個殖民地城市，所以只能是地區性的金融中心。但香港擁有的得天獨厚的條件，背靠內地、聯通世界，讓其成為國際金融中心也是順利成章之事。

空間地理環境是香港能成為金融中心的重要條件之一。香港位於亞太中心點，配有方便的交通航運及電訊設備，吸引了國際大行匯集於此。同時，由於香港與世界其他金融中心的時差，還有靈活的工時，恰好填補了歐美地區收市後的時區空檔。而與內地的親近關係，更讓香港擁有強大的吸引力。

更重要的是，香港所實施的經濟政策，以及港府的經濟管制，營造了良好的營商環境。香港實施自由經濟政策，是個自由市場，沒有外匯管制，資金可自由出入。而快速流通，資本才能發揮效用，這點對成為國際金融中心具有非常重要的意義。在稅收方面，香港固然稱不上是稅務天堂，但港府素來實施簡單稅種及稅法，並維持相對低稅率，讓更多金融機構更願意在此拓展業務。

當然，擁有良好的環境與制度，還必須擁有優秀的人才，在此點上，香港受惠於獨特的歷史、文化條件，具有不可比擬的優勢。香港由於實行普通法（common law），司法透明度高，不容易引起糾紛；而開埠之後，中西文化薈萃，英語通行，加上飲食方式多姿多彩，外資機構及外籍僱員均樂於在此謀生，吸引了眾多世界各地的優秀人才。另一方面，香港人本身善於模仿並靈活創新，很多金融產品如銀團貸款（loan syndication）、項目融資（project finance）、租賃（leasing）、貨幣掉期（currency swap）、保理（factoring）、福費廷（forfaiting）、企業諮詢（併購）（corporate advice [M&A]）、信用卡（credit cards）、自動轉帳（auto-pay）、現鈔處理（cash-dispenser）及銀行管理公積金（bank-managed provident funds）等，均師承外國的

構想與技術。[4] 當年唐太宗通過科舉招攬人才，曾得意地說：「天下英雄盡入吾彀中矣」，意為所有的人才都為他服務，國家焉得不富強。同理，人才匯聚的香港，雖是彈丸之地，卻能成為國際金融中心，不足為奇。

成為國際金融中心當然並非香港自稱，而是多年來經多間國際大行的評估及排名。英國 Z/Yen 集團與中國（深圳）綜合開發研究院聯合發佈的新一期（2024 年 3 月）《全球金融中心指數》，顯示香港總排名為全球第 4 位，與上次持平。政府表示，報告明確肯定了香港全球領先金融中心的地位與實力。

香港也是亞洲的綠色金融樞紐。綠色科技及金融發展委員會委員羅寶文在接受媒體採訪時表示，香港有五大優勢，使其得以發展成為綠色科技及金融發展中心：

(1) 香港發行的綠債總額居亞洲第一：

(2) 中央及特區政府的大力支持；

(3) 香港的大學科研實力雄厚，能培育不少獨角獸企業；

(4) 香港法制健全，知識產權保障完善，吸引企業及人才聚集。[5]

事實上，內地要達致碳中和，市場保守估計未來 30 年，綠色投資需逾 100 萬億元人民幣，而香港在這方面可發揮巨大作用。2022 年，在香港發行的綠色和可持續總額達 805 億美元，除按年大幅增長逾 40% 之外，更佔亞洲區綠色和可持續債務總額的超過三分之一，居亞洲之冠。

4　Jao, Y. C. *The Rise of Hong Kong as a Financial Center*. Berkeley: University of California Press, 1950.

5　倪巍晨：〈建設金融強國 港擔當戰略支點〉，大公報，2024 年 5 月 22 日。

政府指，新冠疫情及緊張的地緣政治局勢持續帶來不確定性，並繼續影響各主要金融中心的整體評分。儘管如此，有賴香港穩健成熟的監管制度、嚴謹的系統性風險監察體制架構、龐大外匯基金支持的聯繫匯率制度，本港金融市場一直暢順運作。

同時，香港在「一國兩制」下擔當內地與世界各地溝通的橋樑的獨特角色，並擁有眾多制度優勢，包括高度開放和國際化的市場、穩健的基礎配套設施、與國際接軌的監管制度、法治體制、大量金融人才、全面的金融產品，以及資訊和資金自由流通等。這些競爭優勢持續鞏固香港作為全球領先的金融中心的地位。另外，過去一年多，香港社會恢復安全穩定，吸引更多全球各地的投資者營商和投資，進一步鞏固了香港國際金融中心地位。

政府續說，《國家十四五規劃綱要》明確支持強化香港作為全球離岸人民幣業務樞紐、國際資產管理中心和風險管理中心的功能，以及深化並擴大內地與香港金融市場的互聯互通。政府會繼續發揮香港的獨特優勢，加強香港通往內地和國際市場雙向門戶的橋樑角色，積極融入國家發展大局，把握粵港澳大灣區、前海發展和「一帶一路」倡議的龐大機遇；政府亦將全力確保粵港澳大灣區跨境理財通及債券通南向通順利推展，促進國家金融市場進一步對外開放，推動人民幣國際化。

令人鼓舞的另一項指標，是香港聯合交易所稱，2021 年香港全年新上市公司共 98 家，總集資額達 3,314 億元，在全球交易所中排名第四。中國的第 14 個五年計劃亦明確了香港的金融中心地位。我們有理由相信，只要香港繼續保持發揮優勢，憑藉穩固的經濟基礎及歷史積澱，不斷改進，香港作為國際金融中心的地位必然能夠穩固保持發展。

參 考 資 料

上海市銀行博物館、香港歷史博物館編：《從錢莊到現代銀行：滬港銀行業發展》，香港：
　　康樂及文化事務署，2007 年。

任志剛：〈香港國際金融中心地位〉，www.igef.cuhk.edu.hk/igef_media/people/the%20
　　status%20of%20hong%20kong%20as%20an%20international%20financial%20
　　centre%20chinese%20version.pdf，中大劉佐德全球經濟及金融研究所，2017 年 8
　　月 17 日。

香港華商銀行公會研究小組著、饒餘慶編：《香港銀行制度之現狀與前瞻》，香港：香港華
　　商銀行公會，1988 年。

香港證券及期貨事務監察委員會：《十載耕耘》，1999 年。

倪巍晨：〈建設金融強國 港擔當戰略支點〉，大公報，2024 年 5 月 22 日。

梁伯韜：〈告別投行 轉戰不同範疇〉，《信報》金融經濟，2010 年 2 月 19 日。

馮邦彥：《香港金融業百年》，香港：三聯書店，2002 年。

鄭宏泰、黃紹倫：《香港股史 1841–1997》，香港：三聯書店，2006 年。

謝國生、何敏淙：〈力保國際地位 拒成金融遺址〉，《信報》，2024 年 1 月 17 日。

Jao, Y. C. *The Rise of Hong Kong as a Financial Center.* Berkeley: University of California
　　Press, 1950.

Jao, Y. C. *Banking and Currency in Hong Kong: A Study of Postwar Financial Development*,
　　London: Macmillan, 1974.

Jao, Y. C. "Monetary Management in H.K. The Changing Role of Exchange Fund," *HKMA
　　Annual Reports 2009*, 2009.

Schenk, Catherine R. "Banking Groups in Hong Kong, 1945–65." *Asia Pacific Business
　　Review* 7, no. 2 (2000): 129–154.

Schenk, Catherine R. "Banks and the Emergence of Hong Kong as an International
　　Financial Center." *Journal of international financial markets, institutions & money* 12,
　　no. 4 (2002): 321–340.

第六章

台灣的金融業發展

研究背景及台灣的歷史

若稍為留心世界經濟發展形勢，會發現有一個詞出現得特別頻繁，這個詞就是「大中華地區」（Greater China）。這個詞一開始其實是跨國公司為了方便管理，於是對業務區域進行劃分，遂把包括中國大陸、台灣、香港、澳門定義為「大中華地區」。由於經濟相連、文化相似，這四個地區構成了一個經濟文化綜合體。

事實上，許多國際性經濟分析與國外大銀行進行大陸、香港和台灣的金融研究時，都把兩岸三地作為一個整體來看待。相信隨着大中華地區經濟愈來愈融合為整體，這種分析模式將作為一種範式。要了解中國的銀行發展，台灣金融史是不可或缺的一章。

本書特列專章講述台灣的銀行業，除此原因外，尚有其他三個原因：

首先，海峽兩岸自古便是一個統一的整體，台灣是中國的一部分，因此，研究中國的所有問題，缺少了台灣部分的內容，這研究肯定是不完整的，此其一也。

其次，國民黨敗退台灣以後，大陸實行社會主義制度，並於 1978 年開始從計劃經濟轉向市場經濟，其中金融制度和銀行制度多有變遷。而台灣實行資本主義，堅持市場經濟，但公營企業膨脹，當中亦多有管制，銀行體制也呈現出不斷變化的動態特徵，研究台灣銀行發展過程，並和大陸發展相比較，可以洞察不同制度對銀行發展影響之差異，也可為大陸銀行未來改革和發展提供諸多借鑒，此其二也。

最後，隨着經濟及金融全球化，尤其是金融和貿易區域一體化的快速發展，愈來愈需要在一個更大的視角和環境下審視，方能明晰未來銀行業發展趨勢。對於大中華銀行業來說，隨着大陸、香港、台灣三地的貿易、金融聯繫愈來愈緊密，聯動性愈來愈高，三地的銀行業

融合也將逐步加強，但具體採取什麼樣的方式、當中會出現什麼樣的問題和阻礙等方面，則需要諳熟三地銀行業的各自發展過程和特徵，才能合理分析和預測，此其三也。

在了解台灣的金融史之前，我們不妨先就台灣歷史略作闡述。

提到台灣，大家總會想到鄭成功收復台灣，這事發生在明朝。不過台灣並非這時才歸屬中國，追溯歷史可知，台灣自古以來就是中國的領土。早在南宋，已開始有漢人在澎湖開墾。宋孝宗乾道七年（1171年），正式駐兵澎湖，隸屬閩南晉江縣。明世宗嘉靖四十二年（1563年），鑒於沿海治安因素，遂在台灣設置澎湖巡檢司，直至1622年荷蘭東印度公司佔領澎湖，該官職才被停止。荷蘭人佔據澎湖，主要是希望以台灣作為東亞貿易的轉口基地。1624年，明朝福建巡撫派兵進攻澎湖，取得勝利，將荷蘭勢力驅逐出澎湖，收復了澎湖列島，荷蘭人移至台灣島。

台灣雖然是蕞爾小島，卻物產豐饒。據說在15世紀，葡萄牙人北上日本經過台灣時，發現這個地方山色蓊鬱，景色怡人，不禁用葡萄牙語大叫一句「Ilha Formosa」，這句話的意思是「美麗的島」，現在英文 Formosa 一詞遂成為「台灣」的專有稱呼。這麼美麗的島嶼，又具有重要的戰略意義，所以西班牙曾與荷蘭搶奪台灣的統治權，並一度佔領台灣十幾年，只是最終又被荷蘭驅逐出去。

荷蘭佔據台灣後，在島上設立商館、發展農業，終於讓台灣據點成為當時荷蘭東印度公司亞洲據點的第二名，並成為荷蘭對中國、日本、朝鮮半島與南洋貿易據點的樞紐。

不過總體而言，荷蘭人的統治並不太得民心。由於苛徵與限制，台灣曾發生兩次原住民對荷蘭的大型反抗。1661年，由鄭成功所領導的鄭軍圍攻熱蘭遮城，1662年2月荷蘭人接受條件開城投降，結束對台灣統治。

　　熱蘭遮（Zeelandia）本是荷蘭一個省的名稱，荷蘭人佔據台灣時建城統治當地，以故土名稱命之，後改稱「安平成」、「台灣城」，是台灣最古老的城堡。這座城堡是荷蘭人統治台灣和對外貿易的總樞紐，後來成為鄭氏王朝三代的居城。古堡現在也可供遊人參觀，並獲選為台灣八景之一。

　　鄭成功收復台灣後，在此建立第一個漢族政權，史稱「明鄭時期」。不幸半年後，因不服當地濕熱水土，加之其他原因，鄭成功急病而亡。其子鄭經在將軍陳永華的輔佐下，統治了台灣二十幾年。此陳永華，就是金庸小說《鹿鼎記》中大名鼎鼎威震武林的天地會總舵主陳近南的原型。小說多有杜撰，但他在台灣積極提倡文教，並且相當「國際化」地發展國際貿易，使台灣維持自荷蘭以來遠東商品集散地的角色。

　　陳將軍去世沒多久，鄭成功的孫子鄭克塽就在 1683 年被迫投降。台灣被劃入大清帝國的版圖，成為「千古一帝」康熙的統轄之地，歸福建行省管轄。收復台灣的將軍是施琅，與鄭成功同屬福建泉州人士。而在此後清朝統治台灣的兩百多年期間，大量閩粵人士，冒險衝破清廷對海峽兩岸交通的嚴格管制，渡過「黑水溝」（即指台灣海峽波濤之險），到台灣尋找生存的新天地。

　　不過，總體而言，在清朝時期，台灣的重要戰略地位並沒有受到充分重視。但「福爾摩沙」的魅力卻引起西方各國的垂涎。1855 年美國威廉安遜公司取得台灣通商特權。1860 年第二次鴉片戰爭期間，清廷被迫開放台灣為通商口岸，發展出安平、淡水、基隆及高雄四大港口，台灣因海洋島嶼的特殊地位，躍上國際舞台，世界各國紛紛來台設立商行，處理貿易事務。

　　新興的東方國家日本也不落人後，對台灣虎視眈眈。1874 年，日本藉口出兵到台灣屏東，遭到原住民英勇抵抗。後來清政府出面處

理，竟然不追究日本的責任，反而賠銀 50 萬兩，實際上等於默認澎湖為日本領土。

此事件固然暴露出清政府的短視與無能，卻也終於讓清政府意識到台灣的重要戰略地位，於是清政府讓台灣設省，派劉銘傳擔任第一任台灣巡撫。高瞻遠矚的劉銘傳在短短六年的任期內，積極推動台灣的近代化，建置電力系統、郵政、鐵路，台灣搖身成為全中國最現代化的一個省。

1894 年，日本捲土重來，發動中日甲午戰爭。清軍大敗，被迫簽訂《馬關條約》，割讓台灣島及所有附屬各島嶼、澎湖列島和遼東半島給日本，從此台灣進入長達半個世紀的日據時期。

台灣在日本統治下，經歷了殖民地化與近代化的雙重歷史過程。當時的日本經過「明治維新」，已經率先成為東方最「文明開化」的國家，故台灣在日本的殖民統治下，曾有放足斷髮運動，即女性不再裹腳，男性不再留辮髮。教育有一定程度的發展，經濟也走向工業化。不過日本也強力實行殖民統治，禁止台灣人講台語，一律要說日本話，改用日本姓氏，並且朝拜天皇。另外，還派台灣婦女到戰爭前線當看護婦，徵召台灣人當兵，以及教導小孩子如何打仗。

經濟方面，日本在台灣主要發展農業經濟，因為台灣的農產品和原材料可以滿足日本經濟發展所需，同時台灣也成為其軍需品、兵員補給的基地。第一次世界大戰（1914 年 – 1918 年）前後，由於日本國內資本主義飛速發展，資金充裕，急求出路，於是日本有大型株式會社到台灣發展製糖業，產品除輸回日本外，也供應國際市場。第二次世界大戰（1939 年 – 1945 年）前後，日本對外進行武力擴張，台灣遂成了日本的軍事後勤基地，軍需工業繁榮蓬勃。

1945 年，第二次世界大戰結束，戰敗的日本投降，中華民國重新接收台灣，並設立「台灣省行政長官公署」。

日本末代台灣總督安藤利吉在降書上簽字，陳儀以中國台灣省行政長官的身份代表中國
戰區最高統帥受降。後來，在戰犯審判中，安藤利吉被中國軍事法庭確認為戰犯而關押於
上海監獄。1946年4月19年，他寫下遺書後服毒自殺。安藤是陸軍大將，是在中國境內
自絕斃命的日軍最高將領。

1945 年 10 月 25 日，中國戰區台灣省受降典禮於台北市公會堂（今中山堂）舉行，中國將領在受降典禮後在彩牌下合影留念。

　　1949 年，因國共內戰戰敗，蔣介石率中華民國政府遷往台灣。從此台灣和大陸便隔海相望，兩岸分別由國民黨及共產黨統治，經濟策略也因兩黨的統治而不同。蔣介石遷台後一直執政，經台灣國民大會選舉為總統，數度連任至 1975 年病逝，享壽 89 歲。蔣介石去世後，台灣總統由嚴家淦短期過渡，其後歷任為蔣經國、李登輝、陳水扁、馬英九、蔡英文，以及現任總統賴清德。

　　在繼位的歷任領導人中，唯有蔣經國是蔣家人。蔣經國是蔣介石與原配妻子毛福梅所生，曾於蘇聯莫斯科中山大學留學，與中共領導人鄧小平成為同學。蔣經國於 1927 年以優異成績畢業，且一度正式加入蘇聯共產黨。在蘇聯期間，因國共關係惡化，蔣經國遭蘇聯領導人史達林扣留當人質，並被下放至西伯利亞，期間與白俄羅斯姑娘礦產女工芬娜（後改名蔣方良）結婚。在蘇聯生活了 12 年後，蔣經國終於在抗戰前夕獲准回國。

　　回國後的蔣經國曾為蔣介石的助手，第三章我們講述國民黨在上海改革金圓券時，曾提及蔣經國在上海灘「打老虎」的事蹟。當時蔣經國曾查封孔祥熙之子孔令侃的公司，希望通過「殺雞儆猴」，打擊投資炒作的金融大鱷，但在宋美齡的壓力下，蔣介石逼令放人。後來蔣經國在台執政時，對孔宋家族的成員一律拒絕往來，更不准孔宋家族牽涉任何官職與政治活動。

　　蔣經國赴台後，曾擔任行政院院長，任內台灣經濟發展迅速，成為「亞洲四小龍」之一。擔任總統後，大量起用台灣本省籍官員，積極推行本土化政策，晚年更逐步開始民主改革。蔣經國較關心基層民眾的生活，據報導，他每年親自下鄉走訪超過 200 次。同時也很注重偏遠鄉村建設，落實水電及基礎醫療衛生建設。由於作風親民，蔣經國深受台灣民眾的好評，迄今為止，在對以往幾位台灣領導人的民調中，他仍是最受台灣民眾肯定的一位。

國民黨遷台時的金融業

上文提過，日本在台灣的統治是為本國政治、經濟服務的，所以日據時期，日本政府主要發展農產品及農產品加工，另外也利用當地人民的無償勞役修築城鎮、公路及海港。

貨幣方面，日據期間台灣境內流通的主要貨幣是台灣銀行券。台灣銀行券的實際使用期限約從 1900 至 1945 年，由台灣銀行發行。1897 年，即日本統治台灣兩年後，日本國會通過《台灣銀行法》，並成立台灣銀行創立委員會，籌備創立台灣銀行。1899 年，日本政府認購台灣銀行股份，正式成立「株式會社台灣銀行」，並發行台灣銀行券為法定貨幣。除台灣銀行券外，抗日戰爭爆發前和戰時，日元與之等值，可交替使用。日據時期，當局成立了信用合作社及銀行，包括台灣儲蓄銀行（1899 年）、嘉義銀行（1905 年）、台灣商工銀行（1910 年）、新高銀行（1916 年）等。

1945 年，日本戰敗，遂將台灣和澎湖交還給國民政府。國民政府行政院決定台灣暫時不使用法幣及金圓券，而是另外由中央銀行監督台灣銀行發行台幣。由於 1949 年國民黨正式在台建立政權後，又重新發行台幣，稱「新台幣」，即現今台灣使用之貨幣，故 49 年之前所發行的台幣又稱「舊台幣」。舊台幣被定位為過渡時期的貨幣，與日據政府的台幣進行一比一兌換。國民黨軍隊進駐台灣時，中央銀行派員隨軍出發，每進駐一重要地區，中央銀行就設辦事處及辦理新幣換舊幣。當時的國民政府財政部指派「四行二局」，即中央銀行、中國銀行、交通銀行、中國農民銀行、郵政儲金滙業局和中央信託局會同台灣省政府，組成台灣金融委員會，負責台灣金融事宜。

光復後的台灣作為中國的一個省，本來應該與大陸一致，使用法幣及金圓券的，舊台幣本擬定充當過渡時期的貨幣。然而，經過八年

抗戰，當時國民政府的財政已處於崩潰邊緣，全靠濫發法幣來彌補支出，引發了非常嚴重的通貨膨脹。為此，當時新任命的台灣行政長官陳儀在赴台上任前見蔣介石，要求四大銀行暫時不插足台灣，台灣的金融仍由原來的台灣銀行管理，免得大陸的通貨膨脹蔓延至台灣。蔣同意了此提議，但中央銀行認為接管台灣金融不容他人干預。最後，經行政院院長宋子文召開會議，議決讓台灣銀行自理，央行只派員監管其業務。

於是舊台幣遂成為台灣的法定貨幣。而正是台灣形成獨立貨幣體系，阻止了國內法幣的流入，使台灣避免了因法幣泛濫所導致的惡性通貨膨脹，保存了台灣經濟發展的元氣。

不過，台灣雖然逃過了法幣的衝擊，但為了戰後重建和大量的企業貸款，在資金及存款不足的情況下，台灣銀行走了大陸國民政府的老路，大肆發鈔。當時銀行的普遍規則是，發鈔準備金應不少於40%，另加保證金不超過60%，但當年台灣銀行發行台幣時，準備金不足，而保證金大都為無法兌現的公營事業的股票，結果加速了台幣的貶值和崩潰。經濟崩潰，生活困難，加上政治腐敗，又遇上自然大災害，以產米著稱的台灣竟發生米荒，民不聊生，怨聲載道，台灣統治危機四伏，終於在 1947 年爆發了所謂的「二二八事件」。

1948 年，受上海金融危機牽累，舊台幣幣值更是大幅貶值，造成台灣物價水準急劇上揚，引爆經濟危機。而本來面值為 1 元、5 元、10 元的舊台幣，更是飛漲到面值 10 萬元、甚至 100 萬元。

1948 至 1949 年，國民黨退居台灣後，為恢復經濟秩序，實行貨幣改革。在 1949 年 6 月 15 日，蔣介石以帶去的 80 萬兩黃金和 1,000 萬美元外匯為基礎，發行新台幣，訂明 40,000 元舊台幣兌換 1 元新台幣，舊台幣被淘汰。自貨幣改制並配合其他措施後，台灣通貨膨脹才得到有效的控制。

台灣銀行發行的十元舊台幣（中華民國三十五年印）

台灣銀行的十萬元本票（在上海印製）

除了貨幣的沿革，國民黨自台灣光復（1945 年 10 月 31 日）之後，也對金融機構進行接管及改革。從 1945 至 1949 年，可稱為金融機構的改組階段，主要是國民政府改組日據時期金融機構。日據時期留下的金融機構包括台灣銀行、彰化銀行、第一銀行、華南銀行、土地銀行、合作金庫、台灣中小企業銀行等一般所稱的「省屬七行庫」及若干家信用合作社和農漁會信用部。到日本戰敗投降前，台灣地區銀行的總分支機構有 206 個，以當時 500 餘萬人口計算，大約每 2 萬多人就有 1 家銀行（總行或分行）的服務。[1]

國民黨對金融機構的接收改組工作從台灣銀行開始，上述「省屬七行庫」的日本人股份被政府接收，股權均超過 50%，全部成為公營銀行，其他包括三和銀行、台灣儲蓄銀行、土地銀行、勸業銀行等銀行也相繼被接收改組。除銀行之外，其他金融機構諸如信託會社、信用組合、產業金庫及無盡會社等，也被改組接收，其中最大的信託社「台灣信託株式會社」於 1947 年被改組併入華南銀行，成為該行信託部。

從台灣光復算起，金融機構清理、接收、改組的工作，歷時約 1 年 7 個月。其中有些維持了原本的公司組織，而有些則由公司組織轉為非公司組織。對日據時期的金融機構的改組，構成了國民黨遷台後金融運作的實際起點，決定後來台灣地區的金融發展。其中，由日據時期台灣銀行、台灣儲蓄銀行、日本三和銀行改組而來的台灣銀行，在相當長的時期內處於「銀行的銀行」地位，是金融政策的指導者，為台灣經濟的恢復發揮了不可估量的作用。

從 1950 至 1959 年，改組後的台灣金融業基本上進入了維持穩定階段。在此期間，內地金融機構雖已遷台，但除中央信託局外，其餘

1　黃天麟：《金融市場》（台北：三民書局，1989 年），頁 32。轉引自柴榮：〈日本金融法律體制在台灣地區的影響〉，《河南社會科學》第 14 期（2006 年），頁 93–96。

一律停止營業，而且此後十餘年沒有新銀行，台灣金融業由接收改組後的日據時期金融機構在實際運作。[2]

總結而言，此時期的台灣金融業，無論是制度還是理念，在很大程度上沿襲日據時期，建立了由政府依法監管金融市場的模式，政府主導並直接領導金融市場，同時承擔風險，甚至是商業銀行或證券公司破產的最後責任者。

台灣開放金融業

如前所述，國民黨政府在撤退到台灣的前十年，對金融管制還是相當嚴格，甚至在十年間沒有開設新銀行。

1960 年代，一些工業化國家及地區的勞動力成本增高，工業紛紛轉向具備一定工業基礎且勞動力成本相對低廉的地區。台灣抓住這個機遇，發展出口加工業，經濟開始騰飛，1963 年，工業佔台灣國民經濟中的比重已逐漸超過農業。此後直到 1973 年第一次石油危機，台灣長期保持年均兩位數以上的經濟增長率。

隨着經濟的復蘇與增長，改革金融業的呼聲也開始出現。於是，從 1960 至 1983 年，台灣金融業進入發展階段。其實從 1950 年代末開始，為配合經濟的快速發展，台灣已經開始放寬開設銀行的限制。

改革的第一步，是讓內地遷台的金融機構恢復營業。國民黨撤到台灣之後，除了中央銀行外，還包括曾在大陸金融市場具主導地位的

2　史全生、費曉明：〈光復初期關於台灣幣制的爭論和台幣的發行〉，《民國檔案》第一期（2001 年），頁 95–100；劉雲：〈台灣金融體系的自由化進程〉，《中國金融》第四期（2004 年）；柴榮：〈日本金融法律體制在台灣地區的影響〉，《河南社會科學》第 14 期（2006 年），頁 93–96。

「四行二局」，即中國銀行、交通銀行、中央銀行、中國農民銀行、中央信託局與郵政儲金滙業局。但是到達台灣之後，除了中央信託局外，這些金融機構一律不得營業。1960 年，中國銀行、交通銀行復業，1967 年，中國農民銀行也復業，三個機構均用原名復業；不過，1970 年代末，由於台灣被迫退出聯合國，為避免中國銀行海外資產發生爭議，台灣當局緊急將中國銀行改名為中國國際商業銀行，並且改制民營。至於中央銀行，在國民黨遷台之後，其業務曾多次委託給台灣銀行辦理。1958 年，台灣當局開始討論恢復建立中央銀行復業，後在蔣介石同意之下，於 1961 年 7 月 1 日正式於台北復業，履行中央銀行職能。

除「四行二局」的復業外，政府也配合政策需要，選擇性地核准少數銀行及信託投資公司等金融機構的設立。不過，總體而言，此時期政府對金融機構的態度仍是保守的。在 1991 年以前，政府原則上不允許新銀行的設立，直到 1990 年代，政府對銀行執照的限制才得以解決。

台灣金融業邁向自由化及國際化始於 1980 年代。此時，金融自由化已逐漸成為國際社會的風尚，台灣經濟既已轉為外向型經濟，其金融業必然也與國際經濟及金融密切相連。特別是隨着台灣貿易持續巨額順差，外匯存底不斷增多，國際市場要求台灣金融市場開放的壓力也不斷增大，於是台灣當局被動地採取金融自由化政策，逐步開放金融市場。

從 1984 年起，台灣的中央銀行逐步開放金融牌照的審批，同時鼓勵本土金融機構設立海外分支，也放寬外國銀行到台及其業務的限制，商業銀行、保險公司、證券公司和期貨公司迅速增加。1991 至 1992 年期間，政府核准 16 家新銀行設立並開始營運，同時也核准信託投資公司、大型信用合作社及中小企業銀行可申請改制為商業銀

行，商業銀行數目倍增。截至 2003 年 12 月底，本土一般銀行及中小企業銀行共計 50 家，外國銀行在台分行共計 36 家。

除了金融機構設立限制的放寬，政府也放寬了利率及外匯的管制。在銀行利率方面，政府逐步撤除銀行存放款利率管制。在 1975 至 1981 年期間，台灣銀行可更靈活地釐訂貸款息率，並成立同業拆借市場。1989 年，台灣修訂銀行法，一方面使銀行利率完全自由化，另一方面允許民營銀行的設立，開放金融市場給新的競爭者加入。外匯方面，自外匯市場在 1978 年由固定匯率制度改為機動匯率制度後；1987 年 7 月通過的《管理外匯條例》則大幅放寬資本管制及解除經常帳的外匯管制；1989 年更成立美元拆款市場，供台灣金融機構調整外匯部位。

在推行金融自由化及國際化的同時，從 2000 年開始，台灣民進黨政府便着手改革金融制度，通過了一系列金融綜合經營的法律法規，包括 2001 年 6 月 27 日通過的《金融控股公司法》，使銀行朝經營綜合化的方向發展。特別是實行金融控股公司制度後，台灣掀起了金融合併重組浪潮。短短兩年內就成立了富邦金控、華南金控、建華金控、開泰金控、中信金控、日盛金控、國票金控、第一金控、新光金控、兆豐金控等控股公司。2002 年，「四行」中的交通銀行、中國國際商業銀行（即本來的中國銀行）先後併入兆豐金融控股股份有限公司，並更換名稱；2006 年，中國農民銀行與合作金庫商業銀行合併，變更為合作金庫商業銀行股份有限公司。2003 年，台灣資產總額前十名的集團企業中金控集團佔了八個。

台灣的金融控股公司可持有幾類子公司：

（1）核心金融機構例如銀行、保險公司、證券公司等；
（2）創業投資事業。

在行政主導下，每家金融控股公司都以某一核心企業為主體，再結合其他金融相關事業和創業投資實業。

台灣的金融控股公司法主要借鑒美國的做法。該法第 56 條規定，若控股公司之銀行子公司、保險子公司或證券子公司未達規定之最低資本充足比率，業務或財政狀況顯著惡化等，金融控股公司應在一定期間內，用該控股公司其他資產協助其恢復正常營運。

2004 至 2006 年，台灣民進黨政府進行了另一次金融改革，此次改革的目標是建立「大銀行」。這是因為當局認為台灣本土的銀行及金融機構普遍規模偏小，缺乏國際競爭力，且金融創新動力不足，與政府一貫宣傳的的國際化頗不相稱，故於 2004 年 10 月提出此改革目標。

這次金融改革遵循行政主導的改革邏輯，即政府在改革中居主導地位，對銀行業機構提出明確的、限時限量的要求。在組合「大銀行」的大前提下，政府所設的四大目標是：

（1）2005 年底促成 3 家金融機構市場佔有率 10% 以上；

（2）2005 年底前公股金融機構至少減為 6 家；

（3）2006 年底前台灣島內 14 家金融控股公司家數必須至少減半；

（4）2006 年底前至少促成一家金融機構由外資經營或在島外上市。

改革進展得頗為順利。在行政院主導下，2006 年，合作金庫銀行與中國農民銀行合併，台灣銀行與中央信託局合併，14 家公營銀行下降到 3 家，分別為台灣銀行、土地銀行和中國輸出入銀行，超額完成了金融改革所提出的「將公營銀行減少到 6 家」的目標。其中，台灣銀行與中央信託局的合併引人注目。這兩家都是公營機構，合併後銀

行總資產達 3 萬億新台幣（以總資產計在當時世界排名為 121 位），市場佔有率約 10.6%，存款市場佔有率約 11.37%，均超過 10%，總資本額為 530 億新台幣，大大地滿足了設立「大銀行」標準。

表 6.1　2006 年來外資銀行在台併購本地銀行情況

外資銀行	併購銀行	合併後分行數目	私募基金	併購銀行	合併後分行數目
花旗銀行	華豐銀行	66	SAC PCG	萬泰銀行	53
滙豐銀行	中華商銀	47	隆力資本	安泰銀行	53
渣打銀行	新竹商銀	88	凱雷	大眾銀行	53
荷蘭銀行	台東企銀	37	—	—	—

資料來源：趙媛媛：《台灣銀行業投資大陸市場研究》，廈門大學碩士學位論文，2009 年。

　　同時，為求國際化，政府甚至鼓勵外資銀行併購本土銀行。2006年，渣打銀行入主新竹國際商業銀行，首次實現本土銀行由大型外資銀行控股。之後，荷蘭銀行和花旗銀行也相繼兼併本土銀行，進入台灣銀行業市場。從某個程度上來說，政府吸引外資大型銀行入主本土銀行，除提升本土金融業的競爭力外，還可以借鑒外資大型銀行先進的管理理念、金融創新模式、風險管理手段等，提升台灣銀行業整體水準。這與大陸在國有銀行的股改上市及引入境外戰略投資者異曲同工；但另一方面，無疑的這會導致本土金融機構面對生存壓力。

　　台灣金融業的改革固然取得了一系列的成效，特別是實行金融市場自由化及國際化，使台灣金融業與國際金融業順利接軌。不過，改革過程中也不可避免地出現了一些問題，其中一個問題是因民營銀行急增所導致的擠兌危機。

　　1989 年前，台灣的銀行基本上是政府所有。1990 年底，台灣有公營銀行 13 家，當中 4 家屬台灣中央政府擁有，而民營銀行只有 4 家。1989 年，金融開放後，修正的銀行法大大放寬市場准入標準，取消

了設立新機構的限制，允許公營銀行私有化，也允許民間設立商業銀行。自此公營銀行和民營銀行兩者的數目有了很大的變化。在 1998 年底，公營銀行減至 9 家，當中依然有 4 家屬中央政府，但民營銀行則急增至 31 家。

由於民營銀行在資本實力、經營管理等方面或多或少存在不足，民營銀行的急增帶來了後患，出現了多次銀行擠兌（香港稱為擠提）。1995 年，台灣爆發了歷史上最大的區域性銀行危機——彰化四信擠兌事件；1999 年，板信銀行又因海山集團債務問題出現擠兌。結果在 2001 年，台灣建立金融重建基金，處理了 36 家經營不善的基層金融機構，2002 年又處理了 7 家。

按照世界上其他成熟金融市場的經驗，金融市場的開放應謹慎地按照特定順序推進，通常應先建立健全的金融監管機制，再逐步實行公營銀行民營化，最後開放市場，允許設立新的商業銀行。而台灣實施的步驟卻是先大批設立新銀行，大量的中小民營銀行和外資銀行的進入，難免對金融秩序和金融體系的平衡造成嚴重的破壞。

民營銀行的開放，也考驗着台灣的金融監管能力。台灣早期的金融監管體系有三：

(1) 財政部：負責監管保險業，證券金融公司、銀行與信託投資公司；

(2) 中央存款保險公司：負責監管存款保險機構；

(3) 中央銀行：負責監管郵政儲金滙業局、票券金融公司、及財政部和中央存款保險公司責任以外的金融機構。

1998 年，台灣確立了「金融監理一元化」政策，設立了行政院金融監督管理委員會，下設金融局、證券及期貨委員會、保險局及金檢局，以整合金融監理權責與金融發展的政策。

　　然而，由於集團化發展，家族利益集團如下屬有金融類企業，很容易成為家族的「取款機」，進而引發風險。2007 年，「中華銀行」擠兌事件就是其中的典型。當時，台灣大集團——力霸集團旗下的「力霸」和「嘉食化」兩家上市公司發生重大財務危機，該消息使整個集團受到牽連，並導致其關係企業「中華銀行」一天內即被擠兌近 200 億元新台幣（約合 45 億港元），情況非常嚴峻，在台灣掀起了一股「金融風暴」，也是首見的跨市場危機。為了穩住局勢，在出現擠兌的次日，台灣當局即宣佈接管中華銀行，並由台灣金管局、財政部、中央銀行等部分共同出面，強調金融市場的穩定。

　　但危機除充分顯示出台灣民眾不信任民營銀行外，更大的問題是金融機構與企業之間可能存在不當的財務關係。台灣政商關係密切複雜，金融監管要如何處理這些問題，的確需要從詳計議。

台灣的金融控股公司

　　伴隨金融控股公司浪潮，台灣興起很多「金控家族」，其中最著名的包括國泰、富邦蔡家，和信、中信辜家，台塑王家，新光、台新吳家，遠東徐家，被稱為「新台灣五大家族」，與傳統五大家族鹿港辜家、基隆顏家、板橋林家、霧峰林家、高雄陳家相區別。而在《福布斯》雜誌 2023 所發表的台灣富豪榜中，富邦金控蔡家（蔡明忠）以 88 億美元資產居冠，頂新魏家以 83 億居次，長春林家以 79 億居第三，國泰蔡家（蔡宏圖）以 77 億位第四，宏福張家以 76 億列第五，與 2008 年比較名次有很大變化。

　　這五大家族中，最值得一提的企業家，首推辜家的辜振甫。辜振甫身世顯赫，其祖父辜鴻銘是清末名儒，外祖父是末代皇帝溥儀的老師陳寶琛。姑父是清末洋務重臣、大實業家盛宣懷。其父辜顯榮在台

灣日據時期曾替日本政府做事，並創業成功，使辜家成為台灣五大家族之一。台灣光復後，當局將農林、工礦、紙業與水泥四家公營企業轉移民營，辜振甫抓住時機將大量田產轉為此四家企業的股票，成功進入工商界，並成功經營「台灣水泥公司」。

1962 年 2 月，台灣當局成立證券交易所，辜振甫出任董事長，從此進入高利潤的金融或準金融事業。1966 年，辜振甫與他人共同設立中華證券投資公司，並在 1971 年將此公司改組為中國信託公司，成為台灣第一家信託公司，經營信託、授信、證券與投資業務，辜振甫擔任董事長。

1980 年代以來，辜氏財團向投資、證券領域發展。1989 年進行內部整合，成立中信投資、中國信託銀行、中國租賃及中國人壽四大事業體系。1991 年，改為和信集團，並於 12 月發行股票上市，成為大眾投資公司，次年 7 月 13 日改制為商業銀行。1992 年 7 月獲財政部核准，中國信託公司正式改組為中國信託商業銀行。

作為一個大集團，辜家事業並不限於金融業，還廣涉石油化工、建築、觀光旅遊、廣告、資訊等行業。不過，辜振甫不僅是成功的企業家，更是一名與政治圈交涉頗深的「紅頂商人」。他曾代表台灣與多個國家的政要交涉，並在 1990 年被聘為「總統府國策顧問」，此後又在次年獲聘「總統府諮政」。此兩職位通常為政界退居二線的「大老級」人物，辜振甫是首個獲此殊榮的民間人士，其特殊地位可見一斑。

此外，辜振甫更是處理兩岸關係的重要人物。1991 年 3 月，台灣成立「海峽交流基金會」（簡稱「海基會」），辜振甫出任董事長，成為民間處理兩岸事務組織的台灣最高負責人。1993 年 4 月，辜振甫代表「海基會」與大陸海協會會長汪道涵在新加坡舉行了兩岸民間機構

的重要會談，史稱「汪辜會談」，是兩岸對話上的一個重要里程碑，辜振甫的個人聲望也再一次達到高峰。

台灣首富金融界「大佬」富邦集團總裁蔡萬才的創業經歷也堪稱傳奇。蔡萬才畢業於台灣大學法律系，是第一代企業家少有的高學歷者。1961 年，國泰產物保險公司正式開業，成為富邦保險的前身，時任財政部長、後來任職台灣總統的嚴家淦曾親自到開幕典禮道賀。在 2011 年富邦集團五十周年慶祝酒會時，蔡萬才在致辭時還特意提到這一幕。

1982 年，富邦保險已躍居成為台灣產險龍頭。1992 年，富邦銀行正式成立，在此前富邦投資顧問公司已成立，而此後富邦人壽保險公司、富邦證券金融公司也相繼成立。1996 年，富邦銀行掛牌上市。2000 年，富邦集團併購環球、中日、華信、世霖、快樂、金山等六家券商，創下台灣證券史上最大宗合併案。同年，與花旗集團宣佈策略聯盟，不過很快於 2004 年終止合作。2001 年，富邦金融控股公司正式掛牌上市，成為台灣首家成立的金融控股公司。

富邦的成長並非一帆風順。1998 年台灣爆發本土金融危機，由於蔡萬才兩個兒子的投資失誤，企業資產流失將近一半。為此，蔡萬才重新出山坐鎮。2008 年再次遇到世界金融海嘯，但富邦卻憑着保守穩健的作風，坐穩電訊版圖，在海嘯中屹立不倒，甚至一度拿下台灣首富寶座，其市場總資產甚至勝過當時台灣金融龍頭國泰集團。

最值得注目之處是，富邦銀行抓住兩岸關係解凍、合作的機遇，積極推動大陸市場。早在 2001 年，富邦產險已在北京成立代表處，兩年後在上海也設立代表處。期間，富邦人壽北京代表處也獲批准成立。2004 年，富邦金控收購香港港基銀行 75% 股權，次年該銀行更名為富邦銀行 (香港)。但富邦此舉並不僅是在香港擴大版圖，真正的

目標是將之當成前進大陸的重要跳板。2008 年，正式進入大陸的目標得到了實現。富邦銀行 (香港) 在此年 12 月 20 日完成對廈門市商業銀行參股案，取得 19.99% 股權，成為首家擁有完整之兩岸三地金融佈局的台資金融機構。2009 年，富邦產險廈門子公司——富邦財產保險有限公司獲准籌設。緊接着又在東莞開設業務代表處。

至 2011 年，富邦集團已由當年只有十個員工的公司，發展成為旗下擁有三萬名員工的企業集團，經營版圖由一家產物保險公司發展成為台灣產品線最完整的金融集團，也是台灣第二大金融控股公司，地域橫跨兩岸、越南、美國等地，經營範圍涉及多元化領域。不過，在五十周年慶祝酒會上，蔡萬才談及未來五十年的發展規劃時特別強調，依靠正在逐步建立的兩岸三地金融服務平台，大陸將成為富邦集團海外佈局最優先的市場，並希望未來能在大陸複製另一個富邦金控。

台灣的地下錢莊

凡是秘密的不能見光的事物或者活動，我們往往冠之以「地下」之稱，比如不能公開的黨派叫「地下黨」，不能公開的愛情叫「地下情」，而「地下錢莊」就是不能見光的金融機構。

簡單來說，地下錢莊是民間對從事地下非法金融業務的一類組織的俗稱。地下錢莊在很多國家及地區都存在，在美國、加拿大、日本等地的華人區稱為「地下銀行」，一些地下錢莊在印度、巴基斯坦已發展成為網路化、專業化的地下銀行系統。

香港也有銀行體系以外的財務公司，專做私人貸款，但它們經營的是合法借款。這些財務公司並不接受存款，所以並不屬金管局監管。不過，為防止黑社會滲入，它們的牌照要經香港警務處牌照科審

批。香港可能也有非法的私人貸款，但正當的財務公司已佔了市場大
份額，非法貸款的生存空間極小。

在台灣，地下錢莊主要是指從事非法貸款、存款、換匯等金融業
務的民間機構。台灣的地下錢莊由來已久。早在日本統治時期，民間
就有一些從事借貸的金融組織，如「互助會」、「徵信社」等。20 世紀
五六十年代，隨着經濟的快速發展，台灣地下錢莊的規模不斷擴大。
七八十年代，台灣黑社會開始改變管理和運作方式，向企業化方向發
展，地下錢莊逐漸為黑社會所控制。1990 年代，地下錢莊轉為企業化
及集團化。

陳水扁上台後，由於經濟不景氣，地下錢莊的規模迅速擴大。台
灣中央銀行曾估計，台灣地下金融的資金流量約佔地上金融的 30%，
約為 6,000 億元，規模居世界第一；地下金融規模佔國民生產總值的
比重高達 55%，比例之高也居世界第一。

目前台灣地下錢莊有以下三種經營方式：

（1）企業借款：地下錢莊趁企業資金周轉不靈之機，先借錢供企
　　　業周轉，然後以暴力威脅為主，低價吃下該企業，後以高價
　　　轉手牟取暴利。這被島內稱為「禿鷹模式」。

（2）個人借款：地下錢莊僅憑支票、身份證或信用卡就可以借
　　　款，甚至可以典當汽車、珠寶首飾。借款大多以日計算，
　　　利息高得驚人，借款 100 萬元，每天都要支付 2.5 萬元的利
　　　息，即相當於年利率 912.5%，簡直是驚人的數字，相比之
　　　下，香港《放債人條例》即明確規定，放債利率上限為年利
　　　率 60%。

（3）換匯及洗錢：不少台商迫切需要換匯及洗錢，地下錢莊趁機
　　　開展這些非法業務。

　　地下錢莊從事的是高利貸業務，高息誘人，有錢人樂於將資金貸給地下錢莊，保障了它們的資金來源。而對借款人來說，地下錢莊的借款手續簡便，僅憑支票、身份證、勞保單、信用卡等就可以借款。據知情人士透露，台灣銀行的年利率最高 20%，但地下錢莊往往高於 100%，它們打着「低利」與「當日放款」的招牌，引誘客戶上門，利用客戶急需用錢的窘境，坐收不正當高息，年利率甚至高達 900%。而急需用錢的借款人往往會「饑不擇食」，故就算高額利息也在所不惜，但最終可能會無力償還，被逼上絕路。

　　據披露，台灣地下錢莊多有黑社會背景。看香港電影《古惑仔》，常常會出現沒錢還而被淋紅油的場面，這些情節絕非杜撰，而是台灣地下錢莊的拿手好戲，而且其暴力程度比淋紅油有過之而無不及：向債務人潑糞、灑汽油、灑油漆、打騷擾電話、到債務人子女就讀的學校門口等候或直接將債務人擄走，各種暴力、凌虐手段頻出，簡直是無所不用其極。此外，若借款人比較有身份，則採取「文討」方式，比如到處張貼標語，直至把借款人「搞臭」。

　　台灣地下錢莊除影響社會穩定外，還嚴重影響了島內金融、經濟的安全，導致巨額資金地下流失、正當的投資人利益受損，甚至引發金融風暴。地下錢莊還大大干擾了台灣中央銀行對金融的宏觀調控。甚至有媒體披露，九一一事件後，美國追查阿爾蓋達基地組織的資金來源時，竟發現台灣的地下錢莊也是其洗錢的中轉站。

　　正因為這些危害，台灣當局在歷次「掃黑」運動中，都把地下錢莊當成重點清查對象，但一直沒有多大成效。有評論指出台灣對地下錢莊之類的犯罪處罰太輕，最重的處罰也不過判刑 1 年零 4 個月。而且，由於黑社會插手，很多被害人不敢報案，給警方的偵破工作帶來困擾，這也使地下錢莊越發為所欲為。曾有台灣立委慨嘆，翻開台灣的報紙，到處都是「幸福項目」、「一指成金」、「輕鬆好幾代」、「免

保人」、「身份證借款」的廣告，幾乎都是地下錢莊刊登的，但警方從來都是視若無睹。

台灣的電子資訊產業及金融業

富士康發生員工連續墜樓事件後，在媒體沸沸揚揚的報導下，很多人才第一次知道，台灣的製造廠規模是如此之龐大。富士康是台灣鴻海集團旗下的企業，經營業務中有很大比重是電子資訊業務。由於台灣電子資訊業務的飛速發展，像富士康這樣將工廠轉移到勞動力相對便宜的地區的企業，其實為數不少。近幾年，電子資訊產業在台灣蓬勃發展，而金融業卻相對滯後，這可能與政府的發展策略有關。此節我們將對此展開論述。

台灣開發得不算早，加上半個世紀在日本統治底下，主要發展的是農產品加工業，因此，當國民黨到達台灣後，整體經濟尚不算發達。1952 年，台灣的三大產業中，農業佔國民生產總值（GDP）的比重達 32.22%，工業僅佔 19.69%，仍處於農業社會。1960 年代初，台灣實行「出口導向」戰略，利用廉價勞動力，大力發展輕工產品，開拓國際市場。1962 年，工業在 GDP 中的比重為 28.22%，首次超過農業 24.97%。1970 年代，台灣主要工業包括石化、鋼鐵、造船、機械製造、紡織、成衣服飾、製鞋、自行車及電子工業等。其中，正如服裝業在五六十年代的香港地位一般，紡織工業也成為此時的台灣的「工業之星」。經濟的轉型騰飛與政府的政策扶持是分不開的，當時當局推行較為穩定而又不失靈活的貨幣、金融、外匯政策，並制定《獎勵投資條例》，設立出口加工區。

　　1980 年代，台灣的土地、勞動力價格大幅上升，新台幣大幅升值，傳統產業外移，台灣的經濟開始進行產業轉移與換代更新，大力發展電子資訊工業，包括軟體產品、電腦製造產業、資料庫業等。

　　1980 年代中期，台灣的個人電腦及相關產業步入高速發展期。當時由於蘋果電腦（Apple）及國際商業機器（IBM）推出個人電腦，電腦市場顯現出巨大的潛力，台灣業界紛紛投入資訊產業發展。到 1995 年，台灣資訊硬體業產業值已列全球第五，顯示器、主板、掃描器、滑鼠、鍵盤產量佔世界市場的半數以上。1990 年代中期後，筆記本電腦發展迅速，形成基本完成的工業體系。最重要的是，1980 年代台灣企業主要做個人電腦的代工生產（OEM, original equipment manufacturer），但到 1990 年代，已經發展到了代工設計（ODM, original design manufacturer），由此可見台灣本身科技實力的躍升。

　　伴隨着電子硬體生產的發展，1990 年代初，台灣的半導體產業也蓬勃發展起來，2000 年產值躍居全球第四，半導體晶圓製造業承攬了全球近 77% 的晶圓代工訂單，台積電是全球第一。2022 年，晶圓代工公司的市佔率高達 57.8%，遠高於排第二位的韓國三星（12.4%），其製造技術居世界先進地位：封裝測試業排名第一，日月光公司為全球最大的半導體封裝測試企業；體積電路（IC）設計產值居全球第二。

　　到 2000 年為止，台灣資訊電子業及相關產業產值達 1,488.6 億美元，其中，筆記本電腦年產量超過日本成為全球第一大生產地。2001 年，台灣的桌上型電腦已佔全球的 24.5%，筆記本電腦佔全球的 52.5%。從這些驚人的業績來看，台灣的資訊產業可謂是異軍突起、突飛猛進。至今，台灣已是全球重要的資訊產品生產地，而半導體、電動車零件製造，及各類軟硬體的發展也頗為引人注目。

　　台灣資訊產業之所以能快速崛起，與台灣當局的大力扶持密不可分。台灣經濟部工業局（Industrial Development Bureau, Ministry of

Economic Affairs）專責推廣電子資訊。1980 年，為了實現台灣傳統產業轉型，激勵工業技術升級，台灣行政院科學委員會設立了第一個科學園區——新竹科學工業園區。成立至今，已經約有 380 家高科技廠商進駐，主要產業包括有半導體業、電腦業、通訊業、光電業、精密機械產業與生物技術產業。目前，新竹科技園區已經發展成為全球半導體製造業最密集的地方之一，有「台灣的矽谷」之美稱。在 2022 年，台灣的芯片每年提供全球 37% 的新運算力。

除了硬體規劃與投入，台灣更在規劃、政策與資金方面，大力扶持電子資訊業的發展。1979 年，台灣成立由官方與民間共同出資的財團法人——資訊工業策進會；同年，把資訊產業列為優先發展的「戰略性」產業和「十大新興產業」之一。其後幾年內，台灣陸續成立多個資訊通信建設及發展專案小組，並制定具體的發展方案，比如 2003 年，經濟部工業局的中長期「資訊服務業發展計劃」，2004 年，行政院的「寬頻管道建置分項計劃」和「行動台灣應用推動分項計劃」兩大專案。

電子資訊業是高端科技產業，需要耗資巨大的資金投入，故台灣當局加大對資訊產業的政策優惠與資金投入。如「資料庫服務與電腦網路應用四年計劃」預定投入新台幣 2.3 億元，「分散式電腦系統與產品發展五年計劃」預定投入新台幣 3.12 億元。

在貸款、證券市場管理等方面，當局也採取了一系列有利於資訊產業發展的優惠政策和護持策略。根據 1990 年《促進產業升級條例》，凡屬「十大新興工業」和關鍵技術的重大投資計畫，都將享受五年免徵營利事業所得稅優惠。而在這「十大新興工業」中，就有四項屬於資訊技術產業，分別是通訊、資訊、消費性電子和半導體。另外，由於當局認為民間企業和科技機構對基本設施等方面的分散投資會造成資源浪費，故採取建立公共設施的辦法予以解決。對民間顧忌

的「投資多、週期長、風險大」的項目，當局則設立「研究發展基金」和「研究發展信用保證基金」等加以扶植與引導。

相比於電子資訊的騰飛，近 30 年來，台灣金融業雖然也受助於當局的優惠政策與扶持策略，並且屢經改革，但發展卻未見理想。台灣金融服務業發展落後於整體經濟成長，已經成為台灣存在已久的問題。

正如本章第三節所述，台灣金融業進入 1980 年代後，即極力推進金融自由化與國際化，此舉雖然使金融機構數目激增，但由於長期以來當局對金融的保護和管制，金融體系依然充斥同質性高、缺乏創新能力的小規模機構，數目雖多，卻缺乏具有國際競爭力的領先大金融機構。

金融體系充斥着規模小卻數量多的銀行，會出現什麼情況呢？如果還記得第五章講述香港金融發展，曾提及五六十年代的香港華資銀行，為了在激烈的外資銀行競爭下生存，曾不惜放鬆貸款管制，將資金借貸給沒有擔保的散戶，以及投入股市及房地產市場。隨着風險的增大，1970 年代，香港的華資銀行很多倒閉，數目銳減。台灣的金融市場也充斥着類似的行為。由於台灣銀行業務競爭激烈，資金過剩，部分銀行為了爭取客戶，不惜放鬆貸款管制，企業向銀行借款相當容易，其中部分資金流入股市及房地產市場，進行不當的金融操作。1997 金融危機中，台灣遭受重創，金融機構逾放比率快速攀升，2001 年達到 8.2%。

針對此情況，於是產生了第三節所提到的台灣對金融業的改革。不過儘管台灣當局希望通過合併本地銀行成為「大銀行」，甚至鼓勵外資銀行合併本地銀行等措施，改善金融機構素質，但成效不高。事實是，外資銀行的勢力擴張，使本地銀行的生存空間受到更大威脅。2008 年開始，花旗銀行為首的四家國際級銀行，分行規模已直逼本地的金控如台新、新光旗下銀行。為爭取貸款業務，很多台灣本土銀行

紛紛降低貸款利率，獲利能力不斷下降。2023 年第三季，台灣本地銀行的平均利差為 1.42%，遠低於各國市場 3% 以上的平均水準。長遠看來，幾乎沒有獲利空間。而外資銀行卻創下四年新高，佔據台灣全體銀行近四成的獲利能力。

除了本地銀行之間的激烈競爭、外資大銀行的挑戰，台灣本土龐大的地下金融網路也對台灣金融機構造成了很大的衝擊。民間借貸習俗在台灣可謂根深蒂固，很多個體、家庭、企業往往繞過正式的金融體系，直接進行金融交易活動，例如借貸、存款、標會及兌匯等。這些民間組織有民間互助會、儲蓄互助社、地下錢莊、租賃公司、地下投資公司等。其中特別是地下錢莊，勢力更是不容小覷，此點我們在上文已詳細闡述過。

在發展中國家及地區，常常出現壓低銀行利率來推動經濟快速發展的情況，導致銀行的利率長期偏低，造成「金融壓抑」，在此種情況下，儲蓄者為了避免損失，不得不進行自我投資，或者求助於民間金融，因為投資的利潤或民間金融的利率（市場利率）遠遠高於官方的利率。故此，雖然地下金融常常牽涉到非法行為，依然具有強烈的吸引力。有趣的是，台灣並非發展中地區，但民間金融網路依然規模大、覆蓋面廣、形式多樣化，這完全不符合發達國家如美國、日本所經歷過的道路。

當然，金融業的滯後情況，最根本的問題還是在於台灣金融體系本所存在的諸多缺失，包括銀行管理不透明、股市「禿鷹」及內幕交易、債券基金問題、金融機構風險投資失當等，這些都拖慢了發展。2005 年底，更因銀行業者濫發信用卡而爆發卡債問題，被牽連的多家銀行信用卡與現金卡之逾放比大幅攀升，結果導致銀行平均資產回報率及股東權益回報率雙雙下降。

　　此外，正如雜誌《經濟學人》的亞太區資訊部總監 Charles Goddard 指出，台灣金融改革腳步過慢，且未實質改善金融產業發展環境，在全亞洲均朝向更開放之際，台灣市場的環境限制了金融服務業的發展，是造成台灣金融服務業遠落後於香港和新加坡的主要原因。為此，政府宜考慮在不危及金融體系安定前提下，適當開放金融業國際化。另外，台灣當局更應透過法規制度與監管措施，引導金融業者提升金融服務創新、落實風險管理與公司治理、強化金融紀律。台灣與大陸於 2010 年 6 月 29 日簽訂《海峽兩岸經濟合作架構協議》（Economic Cooperation Framework Agreement, ECFA）之後，希望能對整體經濟包括金融業帶來發展空間。

表 6.2　2024 台灣前十大銀行世界排名 [3]

台灣排名	銀行名稱	2024 年全球排名	2023 年全球排名
1	中國信託銀行	111	128
2	台北富邦銀行	182	182
3	玉山銀行	187	178
4	兆豐銀行	198	201
5	合作金庫銀行	219	231
6	第一銀行	228	245
7	永豐銀行	233	288
8	台新銀行	236	232
9	華南銀行	249	269
10	國泰世華銀行	253	369

資料來源：Brand Finance

3　　根據英國知名品牌研究機構 Brand Finance 與《銀行家》雜誌合作公佈「2024 年全球 500 大銀行品牌調查」，台灣有十間銀行躋身其中。

台灣與內地及香港的貿易及金融關係

　　無論中國官方是否承認自己是經濟強國，隨着中國經濟的飛速發展及綜合國力的增強，中國在國際舞台上已經扮演愈來愈重要的角色。

表 6.3　各國／地區官方儲備首十名（截至 2023 年 5 月底）

各國／地區	外匯儲備（萬億美元）
中國內地	3.3710
日本	1.2540
瑞士	0.8660
俄羅斯	0.5842
印度	0.5320
沙烏地阿拉伯	0.4422
香港	0.4210
韓國	0.4210
巴西	0.3435
新加坡	0.3257

資料來源：俄羅斯衛星通訊社：〈多國央行數據分析：中國國際貨幣儲備規模多年保持領先〉，2023年 8 月 7 日，https://big5.sputniknews.cn/20230807/1052331075.html。

　　根據中國社科院發表的《2010 年中國城市競爭力藍皮書》，中國的競爭力戰略目標是 2020 年成為全球重要的經濟決策中心；2050 年有望成為僅次於美國的世界第二強國。近幾年，中國 GDP 多年位列世界前五名，2010 年更是進駐第二，其中外匯儲備更是在世界各國中名列榜首。

　　中國國際地位的提升，對其周邊地區的經濟發展的意義也隨之不斷加深。特別是在全球經濟一體化的趨勢下，國家與國家往往需要互

相合作開放，才能贏得雙贏的局面。近幾年，為了避免關稅，國與國之間常常通過簽訂《自由貿易協定》（Free Trade Agreement, FTA），免除彼此間貿易之關稅，例如中國與南韓、紐西蘭均簽署了FTA。

大中華地區內的大陸、香港、台灣及澳門各區，由於地理靠近、文化相近，本身已經具備了合作的天然優勢，近幾年在經濟合作上也加快了步伐。2003年6月和10月，中央政府與香港、澳門特別行政區政府分別簽署了內地與香港、澳門《關於建立更緊密經貿關係的安排》（Closer Economic Partnership Arrangement, CEPA），並於2004年1月1日起全面正式實施。香港與大陸不能簽訂FAT，因為FAT是國家與國家之間的貿易協定。

簽署CEPA為香港經濟帶來了連續三年的高增長。自從2004年1月1日正式實施CEPA以來，港股主板市場的市值，已經上漲了256%。資料顯示。2004年年初港股總板總市值為5.78萬億元港元，而至2007年5月31日，港府主板總市值已達14.84萬億元。

中央政府與香港自2003年簽署了CEPA後，又在2004至2009年多次簽補協議，充分發揮兩地互惠互利、優勢互補的作用，成為促進兩地經濟發展的良方。其中，2009年簽訂的補充協定《CEPA第七份補充協議》的內容相當充實，涵蓋了香港多個具發展優勢的重要行業，例如旅遊、銀行、證券、會展、法律、運輸、創意產業等，對帶動經濟發展和創造就業方面有尤其積極的作用，進一步鞏固香港作為國際金融、貿易、航運、物流、高增值服務中心的地位。

至於台灣，從19世紀以來，就因其重要的戰略地位而深受國際器重，而台灣也的確憑藉其地位優勢，在國際貿易商佔據了重要的一席。當全球各國及地區合作日益密切的同時，為保持國際貿易的優勢，台灣也希望能與鄰近的經濟體系簽訂FTA。但礙於台灣的政治地位，她不能與澳洲、日本、南韓及中國簽FTA；另一方面，台灣又不

願跟港澳特區一樣簽 CEPA，所以最終另立《海峽兩岸經濟合作架構協議》（Economic Cooperation Framework Agreement, ECFA）。

在諸多經濟實體中，大陸顯然對台灣經濟的發展起着舉足輕重的作用。事實上，在整個大中華地區，大陸的龍頭作用無庸置疑，正如日本學人大前研一在《中華聯邦》裏談及大中華區形成時所說：「中國大陸吸收了全世界的資金。在中國大陸的『磁吸效應』下，周邊國家如不善用機會，與中國大陸形成合作夥伴關係，勢必會被邊緣化，並走上衰退之路，連日本也不例外。」此話就算稍有誇張，但對中國在世界經濟中的重要地位的強調卻不為過。

因此，台灣與大陸進行經濟合作也成為必不可免的趨勢。1993 年4 月，台灣海基會代表辜振甫與大陸海協會代表汪道涵在新加坡舉行了舉世矚目的「辜汪會談」，揭開了序幕。近年來，隨着兩岸關係的發展，台灣與大陸的經貿往來日益頻繁。2008 年，台灣與大陸先展開兩岸三通，即海運直航、空運直航及直接通郵。兩岸有了三通後，人流與物流皆可直通，香港作為中轉站的角色自然減弱，短期內可能有損香港利益。但從中長線來看，只要兩岸關係良好，中港台形成的大中華區的經濟發展潛力無限。

2010 年 ECFA 正式簽訂之後，台灣與大陸的各種商貿往來必然更加頻繁。中國商務部曾表示為降低台灣開放市場的風險，大陸方面將加強管理，優先鼓勵優質、有實力的大陸企業，赴台參與「愛台 12 項建設」，以加強與島內企業的合作，實現互利和共贏。

在金融互通方面，台灣當局自 2000 年起，容許島內金融機構赴大陸投資及證券公司、保險公司赴大陸設立辦事處。在銀行業開放方面，2001 年 6 月台灣當局修正《台灣地區與大陸地區金融業務往來及投資許可管理辦法》，正式開放台灣銀行赴大陸設立代表處；2006 年

解除台灣銀行業與相關金融機構投資大陸限制，並規定台灣金融機構經許可後可與大陸事業單位直接業務往來。

大陸方面，2001 年，中國大陸加入世界貿易組織（World Trade Organization, WTO），承諾金融領域對外開放，國內比照外資金融機構，依法對台灣金融機構進行開放及管理。同年，大陸正式開放台灣銀行赴大陸設立辦事處。外資銀行到中國大陸投資的條件是，在提出申請的前一年總資產必須超過 200 億美元，並且只有在中國設立辦事處三年以後才可以將辦事處升格為分行。

據國台辦資料顯示，截至 2009 年，共有 7 家台資銀行在大陸設立辦事處，2 家台商合資銀行成立，15 家台資證券公司在大陸設立 25 個辦事處，11 家保險公司在大陸設立辦事處、1 家台灣保險經紀人公司與 4 家保險合資公司。不過，與大陸金融的開放程度相比，台灣當局對大陸金融機構入島則持謹慎態度。直至 2023 年末，到台灣開設分部機構的大陸銀行還是屈指可數。

繼台灣到大陸開設金融機構後，自 2002 年起，兩岸又陸續開放銀行直接匯通、貨幣兌換等。中國工商銀行、中國銀行、中國建設銀行、中國農業銀行等先後開通了與台灣銀行直接通匯管道，台灣第一銀行等 20 多家島內銀行也開始辦理兩岸直接通滙業務。2009 年，兩岸郵政雙向通匯全面開通。大陸 2,000 多個網點可辦理匯往台灣的郵政電子匯款業務，兩萬多個網點可接收台灣匯入大陸的郵政匯款。

貨幣兌換方面，自 1988 年，大陸已經中國銀行廈門分行、福州分行與馬江支行開始開辦新台幣兌入業務。2004 年 1 月國家外匯管理局批准中國銀行指定分支機構在福建部分地區的新台幣兌出業務，此後又批准特定旅行社在與台灣旅行社開展業務往來時，可自行兌換貨幣。台灣方面直至 2004 年，仍不准本地金融機構進行兌換，直至 2008 年，當局才開放人民幣在本地的兌換業務，每次以 2 萬元人民幣（約 8.8 萬元新台幣）為限。

隨着兩岸三地金融、經貿往來的加深，金融業勢必會面臨新一輪的挑戰與機遇。正如 2010 年 03 月 05 日《文匯報》所報導的中國和平統一促進會會長及全國政協港澳台僑委員會副主任的談話中所指出，港台在兩岸關係進入和平發展新階段的背景下，應該得到更快的發展，這不僅符合港台各自的利益，更是促進兩岸關係和平發展的需要。

對於香港而言，作為全球首個同時具有美元、歐元、港幣和人民幣及時支付系統的金融體系，絕對可以為兩岸的經貿聯繫做出更多的實質性貢獻。其中，中國人民銀行已在 2003 年 12 月委任中銀香港為香港人民幣清算行，目前，該行已與台灣 19 家合作銀行進行通匯往來。

不過，為緊貼台灣與大陸關係的發展，香港尚需適時地進行制度及產品創新，從而促進港台經貿關係緊密化。比如，香港應抓緊推動與台灣簽訂《綜合性共同市場安排》，保證兩地間貿易商品、資金、人才的無障礙流動，如此一來則可加強港台在大中華經濟圈中的地位和作用。

2019 年 11 月 4 日，在南京舉行的「兩岸企業家紫金山峰會」期間，兩岸企業家和金融人士齊聚一堂，探討兩岸間金融開放及和合作的先機。

一帶一路基金有限責任公司總經理王燕之表示，兩岸業參與「一帶一路」建設擁有廣闊的前景。對台灣金融機構而言，可以積極和大陸企業機構一道共同拓展海外市場，也可以為「一帶一路」上的大陸企業和機構提供有競爭力的金融服務。台資企業可以通過參與「一帶一路」的建設進行海外投資，參與到大陸產業轉型升級中來，和大陸的企業共同「走出去」。

台灣中信金控首席經濟學家林建甫指出，兩岸的金融合作開放時間比產業合作晚，之前很長時間裏台灣金融機構在大陸面臨很多限

制，發展較慢，還有很多開放問題。他亦表示，大陸正在向世界開放金融業，要讓兩岸更加融合，也應該盡快考慮讓台灣的金融業在大陸茁壯成長。

台灣上海銀行資深副總經理彭國貴則在分論壇上向大家展示了一個鮮活的兩岸金融合作案例——大陸的上海銀行、台灣的上海商業儲蓄銀行、香港的上海商業銀行的合作故事，讓大家對兩岸的共同市場多了一些更生動的認識。三家「上海銀行」在 2000 年建立了策略聯盟，在企業金融、個人金融、渠道合作及中後台支撐五大板塊工作積極合作，這讓三家銀行都得以豐富自己的業務渠道，能夠應對更複雜的情況。[4]

兩岸經貿合作加速，將進一步促進兩岸銀行業合作，兩岸的經貿合作水平決定了兩岸合作的水平。《海峽兩岸經濟合作框架協議》的簽訂，對兩岸貿易、投資等做出相關優惠安排，極大地促進兩岸貿易和投資的增長，由此將激發更多金融服務需求，也會對兩岸金融業合作提出更高的要求，而銀行業是金融的主力軍。

台灣銀行在大陸佈局緊隨台商，具有明顯的「客戶追隨」現象。台商在大陸的投資區域分佈，以海西區、珠三角、環渤海經濟圈為相對密集區。而 2008 年世界金融危機危機之後，台商對中西部等地的投資明顯增加。未來，台灣銀行業者除繼續耕耘台商投資相對密集地區金融市場外，也會受政策優惠及台商投資向中、西部等轉移等因素的影響，到中西部或東北部開設分行、參股當地銀行，組建合資銀行等，進一步開拓大陸市場。

4　兩岸企業家峰會官方網站，2019 年 11 月 11 日，www.ceosummit.org.tw/2019summit/

表 6.4 台灣在大陸投資的金融機構

銀行業		保險業		證券業	
金融機構	代表處	金融機構	代表處	金融機構	代表處
彰化銀行	昆山	國泰人壽	北京、成都	元大京華證券	北京、上海
世華銀行	上海	富邦產險	北京、上海	倍利國際證券	上海、深圳、北京
土地銀行	上海	新光人壽	北京、上海	金證券	北京、上海
第一商業銀行	上海	中央產物	上海、廣州	元富證券	上海、深圳
合作金庫銀行	北京	新光產物		群益證券	上海
中國信託商業銀行	北京	富邦人壽	北京	寶來證券	上海
華南銀行	深圳	台灣人壽	北京	統一證券	上海
協和銀行（合資）	寧波	國泰產險	北京	建華證券	上海
華一銀行（合資）	上海	明台產險	北京	日盛證券	上海
		國泰世紀產物	上海	大華證券	上海
		友聯產險	上海	太豐行證券	上海
		萬達保險經紀人公司	上海	京華山一	北京
		國泰人壽保險有限責任公司	上海、蘇州	元大京華證券	北京
				寶來證券	上海

資料來源：趙媛媛：《台灣銀行業投資大陸市場研究》，廈門大學碩士學位論文，2009 年。

參考資料

中國台灣網：〈台灣鹿港辜家〉，www.taiwan.cn/zt/lszt/names/bigrootname/200801/t20080102_535959.htm，2006 年 4 月 18 日。

中國台灣網：〈蔡萬才：大陸將是富邦集團海外佈局最優先市場〉，http://econ.taiwan.cn/direct_links/201204/t20120428_2512939.htm，2011 年 4 月 20 日。

王勇：〈台灣金融擠兌風潮的深刻警示〉，《南方金融》第四期（2007 年），頁 21–23。

史全生、費曉明：〈光復初期關於台灣幣制的爭論和台幣的發行〉，《民國檔案》第一期（2001 年），頁 95–100。

甘為霖：《荷據下的福爾摩莎》，台北：前衛出版社，2003 年。

伍韻：〈台灣，地下錢莊氾濫成災〉，《金融經濟》第十三期（2007 年）。

克里斯·米勒著，洪慧芬譯：〈晶片戰爭（Chip War）〉，《天下雜誌》（2023 年 7 月），頁 30。

邢桂君：〈台灣金融控股公司的發展模式及借鑒〉，《南方金融》第十期（2007 年），頁 40–42。

兩岸企業家峰會官方網站，www.ceosummit.org.tw/2019summit/，2019 年 11 月 11 日。

林世淵：〈台灣軟體產業的發展及其扶持政策研究〉，《世界經濟與政治論壇》第六期（2003 年）。

林維朗：〈台灣金融機構擠兌事件之比較研究—以彰化四信及台中商銀為例〉，台灣義守大學碩士論文，2002 年。

俄羅斯衛星通訊社：〈多國央行數據分析：中國國際貨幣儲備規模多年保持領先〉，https://big5.sputniknews.cn/20230807/1052331075.html，2023 年 8 月 7 日。

柴榮：〈日本金融法律體制在台灣地區的影響〉，《河南社會科學》第 14 期（2006 年），頁 93–96。

張遠鵬：〈台灣產業轉型的軌跡及目前面臨的問題分析〉，《當代亞太》第五期（2006 年），頁 18–22。

張家嘯：〈國銀存放利差再擴大　站上 1.42% 創 8 年新高〉，www.cardu.com.tw/news/detail.php?50314，卡優新聞網，2023 年 12 月 11 日

閆鋒：〈台灣資訊產業崛起及啟示〉，《南開經濟研究》第四期（1997 年）。

錢脈傳承：中國貨幣及銀行業簡史

富邦金控:「大事記」,www.fubon.com/financialholdings/about/milestone.html,2024 年。

智佳佳:《兩岸金融一體化研究》,復旦大學碩士論文,2009 年。

曾潤梅:〈日據時期台灣經濟發展芻議〉,《台灣研究》第四期(2000 年),頁 79–84。

黃天麟:《金融市場》,台北:三民書局,1989 年。

黃家驊、謝瑞巧:〈台灣民間金融的發展與演變〉,《財貿經濟》第三期(2003 年),頁 91–94。

新浪財經:〈台灣中華銀行一日擠兌 200 億 股市匯市遭重創〉,http://finance.sina.com. cn/money/lczx/20070109/02323227390.shtml,2007 年 01 月 09 日。

楊勝剛:《台灣金融制度變遷與發展研究》,北京:中國金融出版社,2001 年。

董紅蕾:〈台灣金融自由化的銀行民營化改革〉,《台灣研究集刊》第一期(2003 年),頁 48–53。

趙媛媛:《台灣銀行業投資大陸市場研究》,廈門大學碩士學位論文,2009 年。

劉雲:〈台灣金融體系的自由化進程〉,《中國金融》第四期(2004 年)。

衛新江、阮品嘉:〈台灣《金融控股公司法》評述〉,《經濟社會體制比較》第三期(2005 年),頁 84–90。

鄭建明:〈台灣資訊產業發展若干問題述評〉,《台灣研究》第一期(1997 年),頁 47–52。

魏曉燕:〈台灣資訊產業的崛起的成功經驗〉,《廈門科技》第六期(2009 年)。

Yu, Tzong-shian. "The Evolution of Commercial Banking and Financial Markets in Taiwan." *Journal of Asian economics* 10, no. 2 (1999): 291–307.

第七章

內地銀行業的崛起

中國人民銀行的發展

2008 年金融危機爆發後，為挽救經濟頹勢，政府發揮了積極的作用。以美國為例，美國聯邦儲備局（Federal Reserve Board，中文簡稱「聯儲局」）通過降低基準利率、直接投資於大金融機構或向金融市場放貸，以及壓低長期利率等措施，避免美國陷入長期的通貨緊縮。聯儲局之所以能夠直接動用國庫，拿納稅人的錢向金融體系注資，是因為作為美國的「中央銀行」，它有權利也有義務採用貨幣政策及相應手段，穩定國家經濟金融形勢。

所謂「中央銀行」，指的是國家與政府為了調控貨幣、集中信用、統一金融管理而設立的特殊金融機構，它於 17 世紀末出現，於 19 世紀初形成。中央銀行有特殊地位及職責。在地位方面，它不同於一般的銀行及金融機構，而是屬於國家機構；職能方面，有以下四個特點：

(1) 中央銀行通常壟斷貨幣發行權；

(2) 它的業務目標並不是面向一般的個人或企業，而是商業銀行與其他金融機構，是「銀行的銀行」；

(3) 它代理國庫、發行國家債券、保管國家外匯和黃金準備、制訂並監督有關金融管理法規、代表國家參與國際金融活動；

(4) 它負責調控國家宏觀經濟。

中國第一家國家銀行是於 1905 年成立的大清戶部銀行，後來改名為「大清銀行」。民國時期，大清銀行演變為中國銀行，並與交通銀行一起履行中央銀行的職能，不過，這兩家銀行依然主要從事商業銀行的業務。1928 年，南京國民政府在蘇聯的支援下，另設中央銀行為國家銀行，並將中國銀行納入旗下。內戰結束後，中央銀行隨國民黨撤到台灣。

新中國成立後，中國人民銀行成了中國的中央銀行。在建國 30 年之內，「央行」不僅是中國的「中央銀行」，也合併了全國的各類銀行，成了全國唯一的銀行。也因此，中國人民銀行不僅是政府機構，同時也從事商業銀行的業務。直到 1980 年代，中國人民銀行才脫離商業銀行的職能，專職行使中央銀行職能。

現在的「央行」，是中華人民共和國國務院組成部門之一。根據《中華人民共和國中國人民銀行法》的規定，中國人民銀行在國務院的領導下依法獨立執行貨幣政策，履行職責，開展業務，不受各級政府部門、地方各級政府、社會團體和個人的干涉。

中國人民銀行的歷史，可以追溯到第二次國內革命戰爭時期。1930 年，正是共產黨被國民黨「圍剿」的時候，中共中央決定建立蘇維埃中央政府。1931 年 11 月，全國蘇維埃第一次代表大會在江西瑞金召開，[1] 選出中華蘇維埃共和國臨時中央政府成員，並通過《中華蘇維埃共和國憲法大綱》等法律。在此會議上，毛澤東的弟弟毛澤民受命籌建國家銀行，即「中華蘇維埃共和國國家銀行」（簡稱「蘇維埃國家銀行」），負責籌劃印刷及發行國家貨幣。

蘇維埃國家銀行成立時，行址就設於一幢三室二廳的普通農家小屋，包括行長在內只有五名工作人員，啟動資金僅 20 萬大洋，堪稱世界上最小的國家銀行。但「麻雀雖小，五臟俱全」，蘇維埃國家銀行在中央蘇區逐漸形成了一個完整、獨立的金融體系，成為共產黨反擊國民黨「圍剿」的重要經濟工具。1934 年，中央紅軍決定進行二萬五千里長征，國家銀行決定隨行。於是幾百人輪流背着一百多副擔子，抬着黃金、白銀、銀元和印票子的紙張、機器，開始踏上征途，成了流動的國家銀行，繼續營運。

1　「蘇維埃」乃俄文 Soviet 的音譯，其意義相當於議會，或者代表大會。

中華蘇維埃共和國國家銀行湘贛省分行列寧像貳角紙幣一枚（1933 年印），上有小字「憑票伍張兌換銀幣壹圓」

不過，由於時局比較混亂，一直到新中國成立之前，包括抗戰以及解放戰爭期間，中國在同一時期內都不止一家中央銀行。共產黨方面，由於根據地被分割成彼此不能連接的區域，所以各根據地流通的貨幣以及管理銀行也不一樣。國共內戰到了尾聲時，眼見勝局在握，共產黨開始謀劃建國後的經濟政策。

1948 年 12 月 1 日，華北人民政府與華北銀行總行對各區銀行及分支機構發出通知並宣佈：

(1) 合併華北銀行、北海銀行與西北農民銀行，成立中國人民銀行；

(2) 改華北銀行總行為中國人民銀行總行；

(3) 12 月 1 日中國人民銀行發行票面 50 元、20 元、10 元三種人民幣；

(4) 定「人民幣」為華北、華東、西北三區的本位幣，以後將以人民幣統一其他各解放區的貨幣，人民幣將是新中國戰時的本位幣。

人民幣的法定地位被確定後，其他地區的貨幣例如冀鈔、邊幣、北海幣、西農幣等逐漸收回，在未收回前，按新、舊幣的固定比價互相流通。華北銀行發行人民幣，流通於華北、華東、西北三區，此外，所有公私款項收付及交易均以人民幣為本位幣。

中國人民銀行總行總部本來位於石家莊。北平解放後，隨着政權的遷移，1949 年 2 月，中國人民銀行由石家莊市遷入北平，成為全國金融管理中心。1949 年 10 月 1 日新中國成立後，中國人民銀行被納入政務院（今國務院）的直屬單位，成為國家中央銀行，一直沿用中國人民銀行的名稱，直到今天。

　　作為新中國的國家中央銀行，中國人民銀行接管和清理了民國政府的金融機構，包括「四行二局一庫」為代表的國家資本、官僚資本金融機構，也包括官商合辦的金融機構。

　　中國人民銀行接管中國銀行，以沒收官股、保留私股、改組董事會的措施為主，使其成為在中國人民銀行領導下經營外滙業務的國家專業銀行。對交通銀行，也按照這樣的辦法，使其成為中國人民銀行領導下經營工礦交通事業長期信用業務的專業銀行。在接管國民黨政府農業銀行和合作金庫的基礎上，1949 年 2 月設立了農業合作銀行，1950 年與中國人民銀行合併。與此同時，中國人民銀行也整頓私營銀行和錢莊，鼓勵私營銀行和錢莊走國家資本主義道路，即實行「公私合營」。

　　1956 年，全國銀行等金融機構基本上實現公私合營，並於 1958 年併入中國人民銀行體系。直至改革開放之前，全國基本上所有的金融機構都成為中國人民銀行的組成部分，中國人民銀行既是發行銀行，又是商業銀行。既行使中央銀行職能，又行使商業銀行職能。

　　作為國家銀行，中國人民銀行承擔發行國家貨幣、管理國家金庫、穩定金融市場、支持經濟恢復和促進國家經濟重建的任務，是管理金融秩序、發行貨幣的行政機關。

　　但同時，作為商業銀行，中國人民銀行直接從事存、貸、滙等金融業務。全國取消商業信用，形成了單一的銀行信用體系。全國銀行的信貸資金全部由中國人民銀行統一掌管。存款一律上繳，貸款一律下撥，核定計劃指標，逐級下達，各級銀行只能在指標範圍內掌握貸款發放。

　　中國在長達 30 年的經濟發展中，曾先後建立過中國農業銀行和中國人民建設銀行。中國農業銀行分設後，在很短時間內又被撤銷，沒有發揮應有的貨幣資金融通作用。中國人民建設銀行分設後雖未被撤

表 7.1　中國人民銀行歷任行長

南漢宸（1949 年 10 月－1954 年 10 月）
曹菊如（1954 年 11 月－1964 年 10 月）
胡立教（1964 年 10 月－1973 年 5 月）
陳希愈（1973 年 5 月－1978 年 1 月）
李葆華（1978 年 5 月－1982 年 5 月）
呂培儉（1982 年 5 月－1985 年 3 月）
陳慕華（1985 年 3 月－1988 年 4 月）
李貴鮮（1988 年 4 月－1993 年 7 月）
朱鎔基（1993 年 7 月－1995 年 6 月）
戴相龍（1995 年 6 月－2002 年 12 月）
周小川（2002 年 12 月－2018 年 3 月）
易　綱（2018 年 3 月－2023 年 7 月）
潘功勝（2023 年 7 月－迄今）

銷，但隸屬於各級財政部門，實際上是財政部的內部機構，專責辦理
基本建設投資撥款和監督財務。至於中國銀行，則一直是中國人民銀
行的隸屬機構，經營範圍局限在一些涉外業務。這一集中的銀行體系
一直維持到 1970 年代後期中國經濟改革起步。

　　1978 年，在鄧小平的領導下，中國開始改革開放，金融體制也着
手改革。20 世紀 70 年代末，作為經濟改革的一部分，中國政府開始
改革銀行體系。採取措施中重要的一項為設立國家專業銀行。1979 年
初，政府將中國農業銀行及中國銀行從人民銀行中分拆出來，並將建
行置於國務院的直接監管之下。

　　1979 年 1 月，為扶助農村經濟，恢復了中國農業銀行。同年 3
月，為適應對外開放和國際金融業務發展的新形勢，改革了中國銀行

北京中國人民銀行總部

的體制，使中國銀行成為國家指定的外匯專業銀行；同時國務院批准設立國家外匯管理總局，並賦予管理全國外匯的職能，隸屬中國銀行之下。1982 年 8 月，國家外匯管理總局改稱國家外匯管理局，與中國銀行分開，由中國人民銀行領導。

1983 年，國務院決定中國人民銀行專門行使國家中央銀行的職能，與商業銀行的職能分開執行，成為中國銀行體系的主要監管機構。1984 年，國家立四大商業銀行，即中國銀行、中國工商銀行、中國農業銀行、中國建設銀行，承擔從人民銀行分出來的商業銀行職能。

中國工商銀行成立於 1984 年 1 月 1 日，作為被指正的從事城市商業融資的國家專業銀行，人民銀行原有的商業銀行功能隨即被轉移到工行。國務院允許四家專業銀行在商業運營方面擁有有限度的自主權，並允許他們在其他領域開展其商業銀行業務。自 1980 年代中期起，在中國政府的鼓勵和推動下，一批股份制的中小型銀行和城鄉信用社建立。然而，在這一時期，中國的銀行體系一直受到政府計劃及政策的嚴格限制，中國的銀行經營並沒有真正實現自主化和商業化。

1995 年 3 月，全國人民代表大會通過《中華人民共和國中國人民銀行法》，首次以立法形式確立中國人民銀行作為中央銀行的地位，中國人民銀行走向法制化、規範化，是中央銀行制度化的里程碑。

1990 年代中期，中國政府加快金融體制改革，鼓勵國家專業銀行在更加專業化的基礎上運營。1994 年，中國政府建立了三家政策銀行，即國家開發性銀行、中國進出口銀行及中國農業發展銀行，承擔國家專業銀行主要政策性貸款功能。據此，四家專業銀行轉化為國有商業銀行。1995 年，中國實施《中華人民共和國中國人民銀行法》，規定中國商業銀行應該自主運營，自擔風險及自負盈虧。然而，由於中國經濟當時處於過渡期，中國商業銀行自主運營在很大程度上受到政府約束。

　　1990 年代末期，中國政府採取了進一步措施，以改善中國銀行業的風險管理機制、資產質量，並提升其資本基礎。1998 年，財政部發行人民幣 2,700 億的特別國債以提高其資本充足率。1999 年中國政府成立了四家資產管理公司：中國華融資產管理公司、中國長城資產管理公司、中國信達資產管理公司和中國東方資產管理公司，主要從事收購及管理四大商業銀行的不良資產。人民銀行亦規定所有中國的商業銀行必須實行貸款五級分類。此外，人民銀行發佈指令，要求中國商業銀行必須嚴格執行授信政策和授權機制。2003 年，中國銀行業監督管理委員會（簡稱「中國銀監會」）成立，承擔了對人民銀行大部分銀行業的監管職能，成為中國主要的銀行業監管者。

　　2003 年末，中國銀行開始對中國銀行業進行重大改組。2003 年 12 月，匯金公司分別向中國建設銀行和中國銀行注資 225 億美元。在 2004 年完成注資之後，建行和中行分別進行了不良資產的處置或核銷，引入了境內外戰略投資者，並發行了次級債券。

　　目前，中國人民銀行的主要職責包括：

(1) 起草有關法律和行政法規；完善有關金融機構運作規則，發佈與履行職責有關的命令和規則；

(2) 依法制定和執行貨幣政策；

(3) 監督管理銀行間同業拆借市場和銀行間債券市場、外匯市場、黃金市場；

(4) 防範和化解系統性金融風險，維護國家金融穩定；

(5) 確定人民幣匯率政策；維持合理的人民幣匯率水平，實施外匯管理；持有、管理和經營國家外匯儲備和黃金儲備；

(6) 發行人民幣，管理人民幣流通；

(7) 經理國庫；

（8）　與有關部門制訂支付結算規則，保持支付、清算系統的正常運行；

（9）　制訂和組織實施金融業綜合統計制度，負責整理資料和宏觀經濟分析與預測；

（10）組織協調國家反貪污工作，指導、部署金融業反貪污工作，承擔反貪污的資金監測職責；

（11）管理信貸業務，推動建立社會信用體系；

（12）作為國家的中央銀行，從事有關國際金融活動；

（13）按照有關規定從事金融業務活動；

（14）承辦國務院交辦的其他事項。

在這些職責中，貨幣政策的制訂與執行可算是核心關鍵。為此，1997 年 4 月，國務院發佈《中國人民銀行貨幣政策委員會條例》，成立中國人民銀行貨幣政策委員會，其職責是分析宏觀經濟，依據國家宏觀調控目標，討論貨幣政策的制定和調整，並提出建議。

英倫銀行的中央銀行研究中心曾作過一項調查，發現在調查的 88 個國家和地區的中央銀行中，有 79 個中央銀行是由貨幣政策委員會或類似的機構來制訂貨幣政策。比較有代表性的是美國聯邦儲備局公開市場委員會、歐洲中央銀行管理委員會、英倫銀行貨幣政策委員會和日本銀行政策委員會等。由於貨幣政策的制訂往往影響市場投資氣氛，特別是經濟大國貨幣政策委員會召開的會議，其決定往往會影響全球的投資，為此廣受市場關注。中國的貨幣政策委員會，也逐漸備受世界各國的重視。

不過，隨着金融體系以及金融機構的演變，銀行在金融體系中的傳統作用正受到挑戰，中央銀行作為金融監管的唯一主體，已逐漸難以適應新的金融格局。於是許多國家另設監管機構，監管非銀行金融

機構，例如銀監會、證監會、保監會等。2003 年，國務院機構改革，將央行對銀行、金融資產管理公司、信託投資公司及其他存款類金融機構的監管職能分離出來，並和中央的相關職能進行整合，成立中國銀行業監督管理委員會。

經過多次變革，中國人民銀行的運作儼然已是經濟大國的央行模式。而隨着中國在國際舞台上地位的提升，特別是經濟方面，中國人民銀行及其行長的言行為全球所關注。2024 年 5 月底，中國人民銀行副行長陶玲接受傳媒訪問，提到人行將重點做到五個方面的工作：

(1) 完善人民幣跨境使用基礎性制度安排；

(2) 支持更多境外央行、機構等在境內發行熊貓債；

(3) 支持更多境外發行發行熊貓債；

(3) 拓展內地與香港金融市場互聯互通機制；

(4) 完善其他離岸人民幣市場功能等。

她又表示，下一步人行將堅持金融高水平對外開放，完善准入前國民待遇加負面清單管理模式，提升金融服務跨境貿易和投融資水平，深入參與全球金融治理。[2]

中國銀行的發展

四大商業銀行中，最為香港人熟悉的，莫過於中國銀行（簡稱「中行」或「中銀」）了。關於這家百年老店的早期歷史，我們已經介紹過，此節主要介紹建國後中行的歷史，包括中行在香港的發展。

2　海巖：〈人行：5 方面推進人民幣國際化〉，文匯報，2024 年 5 月 31 日。

北京中國銀行總部

中行在香港已經有逾百年歷史。1917 年，中行在香港文咸東街開業，初期員工僅八人，首任經理是著名建築家貝聿銘之父貝祖詒。貝聿銘年輕時，沒有按照父親的意願學習金融，而是投身建築業，但他設計的中銀大廈成了香港的標誌性建築，還設計了中國銀行總行大廈，也算是為中銀盡了一份心力。

1927 年，鄭鐵如接替貝祖詒，成為第二任中銀香港分行的經理。鄭鐵如於美國俄亥俄州立大學畢業，回國曾任北京大學教授，後來任職中行。他精通外滙業務，解放前已為中行香港分行積累了一筆財富，使中銀成為內地駐香港金融系統各行局中實力最雄厚的機構。

1949 年，國民黨撤退台灣時，中行隨之遷移，留在中國大陸之中國銀行各部門則被新成立的中華人民共和國收歸國有，續稱「中國銀行」。1949 年 5 月 28 日，中國人民解放軍上海市軍事管制委員會按照中共中央接管中國銀行的政策，迅速完成接管工作。

當時的貨幣為金圓券，接管中行時，中行有股本 6,000 萬金圓券，其中官股 4,000 萬元，商股 2,000 萬元。官股由人民政府沒收，商股中除四大家族的股份被人民政府沒收外，其餘由商家和市民持有的股份受政府承認。

香港中銀大廈（於 1990 年代正式啟用）

1949 年 6 月 6 日中國銀行正式對外復業。1949 年 10 月，新中國定都北京，國民黨退守台灣。1949 年 12 月，中國銀行總管理處從上海遷至北京，直屬中國人民銀行總行，成為專責經營和管理外匯的專業銀行。

在國民黨政府遷移到台灣之際，鄭曾接到國民政府命令，要求將中行香港分行的現金轉到台灣。據鄭鐵如的女兒鄭儒永女士（1931 年生，中國科學院院士真菌學家）回憶，下達這一指令的是當時鄭的頂頭上司、中行董事長孔祥熙，但鄭拒絕了此指令。

1950 年 1 月 6 日，英國政府宣佈承認中華人民共和國中央人民政府，港英當局也隨同承認了。同月 7 日，中行總管理處隨即致電香港分行，重新委派鄭鐵如為中行香港分行經理。同月 9 日，政務院總理周恩來對中國駐香港的機構發佈命令，要求各機構員工各守崗位，保護國家財產、檔案、聽候命令。周恩來特派人專程到香港，囑鄭鐵如將資產交給人民政府。當時，中行香港積累資產高達四千多萬港元。1950 年 1 月，鄭與中央通電，表示擁護人民政府，接受北京中行總管理處的領導。1950 年 1 月 18 日，國民黨在香港的金融系統「六行二局」發表起義通電，聲明保護財產，聽候人民政府接管。

在交接時，曾有港人職員不願留下，鄭鐵如為此做了很多工夫，而周恩來也特別關照員工，按照香港的規矩，薪金該提升的提升，給員工很大自由度，令很多想走的人重新留下。據報導，周恩來十分器重鄭鐵如，中行籌組董事會時，親自指定鄭為 13 位公股董事之一。

鄭鐵如帶領中行香港擁護人民政府，對新中國有重大的影響。內地在港的金融機構由人民政府接管後，成為新中國與資本主義世界貿易和吸收僑匯的重要樞紐，其業務量佔當時全國總額的八到九成，對衝破當時的封鎖禁運，以及吸收存款、支援內地建設發揮了重要作用。

不過，據鄭的女兒透露，鄭當年面對國民黨的種種威逼利誘，冒生命危險，沉着應付，保護公共財產。據說，當年周恩來總理曾提醒鄭鐵如，小心台灣派人到香港來暗殺他。為此，鄭鐵如一度住在香港中行頂樓的臥室和起居室內，白天下樓到辦公室上班，除家人外誰都不能內進，銀行內也加強保安。1973 年，鄭鐵如在港病逝，享年 87 歲。有內地學者近年撰文，對鄭當年保護中行香港資產有高度評價，香港《大公報》有轉載。[3]

鄭鐵如（大家尊稱他為「鐵老」）是著名的金融專家，他十分留意信息，經常隨身携帶袖珍收音機及財經通訊資料。他在北京主張建議政府修訂、公佈中國銀行的章程，也多次強調國際金融研究的重要性。中國銀行於 1992 年出版的 80 周年紀念冊《中國銀行（1912–1992）》提到：「周總理等領導同志還十分重視國際金融調究工作。」1950 年 12 月以後，西方國家對中國實行經濟封鎖，中國改變貿易支付形式，採用進口時貨到付款，出口發貨時收款的辦法。中國銀行為保證資金安全及進口物資做了大量工作。由於支付方式的改變，在初期的施行過程中沒有統一的方式，各項條款及執行辦法也有待完善。鐵老於 1953 年 6 月下旬，召開進口保證書研究會議，有幾家銀行派人參加。研究結果，初步訂制了幾條保證書以統一格式和辦法，定於 10 月 15 日試行。[4]

同樣遇到接管問題的還有中國銀行倫敦分行。英國承認中央人民政府之前，中行新總管理處曾分別於 1949 年 6 月 17 日及 10 月 10 日致電倫敦分行，闡明人民政府接管中行的政策，要求倫敦分行拒絕辦理對舊中國政府的任何貸款，堅決與台灣當局及台灣的中國銀行總管

3　賈磊：〈鄭鐵如 — 保護人民財產典範〉，《大公報》A10，www.tkww.hk/epaper/view/newsDetail/1379765162629795840.html，2009 年 7 月 3 日。

4　方善桂：《香港中行談往》，中苑，2022 年 11 月。

理處斷絕關係。1950 年 1 月 6 日，英國宣佈承認中央人民政府後，中行新總管理處又致電倫敦分行要求保護銀行資產。

與此同時，台灣的中國銀行總管理處也於 1 月份致電倫敦米蘭銀行，要求凍結中行倫敦分行在米蘭銀行的外幣存戶，以限制中行倫敦分行的業務。後來又派人前往倫敦解決問題。

不過，在 2 月份，北京總管理處致電倫敦米蘭銀行凍結中行倫敦分行的所有存款，中行倫敦分行幾乎陷於停頓。2 月 11 日，中行倫敦分行的主要負責人及全體中國籍員工聯名致電北京總管理處，表示接受領導。收到此電後，北京總管理處致電米蘭銀行解凍戶口，並對中行倫敦分行接受領導的行為表示嘉許，且明確表示，一切提款與支付要兩人簽字方才有效，並與米蘭銀行接洽拒絕台灣方面的指令。自此，中行倫敦分行由北京總管理處的領導。

新政府上場總是會遇到很多問題，中行香港及倫敦分行所遇到的只是當中的一部分。中行當時尚有新加坡、加爾各答等分行，當中的「回歸」過程在此不能一一詳述。

1950 年 4 月 9 日，中行在北京召開新中國成立後第一屆第一次董事會議，並委派新的董事長。作為對抗，台灣當局也於 4 月 20 日在台北召開中國銀行董事會議，並企圖遊說在香港的中行私股董事否認北京的董事會，但沒有成功。不過，當時美國繼續向台灣當局提供軍事援助，並封鎖上海等沿海城市。1950 年 12 月 2 日，美國公佈對中國等社會主義國家實行全面禁運，一切物資包括牙刷及化學品都不例外。作為反擊，中國政務院於 28 日發佈管制清查美國財產，凍結美國公司存款。不過，全面禁運還是給中行的外匯工作帶來很大壓力，資金周轉出現困難。1953 年 10 月 27 日，政務院公佈了《中國銀行條例》，訂明中國銀行受政務院特許，為外匯專業銀行。

大陸方面，由於新政府剛成立需應付大量棘手問題，加上後來又有很多政治及經濟干擾，例如大躍進（1958–1960 年）及文化大革命（1966–1976 年）。在這些歷史時期，大陸銀行業發展停滯不前。然而，此期間中國銀行在籌措外匯資金、吸收僑匯、國際結算、國際經濟研究等領域發揮了一定的作用。1950 年代初，中國進行私營工商業的改造。在香港，國營外貿公司要求銀行代為調查私營貿易商對經營國營外貿公司和對經營內地貿易的意見，也要求銀行代為調查私營貿易的發展意見，由港中行召集貿易商座談，僅 1955 年一年間就舉行了 42 次，提出對貿易做法及商品質量等的批評和改進建議，多至數百個事例，還有提出貿易糾紛 100 條。這些都及時反映了給內地聯行與國營公司。他們都十分重視，分別加以解決或賠償，貿易商座談，起了一定的作用，他們一年來都在調查市場情況，為提高客戶出口銷路起到一定的促進作用。

1968 年末，周恩來總理在接見中國銀行在港澳工作的職員時，指示中國銀行「要研究國際經濟動態，了解掌握工商業、銀行、運輸等各方面的動向」。1973 年 6 月 7 日，陳雲副總理要求銀行執行利用外資的任務。中國銀行在當年就籌措到外匯資金十億多美元。

1970 年代初，中國銀行迅速廣泛地與外國擴建代理關係。香港作為中外接觸的一個重要的窗口和前綫陣地，香港分行自然擔負起了橋樑作用。當時，香港也正在演變成為一個國際金融中心，港中行負責人員接觸和會見了很多外國界人士，從董事長、總經理到分行經理的駐港代表。他們有的要求建立代理行關係，有的提出業務建議（如發行債券或銀團貸款等），有的提出要到中行總行舉行研討會，也有介紹新的業務品種。

港中行方善桂博士在與他們的交往之中，談討國際金融問題，藉此交換意見，同時向他們介紹中國情況，積極宣傳和樹立中國及中行的形象，幫助打開國際局面。從 1980 年至 1986 年，方博士被邀請參加中行國外代理行的經濟學家召開的「商業銀行經濟家國際會議」，為便於討論，成員限於 30 人，來自十幾個國家的各大銀行。方博士被派每年一次赴歐洲、日本開會，討論當代國際經濟問題，並就中國的經濟發展與政策發言。那時正值改革開放初期，國際上都很關注中國的變化、發展情況。

1984 年，中行首次在日本發行債券。日本的債券信用評審機構到北京進行調查，評定信用等級，這是有關中國及中行國際信譽的一件大事。方博士作了充分準備，接待該評審機構，就港中行機構作了一個多小時的報告，並答復其提出的一些問題，調查人員表示滿意。經過全行上下的共同努力，中國銀行被評定最高信用等級，也就是三個 A（AAA）的評級。港中行從 1994 年 5 月 1 日起發行港幣鈔票，這在歷史上是一件大事。在兩年光景的準備中，方博士提供不少策劃、設計、宣傳方面的意見。

1971 年中國恢復聯合國席位後，中國銀行代表國家參加重要的國際金融活動，成功開展談判，恢復中國在國際貨幣基金組織和世界銀行地位。

1977 年 12 月，國務院召開了全國銀行工作會議，決定恢復銀行獨立的組織系統，強調要發揮銀行的作用。1992 年，鄧小平南巡後，內地的改革開放進一步深化，銀行業服務規模越來越大。內地銀行業向市場化、股份制改革推進，外資銀行也一樣，銀行業進入蓬勃發展時期。

　　1979 年，經國務院批准，中國銀行從中國人民銀行中分設出來，同時行使國家外匯管理總局職能，直屬國務院領導。不過二者對外雖是兩塊牌子，內部卻屬同一機構，由中國人民銀行代管。中國銀行總管理處改為中國銀行總行，負責統一經營和集中管理全國外滙業務。

　　改革開放之初，中銀就於 1978 年開始代理國外發行的信用卡，辦理國外信用卡和外國旅行支票的代付業務，信用卡從此進入中國內地。1985 年，中國銀行在內地率先發行了第一張人民幣信用卡。

　　1983 年，中國銀行與國家外匯管理總局分設，各行其職，中國銀行統一經營國家外匯的職責不變。中國銀行由中國人民銀行一個分支部門、國家金融管理機關，轉為以盈利為目標的企業。

　　1980 年代中期，美國石油大亨哈默博士訪問中國，鄧小平會見了他，並希望他來中國投資。哈默説，投資可以，但一定要中國銀行參加，由此可見中國銀行在哈默心中的地位。

　　1994 年外匯管理體制改革，國家外匯由外匯管理局經營，中國銀行結束其在外滙業務的壟斷地位，開始轉為國有商業銀行，並與中國工商銀行、中國農業銀行以及建設銀行成為四大國有商業銀行。

　　2003 年，中國銀行開始進行股份制改革，並於 2004 年 8 月 26 日，正式掛牌成立中國銀行股份有限公司。2006 年 6 月 1 日、7 月 5 日，中國銀行先後在香港證券交易所和上海證券交易所成功掛牌上市，成為首家 H 股和 A 股發行的上市國有商業銀行。

　　目前，中國銀行已成為全方位發展的金融服務機構，提供商業銀行、投資銀行、保險、資產管理、飛機租賃和其他金融服務，旗下有中銀香港、中銀國際、中銀投資、中銀保險等多個附屬機構。目前，中國銀行股份有限公司是中國大型國有控股商業銀行之一。按核心資

表 7.2　　中國銀行股份有限公司業務架構圖

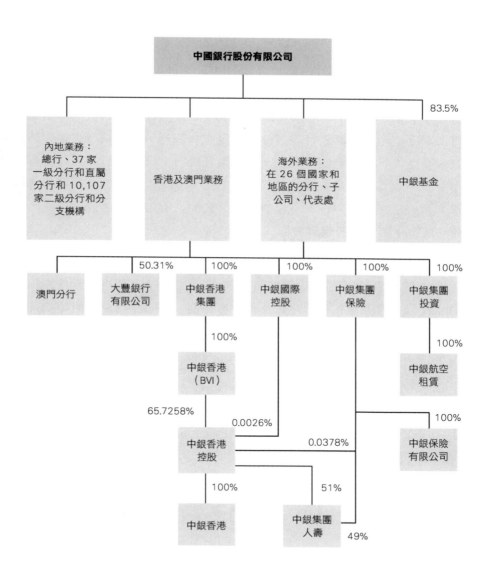

資料來源：馮邦彥：《香港金融業百年》（香港：三聯書店，2002 年）。

本計算，2023 年，中行在英國《銀行家》雜誌公佈的「世界銀行 1,000 強」中排第四位、美國《財富》（*Fortune*）世界 500 強中排第 49 位。中行在 2010 年錄得盈利 2,319.04 億元人民幣，居全國第三位。

其中，中銀香港（控股）有限公司於 2001 年 9 月 12 日在香港註冊成立，持有其主要營運附屬公司中國銀行（香港）（簡稱「中銀香港」）的全部股權。中銀香港合併了中銀集團香港十二行中十家銀行的業務（包括中國銀行香港分行、廣東省銀行、新華銀行、中南銀行、金城銀行、國華商業銀行、浙江興業銀行、鹽業銀行各銀行的香港分行，以及華僑商業銀行和寶生銀行），並同時持有香港註冊的南洋商業銀行、集友銀行和中銀信用卡（國際）有限公司的股份權益，使之成為中銀香港的附屬機構。

南洋商業銀行由著名潮州籍僑領莊世平於 1949 年創辦，而集友銀行則於 1952 年由福建籍僑領陳嘉庚創辦，並於 1967 年由中銀注資，加強實力。兩者皆有華僑背景及獨特客戶群，在中銀香港重組時維持其本身品牌。順便一提，莊世平亦在澳門創辦南通銀行，其後於上世紀 80 年代交給國家轉名為中國銀行澳門分行。

中銀香港是香港地區三家發鈔銀行之一，也是香港銀行公會輪任主席銀行之一。中銀香港成功在全球公開售股後，其股份於 2002 年 7 月 25 日開始在香港聯合交易所主板上市，並在美國以預託証券（ADR）的方式在市場流通。

2012 年，中國銀行迎來 100 歲生日，中行成為中國兩間持續經營百年的商業銀行之一（另一家為交通銀行），在支持國家經濟發展戰略上屢屢走在前列。

中國工商銀行的發展

在 2023 年，工行連續 11 年位列英國《銀行家》雜誌「世界銀行 1,000 強」榜單榜首和美國《財富》500 強榜單全球商業銀行首位，亦連續八年位列英國 Brand Finance 全球銀行品牌價值 500 強榜單榜首。如此迅速的發展，實不可小覷。不過，該銀行的建行歷史卻甚為短暫，根據《中國工商銀行史》一書所述，1949 至 1983 年，工行尚未成立。

1978 年，中共十一屆三中全會召開。當時中國的銀行業是「大一統」局面，全國的金融業務都是人民銀行負責，當時的副行長陳立認為在市場經濟飛速發展下，這模式不再合適。

1979 年 2 月，中國農業銀行恢復負責農村業務；同年 3 月，中國銀行恢復專辦國外業務；同年 8 月，中國建設銀行從財政部分設出來，負責投資業務，包括國家的大型建設專案。至於信貸和儲蓄業務，則依然由執行中央銀行職務的中國人民銀行負責，結果，人民銀行被評論為「既是運動員，又是裁判員」。

1983 年 9 月，國務院決定人民銀行專職中央銀行，同時把工商信貸和儲蓄業務分拆出來，成立了中國工商銀行（簡稱「工行」），並任命在中國人民銀行工作近 30 年、對儲蓄業務十分熟稔的陳立為工行行長。

至此，中國銀行、中國建設銀行、中國農業銀行與中國工商銀行遂成為中國四大國有商業銀行，而中國人民銀行則專職行使中央銀行職能，不再直接涉足商業金融業務。

中國工商銀行上海大樓

剛分拆出來的金融業務要如何發展，需要一段探索時間。在中國人民銀行時期，國家融資管道主要是由財政調撥為主，但從 1894 年起，則轉向銀行融資。而此時的工商銀行屬國家專業銀行，性質上是企業化經營的金融機構，則必須肩負籌集資金、供應資金、支持經濟增長和保持社會穩定的任務。

支援經濟建設，必須籌措足夠的資金。為推動儲蓄業務，拓寬資金來源，1985 年，陳立推動工行在北京王府儲蓄所開辦新業務，為外資企業飛利浦代發工資。但儲蓄所的同事卻不情願做，因當時工資低，工資今天到賬，明天就被人排隊取走，業務量大而收益少，為此陳立特意跑了好幾個儲蓄所做調查。當時的外企較易接受代發工資，而國企則覺得麻煩，要領工資的員工也覺得跑到銀行排隊不方便。後來，隨着國民收入增加，民眾體會到銀行代發工資的方便，這項業務便逐漸發展起來，為今天工行龐大的業務奠定了基礎。

在積極拓展儲蓄業務的同時，1984 年，工行也開發金融市場，代發股票及掛牌，代理買賣，這是工行邁向資本市場重要的一步。1994 至 2004 年，國家決定將專業銀行轉變為國有商業銀行，工行成為國有的貨幣經營企業。工行的主要任務由支持經濟發展轉為追求穩健經營和經濟效益。

2005 年，中國工商銀行完成了股份制改造，正式更名為「中國工商銀行股份有限公司」（簡稱「工商銀行」）。2006 年，工商銀行成功在上海、香港兩地同步上市，融資額為 219 億美元。工行上市後，成為上海交易所市值最大的股份公司，港交所第三大的股份公司，僅次於當時的滙豐控股和中國移動。上市當日，工行即創下了港交所最大單日成交金額紀錄，達 374 億港元，打破了 1998 年政府入市滙豐控股的成交金額。當日香港主板總成交金額有 760.18 億港元，比同年中銀上市時更高，再創 1998 年政府入市以來的最高成交金額。

目前，工行已成為中國規模最大的商業銀行。工行在 2023 年英國《銀行家》雜誌名列「世界銀行 1,000 強」榜單的第一位，該年錄得盈利 3,651.16 億元人民幣，居全國之首，亦為全球最賺錢的銀行。資產總值達 446,970.79 億元人民幣，為全球規模最大。

中國建設銀行的發展

繼中國工商銀行之後，中國建設銀行股份有限公司（簡稱「建行」）是中國內地規模第二大的銀行。顧名思義，「建設銀行」是伴隨新中國經濟建設而發展起來的國有商業銀行。

四大國有控股銀行，脫胎於各有分工的專業銀行體系。專業基因賦予了四大銀行不同的初始稟賦，它成為未來銀行發展和競爭差異的重要基礎。建行脫胎於財政體系，專司基建貸款的撥付和管理之職。作為曾經的「財政出納」，建行的規模最小。1954 年 10 月 1 日，經政務院（後改稱「國務院」）批准，中國人民建設銀行在承接原交通銀行的基礎上設立，其成立初衷是管理國家的基本建設資金。

1953 年，國家開始執行發展國民經濟的第一個五年計劃，以建設重點工程為中心。經濟發展需要大量撥款，原來由交通銀行兼辦基本建設撥款的局面已不能適應形勢所需。於是，一家新的專以建設為主的銀行便應運而生。

1954 年成立時，該銀行的名稱是「中國人民建設銀行」，是財政部屬下的一家國有獨資銀行，根據國家經濟計劃管理和分配政府資金給建設項目和基礎建設相關項目。

1950 年代末至 1970 年代，由於歷史原因，建行曾先後於 1958 年、1968 年兩次被撤銷，工作受到重大影響。但建行在困境中發展，兩次均在被撤銷四年後恢復業務。從 1954 年到 1978 年間，建行承擔了全國基本建設投資共 5,859 億元，支持了數以萬計的建設項目。1972 年 4 月 18 日，國務院決定恢復中國人民建設銀行。

1979 年，銀行業改革之後，中國人民建設銀行成為國務院直屬的金融機構。1979 年 8 月 29 日，國務院將中國人民建設銀行由辦理基本建設投資撥款監督工作的專業銀行升格為國務院直屬機構，並逐漸承擔更多商業銀行的職能。

隨着國家開發銀行在 1994 年成立，承接了中國人民建設銀行的政策性貸款職能，中國人民建設銀行逐漸成為一家綜合性商業銀行。1996 年，中國人民建設銀行改名為中國建設銀行。

除了推動國家基建投資外，建行亦發揮了銀行功能，面向社會廣泛籌集資金，且提供信貸。在中國經濟改革中，建行為住房制度改革以及住宅商品化提供服務，向房地產開發企業提供信貸及發行債券，又開辦居民住房儲蓄和住房抵押貸款。建行股務深入民心，以至於一度盛行「要住房、找建行」的口號。建行現在已是中國最大的住房抵押貸款銀行之一。

2004 年，在銀監會批准後，中國建設銀行股份有限公司、中國建投與匯金公司簽署分立協議。建行於 2004 年 9 月成立為股份公司，發起人為匯金公司、中國建投、國家電網、上海寶鋼和長江電力。

匯金公司是國務院批准成立的國有獨資投資公司，代表中國政府持有建行、中銀、工行、交行、銀河證券、申銀萬國及國泰君安等金融機構的股份，行使投資者權利及履行相應義務，並執行政府對國有金融機構的政策，該公司並不從事商業活動。

中國建投是匯金公司全資擁有的公司，業務包括投資於建行、接收及經營建行的資產及其他投資。中國建投亦是中國國際金融有限公司的控股股東。

建行成為股份制商業銀行，主要經營領域包括公司銀行業務、個人銀行業務和資金業務。其子公司包括中國建設銀行（亞洲）股份有限公司、中國建設銀行（倫敦）有限公司、建銀國際（控股）有限公司、中德住房儲蓄銀行有限責任公司、建信基金管理有限責任公司和建信金融租賃股份有限公司。

雖然建行的歷史並不悠久，但發展壯大後，積極收購一些歷史較為悠久的銀行。其中中國建設銀行（亞洲）的前身，即 1912 年在香港成立的廣東銀行，是香港第一間由華人創辦的銀行。該銀行在 1930 年代全球經濟大蕭條、第二次世界大戰期間，業務一度大受打擊，戰後方步上軌道。1988 年，被美國太平洋銀行收購，易名為太平洋亞洲銀行，後來又被美國銀行集團吞併，易名為美國銀行（亞洲）有限公司。2006 年，建行與美國銀行達成收購協議，後者正式改名為中國建設銀行（亞洲）股份有限公司。

除上述收購外，建行早於 1994 年 1 月展開在香港的第一次收購。建行從大新銀行手中購入香港工商銀行部分股份後，香港工商銀行於 6 月易名為「建新銀行」。2002 年，建行購入建新銀行全數股權，並將之正式併入中國建設銀行（亞洲）股份有限公司，建新之名亦正式被取締。

2005 年 10 月，建行 H 股在香港聯合交易所掛牌上市，2007 年 9 月，建行 A 股在上海證券交易所掛牌上市，實現了國有獨有商業銀行改革的突破。建設銀行日前發佈的 2022 年年報顯示，全年實現營業收入 8224.73 億元，淨利潤 3231.66 億元，僅次於工行，同比增長 6.33%，集團資產總額 34.6 萬億元，較上年增長 14.37%。

北京中國農業銀行總部

中國農業銀行的發展

　　四大商業銀行中，中國農業銀行（簡稱「農行」）算是實力相對較弱的一家銀行，但依然不容忽視。2014 年起，金融穩定理事會連續十年將農行納入全球系統重要性銀行。2023 年，農行位列英國《銀行家》雜誌「世界銀行 1,000 強」榜單第三位（按一級資本計）；穆迪（Moody's）長 / 短期銀行存款評級為 A1/P-1 穩定級別。2014 年起，金融穩定理事會連續十年將農行納入全球系統重要銀行名單中。

　　中國農行的前身是 151 年成立的農業合作銀行。當時，作為中國人民銀行屬下的專業銀行，農行主要負責組織推動農村金融工作，並辦理國家對農業發展的撥款和提供農業貸款。農業合作銀行成立後，由於未能做到財政撥款和長期貸款業務，於 1952 年被撤銷。

　　1955 年，為加強對農業合作化的信貸支援，參照蘇聯做法，國務院批准成立了農業銀行。主要用於農業生產，貸款對象主要限於生產合作組織和個體農民。但 1957 年，併入中國人民銀行。

　　1963 年，全國人大再次批准建立中國農業銀行，作為國務院直屬的金融機構，管理國家支援農業的撥款和貸款，並領導農村的信用合作社工作。後於 1965 年精簡機構政策下，再次與中國人民銀行合併。

　　農業銀行的發展可謂是一波三折。直到 1978 年中共十一屆三中全會提出「恢復中國農業銀行，大力發展農村信貸事業」，國務院才於次年 1979 年 2 月，決定正式恢復中國農業銀行。恢復後的中國農業銀行是國務院的直屬機構，由中國人民銀行監管。農業銀行的主要任務是統一管理資金，集中辦理農村信貸，領導農村信用合作社，籌集農村資金。

　　1996 年，因應金融體制改革的需求，農村信用合作社與農行脫鈎，農業銀行變為國有獨資商業銀行，並開始向現代商業銀行轉型。

在轉型期間，中國政府採取一系列措施，加強國有商業銀行的資本基礎，提高資產質量。1998 年，財政部向農行發行本金總計為人民幣 933 億元的 30 年期特別國債，籌集資金用於提高農行的資本充足水平。1999 年，農行獲准向中國長城資產管理公司出售人民幣 3,458 億元的不良資產。2008 年 11 月，財政部批准農行出售不良資產達人民幣 8,157 億元，部分不良資產用於抵銷人民銀行對農行的貸款。

2009 年 1 月，農行由國有獨資商業銀行，改制為股份有限公司。註冊資本為人民幣 2,600 億元，財政部與匯金公司作為發起人，各持農行 50% 股份。

批准農行出售不良資產及改制為股份有限公司，皆為其上市鋪路。農行於 2010 年 7 月在香港公開招股，發行 H 股份，並於 7 月 16 日在香港聯交所掛牌上市。至此，四大國有銀行均完成股份制改革，並成功在港上市。農行在 2023 年錄得盈利 3,698 億元人民幣，增長 4.2%，增幅居全國六大銀行之首。該行副行長劉洪在 2024 年的業績發佈會上表示，農行將持續優化機構的人才佈局、加大領域與「三農」（農業、農村和農民）的業務投入。

興業銀行的發展

興業銀行股份有限公司 1988 年誕生在中國改革開放的前沿地帶——福建省福州市，2007 年在上海證券交易所掛牌上市。經歷 34 年持續和穩健的發展 2022 年已成為內地系統性重要銀行，躋身英國《銀行家》雜誌「世界銀行 1,000 強」榜單的前 20 強；2023 年，在《財富》世界 500 強中居第 223 位、《銀行家》及 Brand Finance 聯合發佈的「2023 全球銀行品牌 500 強」中居第 26 位。

　　成立以來，興業銀行肩負「為金融改革探索路子、為經濟建設多作貢獻」的使命，將自身發展融入時代洪流，和中國經濟同頻。以客戶為中心。走市場化、差異化經營之路，順勢而為，銳意創新。

　　近年來，興業銀行貫徹新發展理念，在服務新發展格局中持續擦亮綠色銀行、財富銀行、投資銀行的「三張名片」，全面推進數字化轉型，積極提升構接一切的能力，打造新一輪發展的穩健開局。

招商局的發展

　　2022 年 9 月 2 日，人行批准深圳市招融投融控股有限公司的金融控股公司設立申請，並同意其更名為「招商局金融控股有限公司」（招商金控）。招商金控業務牌照能夠順利獲批的一個原因在於招商局之前較早地開展了金融專業化運營，框架搭建符合政策指向，實現了實業和金融的風險隔離。1992 年至 1997 年，招商局在香港以資本為依托進行多元化經營、招商證券、招商創投等，覆蓋銀行、保險、證券等多個金融領域。招商銀行自創立以來，就一直是招商局集團最重要的戰略資產，在整體戰略體系中扮演了重要角色，也是主要的利潤貢獻者。

中國郵政儲蓄銀行的發展

　　中國郵政儲蓄銀行的發展，可追溯至 1919 年開辦的郵政儲金業務，至今已有百年歷史。2007 年 3 月，在改革原郵政儲蓄體制基礎上，中國郵政儲蓄銀行有限公司掛牌成立。2016 年 9 月，該行在香港交易所上市，2019 年 12 月在上海交易所上市。

現時，郵儲銀行有四萬個營業網點，服務個人客戶超過 6.6 億戶，定位於服務「三農」、城市居民和中小企業。2023 年，郵儲銀行實現淨利潤 864.24 億元人民幣，總資產達到 15.73 萬億元人民幣，兩項指標表現均在全國第五位。標普、穆迪、惠譽分別給予該行 A、A+、A1 評級。2023 年，郵儲銀行在《銀行家》「全球銀行 1,000 強」排名（以一級資本計）中列第 12 位。

郵儲銀行的未來發展方向，將會立足於長期主義，以創新變化為動力，全面深化數字金融應用，打造領先的數字生態銀行，持續打造以新一代核心系統、「郵儲大腦」、多中心一體化的容器雲為代表的科技能力底座。新一代公司業務的賦能升級，郵儲銀行也將會積極探索 AI 大模型的智能創新應用。

非國有商業銀行和民營銀行的發展

私營銀行在很多國家及地區都不是新鮮事物，就算在中國金融史上，最早的金融機構也主要是私人創立的。不過，若稍微了解新中國的金融發展歷程，就會明白民營金融機構、特別是民營銀行在中國的特殊意義。

目前，內地除了大規模的國家控股的金融機構外，非國有商業銀行和民營銀行也佔市場一席位。民營金融機構包括國家不控股的商業銀行、城鄉信用合作社、城市商業銀行、農村合作基金、典當鋪以及名目繁多的互助儲金會、資金服務部、金融服務社等。

1949 年建國後，經過「公私合營」的社會主義改造，所有非國有商業銀行和民營銀行全部實現了國有化，「大一統」的金融體系正式形成。從建國之後直至 1979 年的計劃經濟期間，中國幾乎不存在民營金融機構。實質上，不要說是民營金融，此時期，只有中國人民銀行這

個龐大的金融機構。即使是建國初期所創立的唯一合作金融——農村信用社，也一度走上了「官辦化」的道路，逐漸變為集體所有制的產物，後來更成為農行的基層組織。

改革開放後，農村開始實行家庭聯產承包責任制，城市工商業中的個體經濟及民營經濟迅速崛起，開始為民營金融的興起提供了經濟基礎。其中，特別是民營經濟的發展，逐漸在中國經濟中佔據舉足輕重的地位。然而，在發展的過程中，特別是需要融資擴大生產規模時，民營企業卻常常難以獲得國有融資體制的協助。在這種情況下，除國有金融產權之外，更出現了很多其他類型的金融產權形式，包括如城市信用社、城市合作銀行等民營金融機構。

1979 年，中國第一家城市信用合作社在河南魯河縣成立。自此，城市信用社的數量急劇增長。至 1986 年底，大約有 1,114 家城市信用社，到 1993 年底，城市信用社數目更是增加到 4,892 家。由於受到地方政府或相關部門的保護，這些非國有金融產權逐步具有與國有金融產權談判的能力。

然而，由於部分城市信用社在經營中違背了審慎經營原則，且股權結構不合理、規模小、管理成本高、內控體制不健全，經營風險日益顯現。為此，在 1989 年下半年至 1991 年下半年間，中國人民銀行對城市信用社進行清理整頓。到 1994 年，城市信用社基本形成了獨立的行業體系。

1995 年 9 月，國務院決定分期分批組建由城市企業、居民和地方財政投資入股的地方股份制城市合作銀行。1998 年，城市合作銀行統一更名為城市商業銀行。期間，12 家股份制商業銀行相繼成立。於 1996 年 1 月 12 日正式成立的中國民生銀行，被認為是中國第一家民營銀行。到 2007 年年底，內地已有城市商業銀行 124 家。

民營銀行應具有以下四個特徵：

（1）民間資本控股的產權結構；

（2）規範的公司治理結構，董事會、監事會、經理層各司其職，政企分開，獨立經營、自負盈虧、市場化運作；

（3）按照市場規則選擇經理人員；

（4）具備與市場經濟相適應的企業文化。

相對於四大國有銀行和交通銀行等國有控股銀行來說，這些商業銀行規模較小，因此也經常被稱為中小商業銀行。他們多數由城市信用社發展而來，少數由農村信用社發展而來，如深圳發展銀行。目前這些非國有股份制商業銀行已成為民間金融業的重點，並逐漸在國際銀行中嶄露頭角，其中發展規模較大的包括招商銀行、民生銀行、光大銀行、上海浦東發展銀行、興業銀行、華夏銀行、中信銀行、深圳發展銀行、廣東發展銀行等。這些銀行均在 2022 年《銀行家》雜誌全球前 500 家銀行排行榜中，中信、民生、招商、興業四家銀行更是擠身前一百位，分別為第 19、22、11 及 16 位。

其中中國民生銀行是中國內地第一家由民間資本設立的全國性商業銀行，於 1996 年 1 月 12 日成立。目前主要大股東包括劉永好的新希望集團、張宏偉的東方集團、盧志強的中國泛海集團、王玉貴代表的中國船東互保協會、新加坡的淡馬錫控股公司以及以私人名義入股的史玉柱等。香港銀行家王浵世曾出任民生銀行行長。王浵世畢業於香港中文大學，為前滙豐銀行中國區總裁。

民生銀行 A 股於 2000 年 12 月 19 日在上海證券交易所公開上市。2003 年 3 月 18 日，民生銀行的 40 億元轉換公司債券在上交所正式掛牌交易。2004 年 11 月 8 日，通過銀行債券市場，成功發行 58 億

元人民幣次級債券，成為中國第一家在全國銀行債券市場成功私募發行次級債券的商業銀行。

2009 年 11 月，民生銀行在香港進行公開招股，招股價為每股 8.5 至 9.5 港元，集資最多 315.6 億元。招股公開發售部份獲超額認購 157 倍，凍結資金 2,493 億港元，民生銀行的最終招股價訂於 9.08 元，於 11 月 26 日上市。

截至 2023 年 12 月 31 日，中國民生銀行總資產規模達 76,749.65 億元人民幣，存款總額 42,830.03 億元，貸款總額 43,838.77 億元，該年實現淨利潤 358.23 億元人民幣，在內地設立了 146 間分行，在香港亦設立了一間分行。2023 年，中國民生銀行獲金融時報評為年度最佳託管銀行。

不過，所謂「林子大了，什麼鳥都有」，眾多民營金融機構的發展也是良莠不齊。特別是商業銀行都在金融業高風險、經營混亂的時期誕生，結果出現了很多問題，有些城市商業銀行、城市信用社甚至出現了不同程度的擠提現象。一個較觸目的例子就是 1998 年海南發展銀行的擠提事件，最終該行以結業收場。

海南發展銀行（簡稱「海發行」）於 1995 年 8 月 18 日開業，註冊資本 16.77 億元人民幣，由海南省政府控股，兼併了五家信託投資公司，並以募集股本的方式設立，有 43 個股東，包括中國北方工業總公司、中國遠洋運輸集團公司、北京首都國際機場等。該銀行並非僅限於海南省內經營，亦曾於廣州及深圳設立過兩家分行。

海發行起初經營情況不錯，沒有呆滯貸款（doubtful loans），與境外 36 家銀行及 403 家分支行建立了代理關係，外匯資產規模達 1.7 億美元。後來，由於海南省產生了嚴重的房地產泡沫，並開始崩潰，導致許多信用社出現了大量的不良資產。1997 年 12 月，中國人民銀行宣佈，關閉海南省五家已經破產的信用社，其債權債務關係由海發行

託管，其餘 29 家海南省境內的信用社，有 28 家併入海發行。就是這些信用社，最終使海發行走向末路。

海發行兼併信用社後，只保證向信用社付儲戶本金及合法的利息。許多儲戶在信用社本可以收取 20% 以上利息，在兼併後只能收取 7% 的利息。1998 年春節過後，不少定期存款到期的客戶開始將本金及利息取出，轉存其他銀行，發生了大規模的擠提。同時由於房地產泡沫爆破，海發行不少貸款也難以收回。

1998 年 6 月 21 日，中國人民銀行決定關閉海南發展銀行，停止其業務活動，並依法成立清算組，對海發行進行關閉清算；又指定中國工商銀行託管海發行的債權債務，保證支付其境外債務和境內居民儲蓄存款本金及合法利息，其餘債務待清算後償付。

海發行是新中國成立後中國大陸第一家因經營管理不善而關閉的銀行，到 2024 年的今天仍是唯一的一家。2000 年，中國（海南）改革發展研究院向海南省政府遞交了一份報告，提出重建海發行。海發行的債權超過 1,000 萬元人民幣，股東將以債轉股。但到目前，海發行的清盤工作仍未能完成，隨着時間的推移，海發行重建的可能性就越來越小。於是，海南政府乾脆另起爐灶，重新打造一個屬於海南人民的本土銀行。2012 年 9 月，當地政府計劃開始籌建海南銀行，海南銀行的建立將打破海南省沒有地方性法人銀行的這個僵局。

與海發行形成鮮明對比的是浙江泰隆信用社。該信用社成立於 1993 年 6 月 28 日，註冊資本為 2,750 萬元，全為民營資本，其中 29 位個人股東持股 21.9%；民營企業股東 6 家持股 78.1%。該社發展速度飛快，1994 年末到 1999 年，其存款餘額年遞增 40.06%，大大超過同期全省金融機構的 26.8%。泰隆發展的特徵就是「成立晚、發展快、風險低、活力強」，被人稱為「泰隆現象」，成為中國民營銀行的一個代表。

2006 年，泰隆信用社獲批准改為建立泰隆商業銀行，浙江泰隆商業銀行是一家自創辦起始終堅持「服務小微企業、踐行普惠金融」的股份制城市商業銀行。至 2023 年末擁有一萬多名員工，開設了台州、麗水、杭州、寧波、上海、蘇州、衢州、金華、嘉興、湖州、紹興、溫州、舟山等 13 家分行，在浙江、湖北、福建、廣東、河南、陝西等地發起設立 13 家泰隆村鎮銀行，有 400 多家網點。

多年來，泰隆銀行在實際中探索具有中國特色的小微企業信貸服務模式和風險控制技術，總結出一套以「三品三表」等為特色的小微企業金融服務和風險控制模式，尋找解決小微企業融資難這一世界性難題的中國式答案。獨特而符合國情的商業模式，使泰隆銀行在小微企業金融服務市場上贏得了一片藍海，實現了企業可持續發展與社會責任的相互交融、和諧共進。

成立以來，泰隆銀行已直接或間接支持了近兩千萬人創業和就業，幫助廣大創業青年、失地農民、外來務工人員、下崗工人實現了勞動致富，得到政府、監管部門和社會各界的好評，更曾先後五次被中國銀監會評為「小微企業金融服務先進單位」。在《銀行家》雜誌公佈 2023 年「世界銀行 1,000 強」榜單中，泰隆銀行連續五年入圍 500 強，排名攀升至第 355 位，較上一年度上升 8 個位次。

如果說海發行的倒閉很大程度上歸咎於過分快速的發展，那麼泰隆銀行的奇跡也必須歸功於其快速的積極進取策略。

就總體而言，隨着市場機制日益成熟，股份制商業銀行、城市商業銀行、城市信用社都逐漸走上審慎經營之路。2008 年末，中小商業銀行個別和整體的資本充足率全部達標，股份制商業銀行資本充足率為 10.5%，城市商業銀行資本充足率為 13%。2008 年底，全部中小商業銀行不良貸款率為 1.7%，降至歷史最低水準。股份制商業銀行不良貸款率為 1.35%，城市商業銀行不良貸款率為 2.3%。2007 年，南京、

寧波和北京三家城市商業銀行在上海上市，其 IPO 定價、市盈率、凍
結申購資金量和中簽率等指標都有上佳的表現。城市商業銀行市場地
位和財務實力得到了市場的認可。

　　一直而來，民營銀行面臨着資本補充需求旺盛的課題。根據金融
監督總局的數據，2023 年平均資本充足比率為 12.32%，低於商業銀
行平均水平。2023 年，民營銀行收入淨利潤交出較好的成績單，但表
現最好的（微眾，淨利潤 108.15 億元）和最差的（新安，淨利潤 0.45
億元）差距在拉大。

民營銀行進一步發展

　　2013 年，政府放開民營資本設立銀行的准入限制，民營資本可申
辦銀行。截至 2014 年 4 月，已有 70 餘家民營銀行獲得工商總局預核
算。自 2014 年 3 月證監會批准五家民營銀行進行試點以來，至 2017
年 3 月，總共有 17 家民營銀行獲批。為什麼會有這麼多民營資本希望
設立銀行呢？因為他們認為銀行是很好的賺錢途徑，事實證明，首批
的五家民營銀行均已盈利。

　　2014 年 12 月 16 日下午，全國第一家民營銀行「深圳海微眾銀
行股份有限公司」成立，是第一家由民間資本發起設立並自擔風險的
民營銀行，主要發起者包括騰訊網絡公司、百業源投資公司和立業集
團等知名民營企業，註冊地為深圳前海。微眾銀行註冊及實收資本 30
億元人民幣。由騰訊、百業源和立業集團為發起人，其中，騰訊認購
該行總股本之 30%。該行的願望為建設融入生活、持續創新，領先全
球的數字銀行。該行主要以普惠金融為目標，致力服務工薪階層、自
由職業者和進城務工人員等普羅大眾，以及符合國家政策導向的小微

企業和創業企業。主要經營模式定位於目標客戶群的需求，通過充分發揮股東優勢，提供差異化、有特色、優質便捷的存款、理財投資，貸款、支付結算等，全力打造「個存小貸」的特色品牌。微眾銀行具有自身特色的科技平台，可將各類信息科技和生物科技充分運用到產品、服務和經營的各個方面，從而顯著提升客戶體驗，降低業務成本。該行亦重視校企合作，優勢互補，共融金融科技開放創新生態。微眾銀行還將在建立數據和先進分析方面增強核心競爭力，在深入了解和滿足客戶需求的基礎上構建更全面的風險管理機制。微眾銀行陸續推出微粒貸，微眾銀行 App，微車等產品，以個人貸款和大眾理財為主的普惠金融產品服務體系基本成型。

2015 年 9 月，微眾銀行基於「互聯網＋」思維推出了聯合貸款模式，把一批中小商業銀行拉進微粒貸中，充分調動這些中小商業銀行的資金優勢，共同向個人和微企提供優質金融服務。在 2015 年，微眾銀行利用一整套開源技術，按分佈式架構搭建技術平台，實現了「去IOE」（IOE 為 IBM、Oracle 和 EMC 的縮寫），分別是小型機、數據庫和高端存儲的領導廠。該行同時將人臉識別、聲紋識別、機器人客服等創新技術運用於實際業務場景。這套系統可以支持億級海量用戶及高發交易，徹底改變了金融服務的成本結構，每個帳戶運維成本與同業相比降低了 90%，並讓該行與合作伙伴的對接更靈活及高效。對於純線上運營的互聯網銀行來說，要面臨沒有網點、沒有營銷人員、完全用機器替代人工、風控難度比傳統難度更為複雜等問題。為此，微眾銀行在傳統風控手段的基礎上，引入神經網絡、決策樹和機器學習等國外新型風險識別模型和算法技術，陸續建立社交、人行徵信、商戶授信和反欺詐等系列模型，並在模型中注重運用消費、社交行為等動態數據，以及通過文字和圖片的非結構化數據，真正實現基於大數據的風險模型構成。

民營銀行的發展步履緩慢。到 2015 年 5 月，首批獲批的 5 家民營銀行已全部開業，分別為天津金城銀行、深圳前海微眾銀行、上海華

瑞銀行、溫州民商銀行。不過這五家規模很少，而且開展業務的範圍也受到比較嚴格的限制，申請個新產品也很困難。另一方面，大量資金在金融體系內部空轉，在支持實體經濟方面差強人意。

從 2014 年試點開始，設立民營銀行的大幕正式拉開。

經過多年發展，民營銀行隊伍不斷壯大，在 2023 年末已增至 18 家。民營銀行主要服務中小微企業，而非與國有銀行正面競爭。國有商業銀行機構對於廣大小微企業的金融服務明顯不足，而經濟結構調整和轉型升級卻離不開小微企業的支持。

中國銀行業協會數據顯示，截至 2021 年末，全國 18 家民營企業總資產規模 1.64 萬億元，增長 28.8%；全部均實現盈利，淨利潤總額 135.50 億，同比增速 47.08%。

中國支持民營銀行發展主要是優化銀行業生態結構，促進行業競爭，這樣會驅使國有銀行改革提效，增加高質量服務供給。同時，多元化金融機構服務體系，有助於破解實體經濟融資的難題，尤其是小微企業、「三農」等實體經濟的薄弱環節，從而更好地支持實體經濟高質量發展。

近年來，內地民營銀行在資產規模、數量、經營能力方面發展較為迅速，但也面臨一些困難和壓力。從單個民營銀行來看，在存貸兩端監管新規之下，受限於「一行一店模式」，本就缺少渠道和客戶的民營銀行發展分化明顯。2021 年，僅微眾銀行一家實現的淨利潤，便已超過其餘 18 家民營銀行淨利總和。[5]

上面，我們具體地介紹了個別有代表性的銀行，以下我們再從宏觀的角度，回顧中國銀行業近幾十年來發展的主要里程碑。

5　國際金融報：〈民營銀行尋求破局〉，國際金融報，2023 年 4 月 17 日。

改革開放以來，中國銀行業的標誌性節點

中國銀行業近幾十年來的發展，大致上可分為十幾個主要的里程碑。

1978 年 2 月，中國人民銀行與財政部分立，成為國務院直接管轄的獨立機構，標誌着中國銀行體系進入了恢復期。接下來，銀行業開始業務細分。

1979 年農業銀行重新成立，「大一統」的銀行體係（人行作為唯一的銀行，既擔央行的職能，又從事商業銀行活動）開始瓦解。而後中國銀行從人行分設出來；緊接着中國人民建設銀行（後改稱中國建設銀行）也從財政部獨立出來，納入商業銀行體系。

1979 年 2 月，為了支持農業發展，農業存貸等相關業務從中國人民銀行劃出，恢復設立中國農業銀行。這不僅開了設立國家專業銀行的先例，更是首次打破了「大一統」的傳統金融體制格局。同年 3 月，外滙相關業務也從人民銀行中分離出來，恢復設立了中國銀行和國家外匯管理局。1983 年 5 月，國務院恢復中國人民建設銀行，從事與基本建設投資相關的業務。

1979 年 9 月，國務院出台《關於中國人民銀行專門行使中央銀行職能的決定》，決定成立中國工商銀行，承辦原來由人民銀行辦理的工商信貸和儲蓄業務。1984 年 1 月，中國工商銀行開業，此後，人行成為專門履行中央銀行職能的金融機構。1986 年 7 月，交通銀行重新組建，成為全國第一家股份制商業銀行。隨後，中信銀行、興業銀行、華夏銀行等股份制商業銀行相繼成立。

1984 年，工行從央行中分離，商業銀行主導中國銀行業的新時代正式開啟。1985 年起，在機構搭建的基礎上，國務院決定將原先由財政部對基本建設項目進行無償撥款，改為由中國人民銀行以貸款方式

供給資金的制度，改為「核改貸」。此後，銀行信貸資金成為經濟建設的主要資金來源。

1986 年，國務院出台《銀行管理暫行條例》，明確專業銀行都是獨立核算的事業單位。

1987 年，國家對專家銀行的成本率、綜合費用率、利潤留成與增補貸基金的比率實行核定，同時下放業務自主權、信貸資金調撥等，推進其按照「自主經營、自負盈虧、自擔風險、自我發展」的原則開展經營運作。

1986 年 9 月，國務院批准組建交通銀行，標誌着中國股份制商業銀行的誕生。股份制商業銀行的出現不斷提升著中國商業的企業化與市場化水平。

1995 年《中國人民銀行法》和《商業銀行法》頒佈，中國銀行業的發展正式步入法制軌道。

1997 年人行頒佈《中國人民銀行貨幣政策委員會條例》、《票據管理辦法》及《支付結算辦法》等涉及機構管理、風險監管方面的規章近百條，這些都顯示中國中央銀行制度日趨完善。這一年也是中國電子銀行大發展的開始，招商銀行率先推出「一網通」，成為中國網上銀行業務的市場引導者，中國銀行業的網絡渠道建設啟動。隨後，1998 年 3 月，中行在內地開通了網上銀行服務。

1999 年，中國銀行業的網絡建設開始。建行啟動了網上銀行，在北京、廣州、深圳等市進行試點。9 月，招行在內地全面推出「一網通」網上服務，建立了由網上企業銀行、網上支付、網上證券、網上商城為核心的網絡銀行服務體系，並經人行批准，首家開展網上個人銀行服務，成為內地首先實現全國聯網的商業銀行。與此同時，工商銀行「數據大集中」項目正式立項，標誌着中國銀行業開啟了以網上

銀行 IT 基礎設施為內容的信息化高潮。4 月，中國信達資產管理公司成立，拉開了國有銀行剝離不良資產、深化改革的序幕。

2000 年 5 月，中國銀行業協會經人行和民政部批准成立，並在民政部登記註冊為全國非盈利社會團體，是由中國銀行業自行組織。

2001 年 12 月 9 日，人行發出《關於全面推行貸款質量五級分類管理的通知》，決定從 2002 年 1 月起，在內地各類銀行全面推行貸款風險分類管理。

2002 年 3 月 26 日，經人行批准，中國銀聯在上海正式成立，它是由內地 80 多家金融機構共同發起設立的股份制金融機構，註冊資本 16.5 億元人民幣，對於提高整個金融系統的信息處理效率以及推動全國個人信用體系的建立都具有十分重大的意義。

2003 年，中國銀行業監督委員會成立，標誌著中國銀行專業監管時代的來臨。新的銀行監管體系形成，確立了中國一行 (人行)、三會 (銀監會、證監會、保監會)、一局 (國家外滙管理局) 的金融管理體制。同年 10 月，支付寶走上歷史舞台，開啟了人們網上支付的新篇章。

2004 年 5 月，深圳發展銀行成功引入美國新橋集團的資金，成為內地首家引入外資作為第一大股東的中資銀行。同年，國有商業改革啟動，中國銀行、建設銀行分別完成財務重組和股份制改造，成為股份有限公司。

2005 年，建行與美國銀行 (Bank of America) 簽署戰略投資合作協議，這是四大國有銀行首次引入海外銀行的海外投資者。同月，交通銀行在香港交易所成功掛牌上市，這是內地首家在內地以外的地區成功上市的銀行。10 月，建行在四大國有銀行中率先在境外上市，國有銀行改革進程順利推進。同年，中國工商銀行股份有限公司正式成立。12 月，銀監會宣布對外資銀行開放本地企業的人民幣業務。

2006 年 12 月 11 日，《中華人民共和國外資銀行管理條例》和《中華人民共和國外資銀行管理條例實施細則》正式頒佈，中國銀行業全面履行「入世」承諾。同日，銀監會受理了八家外資銀行分行轉制的申請。同月，經國務院同意，銀監會正式批準設立中國郵政儲蓄銀行。

2007 年 3 月，全國首家村鎮銀行成立。

2008 年 1 月，銀監會批准設立第一家非銀行金融境外子公司—中油財務有限公司香港子公司。4 月，銀監會批准民生金融租賃公司和招銀金融租賃公司開業，加上此前開業的工銀租賃、建銀租賃和交銀租賃，經國務同意的五家商業銀行試點設立的金融租賃公司全部開業。10 月工行、招行和工行分別獲准開設紐約分行，中資銀行開啟了近十年的國際化進程。12 月，國家開發銀行股份有限公司成立，成為第一家由政策性銀行轉型而來的商業銀行，標誌着中國政策性銀行的商業化改革取得重大的進展。

2008 年，外資銀行在中國內地的經營開始逐漸深入。

2009 年，中國農業銀行有限公司成立，標誌着中國大型商業銀行股份制改革進入最後階段。3 月，銀監會正式成為巴塞爾銀行監督委員會和金融穩定理事會成員。7 月，銀監會印發《消費金融公司試點管理辦法》。2010 年 1 月，中國消費金融公司試點工作正式啟動。

2010 年 1 月，銀監會批准三家銀行籌建金融公司，消費金融公司試點工作正式啟動。2 月 25 日，中國首家消費金融公司正式成立。6 月，銀監會批准中國信達資產管理公司正式掛牌成立，資產管理公司轉型改革試點正式實施。7 月，農行正式在上海和香港兩地上市，標誌着大型商業銀行順利完成股份制改革。12 月，重慶農村商業銀行在香港上市，成為內地首家上市的農村中小金融機構。值得注意的是，在此期間，中國銀行業銀行理財業務爆炸性增長，這是一段特殊套利的交易增長。

2011 年 7 月，銀監會首次批准外資銀行以人民幣形式增加註冊資本，2011 年累計批准外資銀行以人民幣形式增加註冊資本 70.18 億元。11 月，金融穩定理事會宣布，在全球首批 29 家系統重要性金融機構名單中，中國銀行成為在中國乃至新興國家和地區唯一入選的銀行。

2012 年 6 月，《商業銀行資本管理辦法》亮相，標志著中國銀行業經營管理，尤其是資本管理、風險管理與國際標準的全面對接。

2013 年 6 月，餘額寶橫空出世，開啟了中國網際網路金融的元年。11 月，工行入選全球系統重要性銀行名單。12 月，中國信達資產管理股份管理有限公司在香港上市，標誌着金融資產管理公司戰略轉型取得重大進展。

2014 年，阿里巴巴和和騰訊展開移動支付補貼大戰，作為重要的金融服務平台，移動支付給傳統銀行服務渠道和入口帶來挑戰。3 月，銀監會確定首批民營銀行的試點方案，此後三家民營銀行的籌建獲批。12 月，由騰訊作為主發起人的深圳前海微眾銀行正式獲準開業，成為首家開張的民營銀行，純線上的虛擬銀行在業務模式和商業邏輯上開始重塑銀行業。

2015 年，存款保險制度推出，作為利率市場化推進的重要一環，存款保險制度逐漸改變中國銀行業的生態。10 月，商業銀行存貸比法定監督指標取消。國務院常務會議通過了《中華人民共和國商業銀行法修正案（草案）》，刪除了貸款餘額與存款餘額不得超過 75% 的規定，將貸存比由法定監管指標轉為流動性監測指標。

2016 年 10 月，國務處發佈《關於市場化銀行債權轉股權的指導意見》，這意味着銀行債轉股重啟，同年又發佈《互聯網金融風險專項整治工作實施方案》，互聯網金融專項治理開啟。

2017 年 3 月 28 日，阿里巴巴、螞蟻金服與建設銀行在杭州簽訂戰略協議，新金融主體的崛起得到背書。11 月，央行、銀監會、保監會、外滙局聯合下發了《關於規範金融機構資產管理的業務指導意見》，明確給取消剛性總付定了時間表，銀行理財回歸資產管理本源的計劃也真的回歸市場。

2018 年 3 月，國務院機構改革方案，提請十三屆全國人大一次會議。根據此方案，組成中國銀行保險監督委員會。4 月，建行在國有大行中第一個成立金融科技子公司，標誌着中國銀行業金融科技時代的開始。9 月，商業銀行資管新規落地，《商業銀行理財業務監督管理辦法》的公佈施行標誌著中國銀行業一段套利時代的完結。

2021 年，中國銀行業結合區域經濟發展、渠道轉型趨勢以及金融客戶消費行為為零等情況，通過優化網點佈局持續做好重點區域、城市及個縣城、鄉村地區的金融發展及服務保障，特別是持續改善金融服務空白、薄弱領域的服務供給，並積極地推進網點金融持續向着綜合化、場景化、智能化、人性化等方向全渠道轉型。

中國銀行業七十餘年成功的發展歷程，是順應歷史潮流、積極應變、主動求變、與時代同行的歷史，不是為了陶醉在過往取得的成就之中，而是為了總結歷史、把握歷史規律、增強開拓前進的勇氣和力量。

2022 年 1 月至 8 月，人民幣跨境收付金額約為 27 億元，同比增長 15.2%，在同期本外幣跨處的收付總額中進一步提升至 49.4%，涉及境外國家、地區達 220 個。目前中國跨境交易總額有近 50% 使用人民幣進行結算，主要人民幣市場存款近 1.5 億，納入外匯儲備。截至同年第二季度末，全球央行存有的人民幣儲備規模約為 3,223.8 億美元，佔比為 2.88%，較 2016 年人民幣剛加入 SDR 時提升 1.8%。

2022 年 5 月，IMF 將人民幣在 2016 年確定的 10.32%，進一步上調至 12.28%。

2022 年以來，消費金融行業監管呈現高壓態勢，重點聚焦在圍繞信貸環節展開的合規要求、罰單數量及金額連創新高。

2023 年，在平穩開局形勢之下，促穩提質政策加力，內地銀行深入了解外貿企業的金融業務訴求，築系統、助結算、注融資，多措並舉加碼對外貿企業的金融資源支持。

2023 年 3 月，根據國務院關於提請審議國務院機構改革方案的議案，組建國家金融監督管理總局。統一負責除證券業之外的金融業監管，強化機構監管、行為監管、功能監管、穿透式監管、持續監管，統籌負責金融消費者的權益保護，加強風險管理和防範處置，依法查處違法違規行為。作為國務院直屬機構，國家金融監督管理總局在中國銀行保險監督管理委員會的基礎上組建，將中國人民銀行對金融控股公司等金融集團的日常監管職責、有關金融消費者的保護職責、中國證券監督管理委員會的投資者保護職責劃入國家金融監督管理總局，不再保留中國銀行保險監督管理委員會。[6] 這一改組，加強了對各個金融領域的統一監管，不留死角，使更有效及節約成本。

2023 年 10 月底，中央金融工作會議首次提出「建設金融強國」的目標和要求。未來中長期，中國金融行業將聚焦現代金融體系建設，要健全六大體系，涉及金融調控、金融市場、金融機構、金融監管、金融產品和服務、金融基礎建設。

中國人民國家金融研究院吳曉求提出，中國要達成「金融強國」的共性條件，即是貨幣的國際化、金融體系開放，以及有強大的經濟實體。[7]

6　李林鶯：〈新中國銀行體系的誕生與探索〉，http://xw.cbimc.cn/2019-09/26/content_306156. htm，中國保險報，2019 年 9 月 26 日。

7　潘攀：〈三中全會前夕 熱論金融強道〉，香港經濟日報，2024 年 5 月 27 日。

中國銀行業的發展歷史和經驗

　　銀行業的發展，是在不斷總結過往經驗的基礎上作出的。與證券業、保險業、信託業、資管業、租賃企業相比，銀行業是唯一貫穿 70 年發展的金融產業。70 年歷程，中國銀行業的發展大致經歷了三個時期：構建符合中國國情的銀行體系探索時期、建設中國特色社會主義銀行體系時期、構建中國現代銀行體系時期，這三個時期既有共同點又各有特點。

1、探索符合中國國情的銀行體系

　　1948–1978 年的 30 年的銀行體系發展，跟中國經濟發展走勢和體制機制的變動基本一致，可分為三個階段：

(1) 1949–1952 年的 3 年為第一階段，是初建階段。

(2) 1953–1960 年的 7 年為第二階段，是第一次起伏波動的階段。其中，1953–1957 年的 4 年為構建的起色時段，1958–1960 年為下行時段。

(3) 1961–1978 年的 17 年為第三階段，是新中國銀行體系中的第二次起伏波動的階段。其中，1961–1966 年的 5 年為糾錯重建階段，1967–1978 年的 11 年為陷入混亂和撥亂反正時段。

2、中國特色社會主義銀行體系的建設

　　1979–2017 年的 38 年中國銀行業發展歷史可分為三個階段：

(1) 第一階段為 1979–1992 年的 13 年，是中國銀行業探尋市場化發展的階段，其中，1979–1984 年的 5 年為銀行業的恢復

階段，1985–1992 年的 7 年為銀行業增長時段，1985–1992 的 7 年是銀行業展開市場化探索的階段。

(2) 第二階段為 1992–2001 年的 9 年，是中國銀行體系的市場化改革階段。

(3) 第三階段為 2002–2017 年的 15 年，是中國銀行體系國際化改革階段，2001 年 12 月 11 日，中國正式加入世貿組織（World Trade Organisation, WTO），其中安排了銀行業對外開放的過渡期。由此，加快銀行體系的國際化成為必然選擇。

3、新時代條件下中國現代銀行體系的構建

2018 年以後，在構建現代金融體系方面，中國推出一系列新的改革開放措施，其中包括：第一，有效防範金融風險；第二，調整完整金融監督風險；第三，規範資產管理業務機構；第四，進一步加大銀行對外開放範圍；第五，深化金融供給側結構性改革。[8]

8　　張子明：〈中國銀行業發展歷史和經驗〉，億歐平台，2019 年 10 月 01 日。

參考資料

「中國工商銀行史」編輯委員會:《中國工商銀行史》,北京:中國金融出版社,2008 年。

中國銀行行史編輯委員會:《中國銀行行史 1949–1992》,北京:中國金融出版社,2001 年。

王厚溥:〈中國人民銀行的建立和發展〉,《重慶師範大學學報(哲學社會科學版)》第三期(1986 年),國際金融報。

江世銀:〈中央銀行體制改革及其深化〉,《河北經貿大學學報》第一期(2009 年),頁 43–47。

呂靜秋:〈我國中小型商業銀行效率與監管研究〉,吉林大學博士論文,2009 年。

李林鶯:〈新中國銀行體系的誕生與探索〉,http://xw.cbimc.cn/2019-09/26/content_306156.htm,中國保險報,2019 年 9 月 26 日。

周禹彤:〈歲月如歌─中國工商銀行第一任行長陳立講述工行起步的故事〉,《中國金融家》第 11 期(2009 年),頁 49–52。

胡國:〈我國民營銀行發展研究〉,湖南大學碩士論文,2003 年。

范方志:〈我國中央銀行體制改革的回顧與展望─紀念改革開放 30 周年〉,中央財經大學學報》第二期(2009 年),頁 20–24。

海巖:〈人行:5 方面推進人民幣國際化〉,文匯報,2024 年 5 月 31 日。

國際金融報:〈民營銀行尋求破局〉,2023 年 4 月 17 日。

張子明:〈中國銀行業發展歷史和經驗〉,億歐平台,2019 年 10 月 01 日。

馮邦彥:《香港金融業百年》,香港:三聯書店,2002 年。

楊希天:《中國金融通史第六卷─中華人民共和國時期(1949–1996)》,北京:中國金融出版社,2002 年。

楊奎松:《中間灰色地帶》,太原:山西人民出版社,2010 年。

「當代中國」叢書編輯部:《當代中國的金融事業》,北京:中國社會科學出版社,1988 年。

賈磊:〈鄭鐵如─保護人民財產典範〉,《大公報》A10,www.tkww.hk/epaper/view/newsDetail/1379765162629795840.html,2009 年 7 月 3 日。

劉昊:〈民生銀行經營發展策略研究〉,四川大學碩士論文,2005 年。

潘攀:〈三中全會前夕 熱論金融強道〉,香港經濟日報,2024 年 5 月 27 日。

羅得志:〈1949–2002:中國銀行制度變遷〉,復旦大學博士論文,2003 年。

第八章

中國銀行業的發展路向

重組、上市及下一步的挑戰

2001 年中國加入世貿前夕，一位負責此專案的官員在接受外國媒體採訪時說：「以前我們總是害怕狼來了，現在我們不僅要學會與狼共舞，還要努力將自己變身為狼。」這句話當然適合於中國的小羊。入世十年過去了，中國的小羊銀行，在這場舞會中所展露的舞姿如何呢？是否足以讓他們變身為狼呢？

很明顯，銀行絕對不是普通的小羊，這個行業本身的特殊性質關係到整個國家經濟，所以在羊圈中向來有牧羊人的特別保護。正如之前所說，自建國以來，整個中國銀行業全部納入財政部——人民銀行這個國家機構體系內。換言之，直到改革開放以前，中國並沒有真正的商業銀行。在中華人民共和國建立後，國家的經濟建設乃仿效當時蘇聯的中央計劃經濟模式，銀行只有出納功能，即按照政府指令收支款項。但當中國決定走市場經濟路線，這種保護式的管理系統會大大削弱銀行的作用；而且，在一個日益開放、邁向市場經濟的時代，這種保護姿態對行業本身並不盡是好事。為此，在 1979 年改革開始時，鄧小平就提出「銀行要成為發展經濟革新技術的槓桿，要把銀行辦成真正的銀行」。中資銀行必須從牧羊人的保護中慢慢地走出來。

但成長並非那麼容易。30 年來，中國銀行業從恢復、重建，到推行改革，形成多元競爭的銀行體系，再到上市，其過程可稱得上是鳳凰涅磐。儘管中國銀行業一直不斷改革與嘗試，但或許因國家並沒有真正放開，到 2003 年初，由於背負巨額不良資產，國有銀行「在技術匱乏上已資不抵債」。當時，中國已踏入世貿組織兩年，而根據入世協定，中國銀行業須在五年過渡期後，向外資銀行全面開放。但這樣孱弱的小羊，又如何與狼共舞？顯然，再一次改革迫在眉睫，「改革、創新、國際化」成為中國銀行業系統改革的核心價值。

　　2003 年，在國務院的主導下，中國銀行業再一次踏上改革之路。由於面臨資金、技術匱乏等重重困難，這次改革最終決定以外匯儲備為資源對國有銀行注資並進行財務重組，由中央匯金投資有限責任公司為操作平台，並引入外國戰略性投資銀行，通過注資、重組、股改和上市四部曲推動銀行改革。

　　在整個中國銀行業改革過程中，引入境外戰略投資者對推動改革起了重要的作用。2006 年，已有九家商業銀行先後接受花旗銀行、滙豐銀行等多家外資金融機構的入股，投資總額達 165 億美元。2010 年 6 月底，中國銀行業金融機構外幣資產總值更是高達人民幣 87.9 萬億。以上市促改革，開放境外銀行參與中國銀行業改革，此戰略除了帶來資本之外，更重要的是他們帶來了經驗與管理技術，強化企業治理與公司運作，提高了國際市場對中資銀行的信心。

　　這次改革被業界人士稱為是「中國銀行業最後一次徹底的改革」，取得了讓世人矚目的成果。2006 年，「亞洲銀行 300」排名出爐，中國銀行業歷史性進入亞洲銀行排名前列，前五名銀行中，中國工商銀行與中國銀行分別居第三與第五（2010 年工行上升至第一，中國建設銀行、中國農業銀行及中國銀行分居第三至第五）。此外，中國建設銀行更取代香港上海滙豐銀行，成為「亞洲最賺錢的銀行」。2010 年，最後一家大型國有商業銀行——中國農業銀行成功上市，此次上市沒有依靠任何境外戰略投資者的力量。相比之下，2004 年，當建設銀行與中國銀行準備上市時，向全球金融機構發出的二十餘家邀請函卻是應者寥寥。據說，當時中國人民銀行行長周小川曾在半夜等待花旗銀行的總裁前來談判，足見引資之艱難。

　　2010 年，主要國有商業銀行均成為上市企業，標誌着中國銀行業改革成功。但這並不意味着中國銀行從此可以高枕無憂，舞台才剛揭開序幕。中國銀行業這些小羊只是證明了自己可以在不受牧羊人保護下也可以跳舞，甚至可以與狼共舞，但這還遠遠不夠，仍須繼續努力。

在國有大型銀行股改成功上市的示範下，中國銀行業金融機構紛紛開啟了在內地和香港上市的熱潮。據 2019 年 6 月中國銀行業協會發佈的《中國上市銀行分析報告（2019）》顯示，當時中國內地上市銀行數量已達 48 家；其中，4 家是全球系統性重要銀行，9 家是全球 500 強企業。上市銀行已成為中國銀行業的代表和中流砥柱，其在戰略轉型、發展模式、經營管理、業務創新等領域的探索已成為中國銀行業發展、改革、轉型的「風向標」。

國有大型銀行股改上市及其他幾十家上市銀行的實踐表明，通過股改上市，中國的銀行的公司治理結構取得重大進展。國有大型銀行遵循國際成熟的公司治理機制，逐步建立了國際資本場認可的公司治理體系，不斷探索符合中國國情的公司治理模式。

2019 年 7 月，英國《銀行家》雜誌公佈 2019 年「世界銀行 1,000 名」的最新排行，中國的銀行依舊保持領先地位，連續第二年包攬排名榜前 4 名，而共有 136 家榜上有名。將時鐘撥回上世紀末，誰又能想到中國的銀行業從「技術上破產」，通過改革轉型，而成功躋身全球銀行業前列，這一巨變必將載入中國和世界金融史冊。[1]

國有商業銀行上市，募集大量資金，亦按上市規則的要求建立了一定的風險管理（如審貸分離）及企業管治制度（如引入獨立非執行董事），但這遠不是中國銀行業改革的終站。回顧過去三十多年國有商業銀行的改革及發展，基本上是由國務院強力推動，但以後的道路卻要國有商業銀行本身去摸索。曾任中國建設銀行董事長的郭樹清指出：銀行的改制方案包括財務重組、成立股份公司、引進國外戰略投資者乃至上市等內容，但這些都不是改制的核心，如果有政策支持，這些都是在短時間內就可以完成的工作，而完善公司治理才能深化改

1　　卓尚進：〈新中國成立 70 年來銀行業改革發展歷程回顧〉，《金融時報》，2019 年 9 月 19 日。

革商業銀行。要體現和轉變商業銀行的增長方式和經營模式，這需要持續不斷的努力，是長期的工作。

此外，國有商業銀行亦面對提高管理水平、核心能力和競爭力的命題。中國的經濟改革不斷深化，作為融資主體的國有商業銀行亦要不斷進行相應改進。針對此點，學者王江在 2009 年提出國有商業銀行轉型的問題，包括體制轉型、經營機制轉型、業務轉型、組織轉型、企業文化轉型各方面。這是一個全方位的系統工程，不可能在短時期內找出完美的答案。歐美銀行業亦經歷許多風浪，同時也在不斷改革。

2011 年 5 月 19 日，在上海浦東陸家嘴論壇上，時任銀監會主席劉明康發表演講，明確提出：「我國銀行業必須保持清醒的頭腦，以更加寬廣的視野、更加前瞻的思維，抓緊從戰略入手，推動加快發展方式轉變。」國有商業銀行改革要與國際大氣候配合，包括監管架構、財務披露和會計準則。中國上市公司已實行季度財務披露，中國會計準則已相當接近國際會計準則，而在與國際監管接軌方面，前中國人民銀行行長周小川在 2011 年 1 月表示，中國商業銀行在原有的基礎上盡快向要求較高的巴塞爾第三階段（Basel III）靠攏。銀監會在 2011 年 5 月 3 日發佈指導意見，在新標準實施後，正常條件下系統重要性銀行和非系統重要性銀行的資本充足率分別不得低於 11.5% 和 10.5%。

國策要內銀走出去嗎？

2009 年，中國的外匯儲備突破兩萬億美元，佔當年 GDP 的 5.9%，往來帳戶盈餘持續上升。此外，自 2003 年起，中國也逐步開放資本輸出，截至 2009 年，中國對外直接投資（Outward Direct Investment, DDI）已達 565 億美元之新高，而中國銀行業的海外資產

更是高達 2,700 億美元。隨着跨境資本流動的不斷增加，中資銀行有需要在國際金融舞台上扮演更重要的角色，小羊必須變身為一隻狼。

如果説，改革開放前 30 年，中國是以低成本競爭優勢參與國際分工，我們是「被分工」；那麼，未來 30 年，中國將主動地參與國際分工。在此過程中，對外金融投資組合、對外直接投資組合、對外戰略性資源儲備組合等資本參與分工方式將是最重要的一環。這也是逼使中資銀行必須「走出去」的另一因素。

與此同時，隨着中國經濟實力日漸強大，人民幣區域化及國際化趨勢逐步增強，中資金融機構作為人民幣流動資金的主要來源，也會因為國際市場對人民幣的需求增加而得到更多商機。當然，2008 年全球金融危機使亞洲成為未來經濟投資及金融資源的集中地，而中國內地的個人及政府儲蓄率都很高，為開放中資金融業、邁向世界舞台創造了大好時機。

「走出去」一曲已經響起。一改以往只有中國銀行才設境外分行的局面，近年來，大型國有商業銀行也不斷建立及擴大其境外的網絡。1995 年，工商銀行已有倫敦代表處開業，為其在歐洲設立的第一家機構；1998 年，工行收購香港友聯銀行，更名為工銀亞洲；至 2009 年末，工行已有 162 家境外機構；2011 年初，更有報導説工行準備收購香港東亞銀行在美國的業務，正待美國監管機構審批中。建設銀行起步雖略晚，步伐卻邁得穩健迅速。2006 年，它收購美銀（亞洲），至 2009 年底，其境外機構已達 60 家。非國有商業銀行也不甘示弱。以招商銀行為例，自 2008 年收購香港永隆銀行、在香港開展零售銀行業務後，又在 2009 年末在美國紐約設立分行和代表處，其後又在倫敦設立代表處。截止 2009 年，中資銀行已在近 30 個國家和地區設立 1,200 家分支機構和代表處，業務範圍除商業銀行外，還延伸至投資銀行、保險等。此外，已有 7 家中資銀行以控股、參股方式投資於 12 家外資金融機構。

值得稱道的是，2007 年次按危機並沒有令中資銀行的海外發展步伐放緩。這些離開羊圈的小羊，在大草原上跑得還不錯。不過，正如迪拜現任酋長穆罕默德常說：「在非洲，每天清晨第一道曙光出現時，羚羊就會立即驚醒，以免死於非命。同樣，每天，清晨第一縷曙光出現時，獅子也會馬上醒來，為的是追上跑得慢的羚羊，以免死於饑餓。只要早晨曙光出現，你一定要跑得比對方快，方能活命。」中資銀行的命運也是如此。根據普華永道（PricewaterhouseCoopers, PwC）及中國銀行業協會於 2010 年 10 月聯合發佈的《中國銀行家調查報告（2010）》，有三分之二的中國銀行家表示他們明顯加快國際化戰略的步伐，銀行必須抓住機遇走出去；然而，有 74% 的銀行家認為國際化最大的困難是缺乏海外市場管理的能力和知識。毫無疑問，中國羊，在這片大草原上，必須更快地跑。

人民幣知識

1947 年 12 月 2 日，中共華北財經辦事處主任董必武向中央發電，建議成立中央銀行，發行統一貨幣，獲得的回覆是可以進行準備工作。董必武隨即成立籌備處展開工作。1948 年 11 月 18 日，華北人民政府舉行以成立中國人民銀行、發行統一貨幣為中心議題的第二次政務會議，任命華北財經辦事處副主任南漢宸為中國人民銀行總經理。12 月 1 日，中國人民銀行在合併原華北銀行、北海銀行、西北農業銀行的基礎上，在石家莊宣告成立，並且當天就發行了由董必武題寫行名的「中國人民銀行」第一套鈔票人民幣。當時發行人民幣的宗旨主要是統一各解放區貨幣，同時當然也是為了把它作為將來全國解放後的本位幣。所以，貨幣發行的方針是「適當穩定」，即根據各解放區生產和流通要求，在市場上有計劃地投放。

1949 年 2 月 2 日，中國人民銀行從石家莊遷入北京西交民巷前中央銀行舊址，並且宣告人民幣是唯一合法貨幣，嚴禁一切其他幣種流通。至 1951 年末，人民幣已經是除西藏和台灣以外的所有地區的唯一合法貨幣。

新中國成立以來，中國人民銀行於 1948 年 12 月 1 日起，至目前為止，共發行了五套人民幣，形成紙幣和金屬幣、普通紀念幣和貴金屬紀念幣等多品種、多系列的貨幣體系：

(1) 是由中國人民銀行於 1948 年 12 月 1 日成立時開始發行，已於 1955 年 5 月 10 日停止流通。第一套人民幣發行了 12 種面額，62 種版別。

(2) 第二套人民幣從 1955 年 3 月 1 日起發行，共發行了 11 種面額，16 種版別，每種券版面均印有漢、藏、蒙古、維吾爾四種文字。

(3) 第三套人民幣從 1962 年 4 月 15 日開始發行，已於 2000 年 7 月 1 日停止流通，共發行了 7 種面額，13 種版別。

(4) 第四套人民幣自 1987 年 4 月 27 日起開始發行，共發行了 9 種面額，17 種版別。

(5) 第五套人民幣是為了人民幣適應經濟發展和市場貨幣流通的要求。1999 年 10 月 1 日，在中華人民共和國建國 50 年之際，根據國務院第 268 號令，中國人民銀行陸續發行第五套人民幣。2005 年 8 月 31 日，發行 2005 年版第五套人民幣。

第一套人民幣上的「中國人民銀行」六個漢字，題寫者是革命元勳、中國共產黨的創始人之一董必武，他大名鼎鼎，婦孺皆知。至於第二套人民幣開始，這六個字便由另一個人所寫，而這個人是中國人民銀行的一名普通員工——馬文蔚。他寫出的「中國人民銀行」這六個字剛柔並濟，遒勁不失圓潤，端莊不失靈巧，被譽為當代書法精品。

馬文蔚是山西太原人，1904 年生，家境富裕，加上本人聰明好學，1920 年便考入山西省國民師範學校，和薄一波、徐向前等老一輩革命家同為校友，1929 年畢業於南京中央大學經濟系。畢業後，他多年在財政部和金融界任職。閒暇之餘，嗜好書法的他臨摹北魏著名石碑刻《張黑女墓誌》，形成了「漢風魏骨、自顯天成」的書法風格。

1950 年的一天，中國人民銀行行長南漢宸把馬文蔚叫到辦公室，著他在紙皮宣紙上寫上「中國人民銀行」和「壹、貳、伍、拾、佰、圓、角、分」等，寫完後，南行長又讓他寫了一遍。此時馬文蔚意識到自己這些字可能大有用途，但南行長沒有明說，他也不便多問。

1955 年，馬文蔚看到自己當年隨意寫的字赫然印在剛發的人民幣上，他頓時明白南行長的醉翁之意。從事多年銀行工作的馬文蔚知道人民幣設計保密的重要性，所以他在近 30 年的時間裏，沒有向任何人透露過。1983 年 3 月 1 日，《山西日報》刊登了一篇〈「中國人民銀行」六個字是冀朝鼎手筆〉短文。馬老看到後，向女兒吐露了真相。在女兒的勸說下，本着對歷史負責的態度，向人民銀行寄出「我能證實人民幣漢字是誰寫」的信件。至此，「第二套人民幣漢字的題寫者是誰」的謎底揭曉。[2]

中國經濟發展與人民幣的崛起

中國這頭東方睡獅的蘇醒速度讓世界震驚。截至 2010 年，中國的經濟體積已超逾日本，排名僅次於美國，成為世界第二經濟大國。據 2011 年 2 月 14 日《華爾街日報》報導，日本 2010 年的 GDP 為 5.47

2　《長江古今譚》，網易號，2020 年 10 月 11 日

萬億美元，比中國同期的 5.88 萬億美元低 7%。是日本自 1967 年超越西德後 42 年來首次失落全球第二的經濟排名。若根據劍橋大學經濟史學者 Maddison 在 2007 年的測算，以購買力平價（Purchase Power Parity, PPP）計，到 2015 年，中國的國內生產總值（Gross Domestic Product, GDP）將超越美國。中國的經濟增長以出口為主導，乃所有經濟體系中最全球化的做法。美國總統奧巴馬在 2011 年 1 月 26 日發表的國情咨文中，三度提及中國，反映中國已成為美國的重要競爭對手，事實上，到 2014 年，中國經濟規模（按照購買力平價計算）超過美國，成為全球第一大經濟體。2019 年，中國人均 GDP 首次超過一萬美元。2023 年，中國 GDP 生超過 126 萬億元，增長 5.2%，增速居世界主要經濟體前列。經濟實力上升的同時，中國需承擔更多的國際責任。

對外貿易方面，2000 至 2010 年間，中國的對外貿易值以年率 23% 增加，平均高於全球一倍。2009 年，中國已超逾德國，成為世界第二大貿易國，且已是世界最大出口國。此外，中國也是全球最大的商品及資源消耗國。根據世貿組織（WTO）發佈的 2023 年全球貿易數據，中國的出口為 3.38 萬億美元，連續 15 年保持全球第一，佔全球份額的 14.2%。

與經濟實力不相稱的是，人民幣的國際地位卻處於相對弱勢的地位。回顧世界經濟歷史就會發現，國家貨幣的國際地位往往與其經濟在世界中所佔的份量息息相關。工業革命之後，由於英國的技術與經濟發展領先世界，使英鎊成為世界強勢貨幣。二戰後，英國元氣大傷，美元則因美國經濟崛起，在布雷頓森林體系（Bretton Wood Agreement）中成為世界貨幣。同樣的，戰敗國的貨幣馬克（現已被歐元取代）與日元也曾因元氣大傷而大幅貶值。但隨着德國與日本的經濟繁榮，兩種貨幣也走向國際化，英鎊則相對漸次式微。

第一套人民幣，發行於 1948 年，於 1955 年 5 月停止使用。第一套人民幣上除了有長城、頤和園等名勝古跡，其他多數反映了當時解放區的生產建設狀況，如農民耕地、放牧等。

第二套人民幣，發行於 1955 年，設計以新中國建設風貌作背景。

第三套人民幣，發行於 1962 年，已於 2000 年停止流通，設計反映當時全國的的工農業發展。

第四套人民幣，發行於 1987 年，目前與第五套人民幣共同流通於市場，但已逐步退出，設計反映各族人民的風貌。

 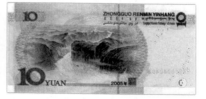

第五套人民幣，發行於 1999 年。

　　若以此角度視之，作為世界性的儲備貨幣，美元在 21 世紀的對手不是歐元，而是人民幣。而且，隨着美國推行量化寬鬆政策，美元將持續走弱，這給各國政府、企業及個人投資者將持有美元轉為人民幣提供了誘因。據國際經濟及合作組織（Organization for Economic Co-operation and Development, OECD）發展的中心研究主管 Helmut Reisen 在 2009 年預測，到 2050 年，人民幣將取代美元成為全球首要的關鏈貨幣。

　　世界黃金協會（WGC）報告顯示，全球 2024 年首季的黃金需求按年增加 3%，至 1,283.83 噸，為 2016 年以來首季新高。期內全球央行增加了 299 噸黃金儲備，為 2000 年以來的首季最高紀錄。至去年 6 月底，全球央行持有的黃金總量為 3.6 萬噸。這顯示美元地位的下降。

　　儘管如此，在現階段，人民幣在全球貿易及資本市場所起的作用與中國的經濟實力極不相稱。大部分的海外投資者仍未將人民幣作為記賬單位、匯兌媒介及儲存價值的貨幣。全球過半數的貿易結算及超過 60% 的國際儲備貨幣均為美元。此外，根據國際清算銀行的調查，美元也是全球外匯市場交易中最活躍的貨幣。

　　隨着中國經濟持續增長、匯率的波動以及美元的貶值，國際貿易結算對人民幣的潛在需求也在不斷擴大。中國與發展中國家的貿易佔 55%，大部分不是以人民幣或本國貨幣結算，在這方面，人民幣有很大的擴展空間。不過，目前和中國大陸貿易往來較為頻繁的周邊地區包括港澳地區，已開始用人民幣作為雙邊貿易的結算貨幣。2022 年，全球範圍內的人民幣結算份額為 3.47%，銀行界尤其是國際性銀行，也對參與人民幣跨境結算有很大的興趣。

　　確立人民幣在世界貨幣體系中的角色及定位，可說是中國貨幣當局的時代任務。

中國需要香港及上海兩個金融中心嗎？

上海與香港兩者「互動、互補、互助」，正如 19 世紀英國大文豪狄更斯之《雙城記》（*A Tale of Two Cities*）中的倫敦與巴黎。

從歷史興衰看，香港和上海兩個城市同在鴉片戰爭後開埠，一個在華南，一個在華東；一個成為殖民地，一個一度淪為外國租界，卻同樣因為中國戰敗而成就了現代的金融中心。開埠前的上海只是一個小碼頭，其後迅速成為亞洲最繁華的國際大都市，是「十里洋場」、「冒險家的樂園」。當年，這裏是摩登與潮流的發散地，「上海製造」與後來的「香港製造」一樣是具有說服力的標示。1949 年上海解放後，不少上海灘的人帶同資金和技術來到香港——這個同樣是由小漁村蛻變而來的世界自由港口與國際大都市。他們不僅帶來了最正宗的海派文化，他們的才能與資本也成為推動香港各領域發展的動力。

1930 年代的上海是世界上最繁華的城市，東方排名第一的大都會，那時候的東京正在備戰，在經濟方面根本不能與上海相比。無數創業家的傳奇都發生在這個「十里洋場」上，無數的超級富豪都誕生在這個「冒險樂園」裏。金融方面，各大國際銀行也在這個時候紛紛進駐上海，包括英國的東藩匯理銀行、麗如銀行、有利銀行、滙豐銀行、法國的東方匯理銀行及中法實業銀行、德國的德華銀行、日本的橫濱銀行、美國的花旗銀行、俄國的華俄道勝銀行、比利時的華比銀行等。往今日的上海灘一走，還可以看到上海當年的風采。

新中國成立後，所有的華資銀行都納入國家機構體系，同時也幾乎將所有的外資金融機構都拒諸門外。與此同時，香港憑藉各項優勢，以不可抵擋的氣勢，接過了上海的棒子，並且青出於藍，一躍成為全球最主要的國際金融中心之一。幾十年來，香港的金融中心的氣勢銳不可擋。

但近幾年，隨着中國經濟實力提升，以及中央政府傾力打造上海金融中心的地位，上海是否將重新挑戰香港國際金融中心地位的討論與憂慮不絕於耳。

香港的憂慮絕非空穴來風。上海有良好的經濟基礎且有全國之力為靠山；此外，人才的優勢、強大的周邊地區覆蓋率，以及政策上的支持，都讓上海快速崛起。上海已經是目前中國最大的金融中心，幾乎所有外國銀行在華的總部均設在上海。自 2009 年 7 月起，上海成為人民幣跨境貿易結算的五個試點城市之一，2023 年上半年，上海跨境人民幣結算量達 10.79 萬億元，同比增長 10%，佔全國跨境人民幣結算總量的 44.1%，繼續保持全國第一，可顯示出上海在全國的龍頭地位。

儘管如此，目前來說，上海作為國際金融中心的地位，仍落後於香港。根據 2024 年 3 月倫敦公佈的「全球金融中心指數」，香港在倫敦、紐約和新加坡之後名列第四，而上海追上為第六位。更重要的是，作為當前排名前列的國際大都市，香港本身具備了一些上海不可替代的優勢。

香港擁有的自由港地位、良好的治理基礎、廉潔高效的政府和高增值服務等優勢，是目前內地任何城市都尚未具備的。特別是自由港地位，方便外國投資者或企業來港投資，開辦公司或外匯都不受限制，國際資金可自由流通，港元可自由兌換，股市、匯市等金融制度與國際接軌，這些對於打造國際金融中心而言，具有舉足輕重的意義。經過多年發展，這些優勢造就了香港在金融業上的雄厚基礎與實力。相比之下，人民幣尚未成為可自由兌換的貨幣，而中國金融業監管的水平尚未與國際看齊，上海成為全方位的國際金融中心的條件還未成熟。

此外，從兩個城市的大環境來看，從國家大局及實際着眼，中國在發展國際業時，需要有「防火牆」，以保護金融安全，短時間之內，不太可能任由資金自由流動，上海的金融環境短時間之內難以與香港看齊。反之香港，由於具備「一國兩制」的特殊地位，一方面與國際金融市場接軌，另一方面也得到中央政府的支持，在連接中國金融市場與世界市場中，特別是在人民幣區域化與國際化方面，有無可比擬的重要作用。

如此看來，香港與上海「龍爭虎鬥」的局面固然存在，但互助互補、合作共進的前景則更加看好。2008 年金融海嘯爆發後，歐美銀行也受到重創，而亞洲則相對平穩，香港及中國的金融地位同時提高。與此同時，中國的個人儲蓄率及國家外匯儲備持續升高，為中國金融業的對外開放及走向世界提供了必要的條件。在這種情況下，以中國幅員之廣、經濟體積之大，中國絕對可以同時容納兩個金融中心，猶如美國的紐約和三藩市。

上海與香港兩地各有優勢，受腹地經濟的驅動，上海這方面比香港佔優；而香港的制度、法律和其他軟體配套設施卻更為完善。香港與上海應互相學習與借鑒，發揮各自的優勢，適當地分工。例如，上海可以主攻人民幣產品，以現貨為主；而香港則以美元、歐元為主，涵蓋現貨及衍生產品。在功能定位方面，香港可以在私人銀行、財富管理、企業融資、金融衍生品方面發展；同時利用前海，跟廣州及深圳合作，發展內地的傳統銀行業務，如企業貸款、貿易融資、消費信貸等。

上海與香港在金融業上的互助互補關係正在形成。上海市市長韓正曾這樣形容兩城關係：「上海和香港是兄弟，我們是合作伙伴」。同樣地，香港特首曾蔭權在 2009 年的施政報告中也坦言：「香港與上海

上海黃浦江兩岸夜景，其東部為陸家嘴金融區。

香港中環金融區面向維多利亞港

可以分工合作，各展所長，為國家的金融業務發展作出貢獻。香港與上海的競爭，不是零和遊戲。」

2009 年，在全球金融危機的影響下，《國務院關於推進上海加快發展現代服務業和先進製造業、建設國際金融中心和國際航運中心的意見》出台。2010 年「兩會」上，時任總理溫家寶在《政府工作報告》中提出，支持香港發展並提升國際金融、貿易、航運中心地位。同年 12 月，曾蔭權在述職時，建議國家「十二五」規劃應包括香港的四大優勢，其中以香港為國家首要的國際金融中心，及香港為離岸人民幣中心。

2010 年 1 月 19 日，上海市金融辦與香港特區政府財經事務及庫務局簽署了《關於加強滬港金融合作的備忘錄》，並召開了第一次會議。此次備忘錄的要點包括：

(1) 加強合作總體目標，按「優勢互補，互惠共贏」的原則加強合作，共同增加中國金融業的國際競爭力；

(2) 訂定合作優先領域，包括金融市場發展、金融機構互設及金融人才培訓；

(3) 健全對話及交流機制。

2023 年 11 月，中央金融工作會議首次將上海和香港並列，提出要「增強上海國際金融中心的競爭力和影響力，鞏固並提升香港的國際金融中心地位。」

中國擁有「兩個國際金融中心」的藍圖，似已躍然紙上。香港與上海，他們將會是耀眼的南北雙子星，帶領中國其他次要區域性金融中心，如深圳、廣州等向前推進。此外，深圳在前海發展現代化服務業，也給香港帶來挑戰與機遇。

人民幣國際化

如果走在上海街頭，你會發現有些店舖特別受外國遊客青睞，這些店舖裏面擺滿了毛澤東頭像的各式產品，包括 T 恤、帽子、書包甚至煙灰缸等日常用品。正如上世紀六七十年代毛澤東及其閃閃紅星在國外所受到的熱烈追捧一樣，這些產品以懷舊與獨特的中國魅力風靡了很多外國遊客。不過，除了這些深具創意的商業產品外，真正推動毛澤東頭像的功臣，當屬印有毛澤東頭像的人民幣。

2011 年，美國經濟疲憊，加上推行量化寬鬆政策，人民幣的吸引力也相應不斷提升。不過，其實早在上世紀 90 年代，中國在人民幣政策上已開始採取穩妥、先易後難的策略。1996 年，中國第一次開放人民幣的自由兌換。2002 年，中國在加入世貿後，開始採取一系列涉及人民幣跨境匯兌、投資或流動的措施，包括 2002 年的 QFII（Qualified Domestic Institutional Investors，即合資格的境內機構投資者）以及 2006 年 QDII（Qualified Foreign Institutional Investors，即合資格的境外機構投資者）機制。

2004 年，中國人民銀行與香港金融管理局簽署合作備忘錄，在香港經營人民幣業務，正式委任中銀香港為境外人民幣清算行，允許香港銀行為個人客戶提供人民幣存款、匯款、匯兌及信用卡服務。2007 年 7 月，內地金融機構開始到境外發行人民幣債券。2008 年，中國人民銀行首次與一家外國中央銀行簽署貨幣互換協定。

2009 年 7 月，允許上海、廣東省的四個城市與香港進行跨境貿易人民幣結算。同年 10 月，國務院財政部到境外發行人民幣國債。並在 6 月，將跨境貿易人民幣結算擴展至內地 20 個省市所有一級海外國家及地區。2010 年 7 月，中國人民銀行分別與香港金融管理局及中銀香港簽署人民幣《清算協議》修訂本，允許香港人民幣存款可以在銀行

間往來轉賬，並容許香港企業無限量將港幣或外幣兌換成人民幣。現時，香港已有 77 家銀行從事人民幣業務。至 2010 年 12 月末，在香港的人民幣存款達 3,149 億元，較 2009 年急增 4 倍。

2008 年全球金融危機後，中國政府了解到過份依賴美元作為全球結算及儲備貨幣的風險，人民幣國際化的步伐明顯加快。大體言之，中國人民幣國際化進程可分為三部曲：

(1) 第一步是於 2009 年 6 月開展的人民幣貿易結算試點計劃，即在上海、廣東省廣州、深圳、珠海、東莞五個城市先行展開跨境人民幣結算試點工作，境外地域範圍則主要包括港澳地區。不過，此計劃初期成效不大，主要是境外機構不願意以人民幣購買中國出口產品。為改善此情況，中國放寬地域限制，將此計劃延伸至內地 20 個省市及世界其他地方，並推出第二步。

(2) 第二步即是在 2010 年 8 月，人民銀行開放本土的同業債券市場給外國央行、港澳人民幣清算及參與人民幣貿易結算計劃的境外機構。數週內，馬來西亞央行已要求購入一定數量的人民幣以補充外匯儲備，人行隨後立即授予香港銀行一定數量的人民幣。此舉加速了境外投資者持有人民幣資產的流轉速度。

(3) 第三步即推廣人民幣作為國際儲備貨幣。不過，在現階段，人民幣仍然缺乏許多作為儲備貨幣的必要元素，包括市場化的利率及匯率，以及人民幣與其他貨幣的自由兌換等。這是頗為漫長的道路，不可能一蹴而就。

嚴格來說，人民幣國際化的含義包括三個方面：

(1) 人民幣現金在境外享有一定的流通度；

(2) 以人民幣計價的金融產品成為國際各主要金融機構包括中央銀行的投資工具；

(3) 國際貿易中以人民幣結算的交易要達到一定的比重。

後兩點尤其重要。

根據中國社科院研究報告，人民幣國際化有正面影響。首先，由於中國擁有一種世界貨幣的發行和調節權，對全球經濟活動的影響和發言權也隨之增加；其次，在對外貿易和投資中使用本國貨幣計價和結算，企業所面臨的匯率風險也隨之減小，以人民幣計價的債券金融市場也會因此得到發展；再者，人民幣現金的跨境流動也會促進中國與周邊地區貿易的發展；最後，若人民幣國際化，不僅可以減少因使用外匯引起的財富流失，還可獲得國際鑄幣稅收入。鑄幣稅是指發行者憑藉發行貨幣的特權所獲得的紙幣發行面額與紙幣發行成本之間的差額，若發行世界貨幣相當於從別國徵收鑄幣稅，這種收益基本是無成本的。

2011 年 1 月，胡錦濤到美國進行國事訪問，把推動人民幣國際化納入議程，會後中美聯合聲明第 33 項指出：「美方支持中方逐步推動將人民幣納入特別提款權（Special Drawing Right, SDR）。」按此理解，美國在一定程度上支持人民幣國際化。

2024 年 4 月初，美國公佈了 2023 年的 GDP 的終值，全年增長 2.5%，超出前值和市場預期。預計美國經濟在 2024 年實現軟着陸的可能性較大，隨着累計加息及信貸緊縮效應逐步顯現，財政政策轉向限制性，預計 2024 年的美國經濟增速放緩至 1.6%，美國股市也從高位回落，人民幣資產的吸引力也相應不斷提升。

但人民幣國際化並非有利無弊，而是一把雙刃劍。首先，人民幣國際化將國際金融市場與國內金融市場緊密相連，給國際投機者獲利機會，刺激短期投資性資本的流動，對中國經濟金融穩定產生一定影

響。其次，受到國際流通貨幣市場的干擾，央行對國內人民幣的宏觀能力以及實施效應將受到影響。最後，可能出現不正常的人民幣現金跨境流動，影響中國金融市場穩定的同時，也增加了防偽幣、反貪污工作的困難。

儘管如此，長遠來看，人民幣國際化的影響依然是利大於弊。由實際經驗來看，美元、歐元等貨幣國際化確實給這些國家帶來了的經濟利益與政治利益。不過，推動人民幣國際化是一個緩慢而艱難的進程，須解決多方面的問題。

首先是經驗問題。儘管 1978 年改革開放以來，中國的市場經濟在工業上取得了成功，但在金融上並無例子可借鑒。從周邊國家與地區的經驗看，南韓、台灣實行資本主義多年，但金融業及貨幣管理仍十分落後；日本受制於美國，自 1985 年 9 月美、日、德、法、英五國財長簽署《廣場協議》（*Plaza Accord*）以來，日元兌美元水平急劇升值導致其國家經濟長期停滯不前，實在是不可重蹈。在這種情況下，中國只得再一次「摸着石頭過河」。

其次，金融風險更是人民幣國際化進程中需特別重視的問題。人民幣自由兌換和資本帳戶開放，是人民幣發展成為國際貨幣的重要條件，但在現階段，限制兩者的乃是中國維護本國金融安全及穩定發展的「防火牆」。1997 年亞洲金融風暴以及 2008 年全球金融海嘯中，中國之所以受影響程度相對較小，與這些措施不無關係。相反的，印尼貨幣由於較早開放，沒有雄厚的經濟實力支撐，結果在 97 金融風暴中幾乎失陷。馬來西亞則在 97 金融風暴後重新施行外匯管制，可見步伐太快不一定是好事。

此外，熱錢問題更是近年中國經濟的一大困擾，為防止資產泡沫，加強對資金進出的管制是必要的。一旦開放人民幣，中國金融所面臨的風險不得不慎重處理。宋鴻兵在《貨幣戰爭》一書中建議中國

未來的貨幣戰略應為「高築牆，廣積糧，緩稱王」（借用明太祖朱元璋語。1972 年，中國面臨比較緊張的國際局勢，毛澤東也曾借用此話，並將之修改為「深挖洞，廣積糧，不稱霸」，用來概擴當時中國的應對措施）。簡括一句，就是要有足夠的防禦性。

再者，從現實角度來看，要替代美元作為儲備貨幣的地位也絕非一朝一夕所能達成之事。自從第二次世界大戰布雷頓森林體系訂立以來，美元的國際地位從沒有動搖。1971 年 8 月 15 日，美國在經濟相對衰弱的時候，尼克遜政府宣佈停止施行憑美元兌換黃金的國際承諾，意味着美元與黃金脫鈎；1973 年，西歐更曾一度拋售美元，搶購黃金和馬克；其後跨國界的貨幣歐羅面世，在一定程度上挑戰美元。但時至今日，美元依然是世界貨幣中的霸主。

最後，從經濟學角度看，人民幣國際化與當年美元國際化一樣，面臨着「特里芬兩難」（Triffin Dilemma）。「特里芬兩難」又被稱為「信心與清償力兩難」，是著名的國際金融專家、美國耶魯大學教授羅伯特・特里芬針對布雷頓森林體系的內在問題而提出的。簡言之，該理論指出，作為國際結算和儲備貨幣，該國貨幣必須走強，以此吸引投資者持有；但另一方面，為了解決往來 / 資本帳戶逆差，輸出資本貨幣，貨幣勢必貶值。此兩者實不易協調，人民幣若要成為世界國際貨幣，也難逃此兩難。

CIPS（Cross-Border Inter-Bank Payment System），全名是人民幣跨境支付系統，是中國政府推動人民幣的重要工具。在 2015 年 10 月的新聞發佈會上，中國國務院闡述對 CIPS 分兩期的建議：一期主要採用實時全額結算方式，為跨境貿易、跨境投融資和其他跨境人民幣業務提供清算、結算服務；二期將採用更為節約且流動性的混合結算

方式，提高人民幣跨境及離岸資金的清算、結算效率。截至 2019 年末，CIPS 系統共有 33 家直接參與者、903 家間接參與者，分別較上線初期增長 74% 和 413%，覆蓋全球 6 大洲 94 個國家和地區，CIPS 系統業務實際覆蓋 167 個國家和地區的 3,000 多家銀行法人機構。

自 CIPS 系統上線以來，涉及「一帶一路」沿線國家和地區的參與者數量逐步攀升，沿線國家金融機構通過 CIPS 系統開展人民幣跨境支付業務的積極性不斷提高。截至 2019 年末，「一帶一路」沿線 59 個國家和地區（含中國內地和港澳台地區）的 1,017 家法人銀行機構通過 CIPS 系統辦理業務。CIPS 系統為沿線國家和地區提供高效、便捷、安全的支付結算服務，有助於推動中國與「一帶一路」沿線國家、地區的經貿往來，擴大人民幣使用規模與範圍，對「一帶一路」的倡議實施起到重要支撐作用。

2022 年國際清算銀行的調查顯示，人民幣外匯交易的全球佔比達 7%，成為全球第五大外匯交易貨幣。現時沙特阿拉伯的最大石油買家為中國，順理成章更多使用人民幣結算，石油人民幣體體系有望逐步崛起。

2024 年 5 月至 11 月，中國財政部合共發行一萬億元人民幣超長期國債（分別有 20、30 和 50 年），有特定目標和明確用途，包括為實現高水平科技自立自強、提升糧食產量，和為能源資源發展提供融資。包括國債在內的人民幣資產，是人民幣國際化生態環境的組成部分。

正如毛澤東所云：「前途是光明的，道路是曲折的」，如果中國經濟能保持持續增長，在國際上發揮越來越重要的作用，相信人民幣國際化也必然在曲折中不斷前進，最終建出羅馬城。

香港銀行業在人民幣國際化中的機遇

香港在人民幣國際化中角色，不只是人民幣資金停泊的首站，更是銀行同業間的樞紐。由於香港在地理位置、經濟聯繫、法律制度、金融體系等方面都具備優勢，香港自然而然地成為中國推行人民幣國際化的不二之選。在人民幣自由兌換以及中國開放資本帳戶以前，香港銀行業的人民幣離岸市場可發揮巨大作用。2010 年 7 月，中國人民銀行分別與金融管理局和人民幣業務清算行中銀香港簽訂《清算協定》，容許香港人民幣可於銀行間直接轉賬，銀行亦可在同業間自由拆借及買賣人民幣，促進人民幣貿易及投資便利。而對香港而言，香港成為人民幣投資產品的離岸跳板，實際上賦與香港經濟新的動力。

人民幣上市集資（IPO）是一個挑戰，不過各方面正在積極籌備中，其相關技術也日益成熟。為配合人民幣上市集資，香港金融管理局計劃於 2011 年 2 月中，讓本地銀行提供人民幣本票。滙豐、中銀香港、恒生、東亞、交銀香港等銀行已於 2011 年 2 月 14 日推出人民幣本票。時任港交所主席夏佳里更是在 2011 年 2 月明確指出：香港推出人民幣上市集資在技術上已不存在問題。而長江實業將北京東方廣場及其他七項物業，以房地產信託基金（REITs）形式上市，命名為匯賢房託，獲證監會批准於 2011 年 4 月上市，成為首宗以人民幣計價上市集資。

人民幣跨境結算業務在 2009 年推出一年之內，總額已達 706 億元人民幣，當中四分之三經香港處理，達 530 億元。2022 年，中銀香港作為香港唯一的人民幣清算行，處理的清算行超過 380 萬億元人民幣，而在 2024 年 3 月，香港的人民幣存款達 9,447 億元入民幣。

不過，隨着中央逐步推廣人民幣跨境貿易結算業務，目前內地已有二十多個省市與海外國家或地區開展跨境貿易人民幣結算，香港作為中國以外「獨家試點」的地位已經改變。為此，香港若能在未來

推出更多不同形式的人民幣產品及人民幣金融仲介活動，吸引海外人民幣，方是發展重點。目前，一系列以人民幣計價的金融產品將會在港陸續推出，包括存款與貸款、保險、股票、基金，以及金融衍生產品，如中銀香港提供多種度身訂造的貿易結算和融資服務方案，協助境外企業打通人民幣貿易渠道，包括製作以人民幣作為結算貨幣的信用證、托收、打包放款、出口信用證項下買單、進口發票融資、出口發票貼現、福費廷、保理及離岸進出口融資等。目前各大銀行已紛紛推出人民幣保單，基金公司亦獲准開設人民幣戶口，不少基金已磨拳擦掌，準備推出人民幣產品。

2010 年 12 月，香港行政長官曾蔭權向人民銀行行長周小川建議，讓外資機構在內地的境外直接投資（Foreign Direct Investment, FDI）以及內地企業的海外直接投資（Overseas Direct Investment, ODI），以試點形式選擇以人民幣支付，加強人民幣在岸及離岸市場的雙向流動。同月，深圳官員透露，深圳前海開發將成為國家「十二五」時期國家發展戰略的重點。在金融業領域，深圳前海將作為國家金融創新和對外開放的試驗地點，開拓人民幣業務，擴大深港合作，促進香港人民幣離岸市場發展。

中國金融雙向開放，市場互聯互通機制不斷擴容，人民幣投融資、儲備和計算功能提升，連同貿易結算，總計 2022 年人民幣在中國跨境支付中金額達 42.1 萬億元人民幣，較 2017 年大幅提升 3.4 萬億元人民幣，較 2017 年大增 3.4 倍，佔比上升至 50% 的新高水平。2023 年 3 月，人民幣跨境支付佔比 48.4%，破天荒超越美元的 46.7%，可見人民幣國際化正大步向前。

2023 年 4 月，中國和資源大國巴西達成了以本幣結算的雙邊貿易協議。中巴兩國在過去五年間，每年貿易額超過千億美元。以去年計，中國出口到巴西貿易額達 620 億美元，進口為 1,100 億美元。將來如果按照這種貿易規則進行結算，中國每年向巴西輸出等同於 500

億美元的人民幣。如果再加上與俄羅斯簽署的本幣結算，以及潛在的印尼、伊朗和沙特三個經濟體，今後每年超過千億美元的人民幣結算，恐怕只是一個開始。

繼巴西與中國達成本幣進行貿易與投資的協議，阿根廷也在 2023 年 4 月開始使用人民幣支付中國進出口的商品。此外，東盟財長與央行行長提出以本幣貿易結算，中東也推進油氣人民幣計價，而法國道達爾能源和中國海洋石油完成首單以人民幣結算的液化天然氣交易，法國成為首個進行人民幣貿易結算的西方大國。

2024 年 3 月，香港金融發展局提出多項建議措施，冀加速香港離岸人民幣業務的發展，例如優化市場互聯互通機制並探索新的互通選項、加深及擴大離岸人民幣市場，及促進人民幣生態系統發展等。

1971 年 8 月，美國時任財政部長康納利說，「美元是我們的貨幣，卻是你們的麻煩」。這曾經是包括拉美在內的廣大發展中國家的真實寫照。如今，隨着越來越多國家加入人民幣國際化合作，更多國際貿易以人民幣支付，「去美元化」進程有望進一步加快。

內地、港、台銀行業的合作發展

隨着經濟發展愈來愈密切，「大中華地區」概念深入民心。內地、香港、台灣及澳門各區，由於地理靠近、文化相近，近幾年在經濟合作越來越緊密。隨着貿易、投資等跨地區合作的加強，資本流動的規模及速度也大為增加，因此，兩岸三地銀行業之間的合作發展也成為必然之路。

大陸與香港方面，自 2003 年 6 月中央政府與簽署《建立更緊密經貿關係的安排》（Closer Economic Partnership Arrangement, CEPA）後，又多次簽署補充協議，發揮兩地各個領域的互補優勢。銀行業方面，

愈來愈多中資銀行在香港從事業務；其中，中國銀行及其附屬機構在香港經營迄今已超過 100 年。近年，除中行、中信外，工行、建行、招行、交行已在香港擁有獨立法人的業務，規模不斷擴大。不僅內地中資銀行到香港開展業務，香港銀行在內地開展的業務範圍與規模也在不斷擴大。自 1982 年香港南洋商業銀行在深圳開立 1949 年以來第一家外資銀行，香港的本地銀行不斷在內地設立機構，加上香港漸漸發展成為人民幣離岸中心，香港和內地的銀行業已形成不可分割的局面。值得一提的是，廣東南海正開發銀行後勤中心，將成為香港銀行業的大後方。

除了與大陸銀行業合作，香港銀行業與台灣銀行業也早有交往。香港的上海商業銀行和富邦銀行均有台資背景，而香港的東亞銀行等也在台灣設有分行。另外，一些外資銀行的亞太區、東北亞總部設在香港，其管轄地域往往包括台灣（如花旗銀行），因此兩地業務交流一直正常開展。

台灣與大陸方面，隨着海峽兩岸關係日趨好轉，金融業也開始互相開放。在金融互通方面，台灣當局自 2000 年起，容許島內金融機構如投資及證券公司、保險公司，赴大陸設立辦事處。2001 年 6 月，台灣當局修正《台灣地區與大陸地區金融業務往來許可辦法》，正式開放台灣銀行赴大陸設立代表處。2006 年 11 月，台灣通過《台灣地區與大陸地區人民關系條例第 36 條條文修正草案》，解除台灣銀行業與相關金融機構投資大陸的限制，並規定台灣金融機構經許可後可與大陸事業單位直接往來。至 2009 年，共有七家台資銀行在內地設立辦事處。

大陸方面，2001 年，中國加入世貿，承諾金融領域對外開放，與外資金融機構一樣，依法對台灣金融機構抱一樣的開放及管理態度。同年，大陸正式允許台灣銀行在大陸設立辦事處。外資銀行到中國大陸投資的條件是，在提出申請的前一年總資產必須超過 200 億美元，並且只有在中國設立辦事處三年以後才可以將辦事處升格為分行。據

國台辦資料顯示，截至 2009 年，共有七家台資銀行在大陸設立辦事處，兩家台商合資銀行成立，15 家台資證券公司在大陸設立 25 個辦事處，11 家保險公司在大陸設立辦事處、一家台灣保險經紀人公司與四家保險合資公司。

不過，相比大陸金融的開放，台灣當局對大陸金融機構入島則持謹慎態度，至 2023 年末，內地銀行在台灣設立分行的有：中行（2011）、招行（2011）、興業（2016）、中信（2019）、民生（2022）。

儘管如此，內地與台灣銀行業加強合作乃大勢所趨，雖然其過程可能會受到台灣的政治氣候所影響。2009 年 11 月 16 日，兩岸簽署《金融監理合作了解備忘錄》，隨後於 2010 年 3 月 16 日公佈實施兩岸金融三法，進一步規範兩岸金融業投資與合作之管理辦法。人民幣開始在台灣流通。2010 年 7 月 13 日，人行授權中銀香港為台灣人民幣現鈔業務清算行。2010 年 12 月 24 日，中國銀行與台灣銀行及第一商業銀行簽署全面業務合作協議。

2010 年 6 月，大陸與台灣兩岸正式簽訂《經濟合作架構協定》（Economic Co-operation Framework Agreement, ECFA），相信在此協議簽訂之後，兩岸金融、銀行業的業務往來勢必日益頻繁。

目前，粵港澳金融市場正加速互聯互通。「跨境理財通」自 2021 年以來備受市場關注。根據金管局的統計數字，截至 2023 年末，粵港澳大灣區共有 67 家銀行、6.9 萬名個人投資者參與「跨境理財通」業務試點，累計辦理相關資金跨境匯劃金額 105.9 億元，同比增長 3.8 倍。2024 年，又出現了跨境理財通 2.0，而中證監又發佈了五項資本市場對港合作措施，分別為：放寬滬深港通下股票 ETF 合資格產品範圍、將 REITs 納入滬深廣通、優化基金互認安排、支持內地行業龍頭企業赴香港上市、支持人民幣股票交易櫃台納入港股通。多項措施能夠進一步優拓展滬深港通機制，共同促進兩地資本市場協同發展。

基於地緣、法制、人才及一國兩制等多項條件，香港在大中華圈金融合作發展中，肯定會扮演重要角色。

參考資料

中國銀行業監督管理委員會：〈銀監會關於中國銀行業實施新監管標準的指導意見〉，http://big5.www.gov.cn/gate/big5/www.gov.cn/gongbao/content/2011/content_1987391.htm，2011 年 4 月 22 日。

王江：《國有商業銀行戰略轉型研究》（第一版），北京：經濟科學出版社，2009 年。

百度百科：「人民幣國際化」，http://baike.baidu.com/view/2099520. htm，2024 年。

百度百科：「布雷頓森林體系」，http://baike.baidu.com/view/108174. htm，2024 年。

朱磊：〈台灣金融產業現狀概述之五：台灣銀行業的問題與改革〉，www.taiwan.cn/jinrong/zjzl/200908/t20090807_967289.htm，中國台灣網，2009 年 8 月 7 日。

肖鋼：〈後危機時代我國銀行業「走出去」的戰略思考〉，www.boc.cn/aboutboc/bi1/201010/t20101021_1172059.html，中國銀行，2010 年 10 月 21 日。

宋鴻兵：《貨幣戰爭》，北京：中信出版社，2008 年。

周小川：〈金融政策對金融危機的響應〉，http://big5.www.gov.cn/gate/big5/www.gov.cn/govweb/gzdt/2011-01/04/content_1778426.htm，人民銀行網頁，2011 年 1 月 4 日。

卓尚進：〈新中國成立 70 年來銀行業改革發展歷程回顧〉，《金融時報》，2019 年 9 月 19 日。

香港金融管理局：「人民幣業務」，www.hkma.gov.hk/chi/regulatory-resources/regulatory-guides/by-subject-current/renminbi-business/，2024 年 1 月 24 日。

姜建清：〈縱論工行改革〉，《財經》第四期（2005 年）。

搜狐財經：〈香港上海如何演繹金融中心「雙城記」？〉，http://business.sohu.com/20090326/n263013427.shtml，2009 年 3 月 26 日。

經濟日報：〈港人幣產品湧現 穩金融地位〉、〈人民幣報單新戰場 國壽鬥中銀〉，2010 年 7 月 20 日。

經濟日報：〈前海推稅務優惠試跨境貸款〉，2010 年 12 月 21 日。

經濟日報：〈演說三提中國 凸顯競爭地位〉，2011 年 1 月 27 日。

趙媛媛：〈台灣銀行業投資大陸市場研究〉，廈門大學碩士學位論文，2009 年。

劉明康：〈「十二時期」的中國金融改革與經濟發展 – 劉明康主席在上海陸家嘴論壇上的演講〉，中國銀行業監督管理委員會網頁，2011 年 5 月 20 日。

薛鳳旋：《中國富強之路 - 前景與挑戰》，當代中國研究叢書，香港：三聯書店有限公司，2010 年。

嚴行方：《共產中國金融演變七十年 – 1949–2019》，香港：香港財經移動出版有限公司，2022 年。

第九章

中國貨幣的數碼化趨勢

貨幣的進化

　　貨幣發行經過幾年由實物走向電子化，再到加密貨幣，中間經過幾個重大里程碑。但不論背後使用何種技術，如果濫發，那麼後果只有一個，就是通貨膨脹。

　　由貴金屬或其他貴重物品製成的實體貨幣，其價值取決於材料本身的內在價值。現代的政府往往因為財政壓力，可能會把錢幣愈做愈細小，混入雜質令貴金屬含量愈來愈少。但人民並不愚蠢，錢幣輕了，物價自然相對提高。

　　中國宋代出現銀行雛型，發展出紙或平價金屬製成的貨幣，其購買力來自於兌換貴金屬的承諾。例如英國的英鎊，當初就是指一磅白銀的意思。若脫離貴金屬本位加印發行，將隨時引發金融危機。二戰前德國就曾經歷過超級通脹，人民生活基本上變回以物易物。

　　貨幣正式脫離金或銀本位，其實只是近幾十年的事，1971 年美元正式與黃金脫鈎，世界進入匯率自由浮動的時代。美元亦正式成為「講個信字」的貨幣，通貨膨脹成為常態。

　　隨着銀行等金融機構電子化，支付方式亦開始電子化，貨幣流通量不知不覺間電子化為月結單上的數字。從此政府面對的財政壓力，就可以注入流動性，以量化寬鬆來減低經濟收縮的風險。連印鈔機也不用開，自然更容易引起通脹。

　　在數十年之後，鈔票可以成為收藏品，只出現在收藏家手中或博物館內。但加密貨幣只是電子化後另一科技創新，並不能真正解決發行量過多及通脹問題。

貨幣數碼化 [1]

世界正走向一個越來越少使用紙幣的狀態，有一天甚至會發展至完全數位化的經濟。在實體世界裏，紙幣儲存在錢包中；而在數位世界裏，加密貨幣儲存在賬戶中。加密貨幣錢包可以儲存數位貨幣，用戶可以將錢轉給任何地方的任何人。電子錢包具有安定功能，可確保數位資金安全。加密貨幣錢包可以存放在幾個地方。它可以安裝在任何裝置上，如筆記型電腦、桌上型電腦，或流動電話。如果用戶遺失裝置，錢包的密碼可以備份起來，並存放在另外的儲存裝置上。

數字貨幣具有網絡數據的主要特徵。這類數據由數據碼和標識碼組成。數據碼就是我們需要的內容，而標識碼則指明該數據包從哪來和要到哪去的屬性。通俗來說，數字貨幣在技術上記錄了貨幣整個周期內的關鍵數字，包含數字貨幣產生的原因、支付原因、支付發起人和受益人、過去的歷史信息等。從這些數據中我們可以了解貨幣流向和環節，與及涉及的人、商品、服務、企業、金額等信息，這些信息可以解釋真實的貨幣和走向。

紙幣在流通和儲存的過程中是不記名的，單獨看某張紙幣，基本不可能知道它中間都通過了什麼環節。但是數字貨幣在發行、流通、儲存等各個環節中都完全透明、完全可查。數字貨幣的「留痕」和「可追蹤」不僅有利於預防和監測洗錢，還能提升經濟貿易活動的便利度和透明度，有助於監管部門及時、高效地監管經濟貿易活動，從而有

---

1 Agustin Rubini 著，張雅芳譯：《秒懂金融科技》（台北：碁峰，2019 年）。

的放矢地制定貨幣政策，調節資源配置，達致貨幣監管和宏觀調控的目的。

數字貨幣的應用前景非常廣泛，既包括「央行─商業銀行」層面的應用前景，也包括「商業銀行─公眾」層面的應用前景。在宏觀調控的場景下，數字貨幣可以穿透式監管。在「商業銀行─公眾」的大場景下，數字貨幣可用於零售支付、數字票據、企業支付、消費券發行等，還可以用於跨境支付場景。而中國在以上這些方面均走在世界前列。

上述這些應用前景推動了全球各地加緊研究央行數碼貨幣（CBDC）及相關備用方案。CBDC 就好比央行發行的硬幣和紙幣，均是由央行發行或提供，信用風險是零。至於動用存放在銀行或為發行營運提供支持，信用記在銀行或發行營運商等金融機構的賬簿內，因此信用風險是取決於金融機構自身的信用評級。有研究發現全球超過 85% 的地區或國家央行也在研究 CBDC，超過十個央行已推出不同程度的 CBDC 項目，例如人行已發行數字人民幣（e-CNY）、恒生中國 2021 年底已經成為首家成功推出 e-CNY 服務的外資銀行。貨幣數碼化有助服務創新，帶來更多機會。

數碼貨幣是近年市場的熱話，各國央行相繼推進有關 CBDC 的研究。中央政府亦續參與 CBDC 的研究，在深圳、廣州、蘇州、成都、雄安和海南以及 2022 年北京冬季奧運會會場等地開展試點。此外，部份環球大型商業銀行亦已發行官方或私人穩定幣。

IT 諮詢公司 Accenture 金融服務有限公司董事阮灣明指出，透過區塊鏈智能合作技術，數字貨幣具有可編程的特性。例如保險方面，可以設計出符合特定條件即自動理賠的數字貨幣，CBDC 有助提升商家的收款體驗包括相成本。

雖然距離數碼貨幣成為被普遍接受的形式仍有一段時間，但相關的發展可說是區塊鏈其中一個最重要的應用，亦為 Fintech（金融科技）和區塊鏈公司創造了巨大機遇。

金融科技帶動貨幣電子化

支付領域的去現金化源於貨幣電子化，作為貨幣電子化的繼承者，數字貨幣被視為現金（紙幣）的最可能替代品。作為電子貨幣的研發者，中國走在世界前列。2017 年 5 月，人行旗下的貨幣研究所已經低調掛牌。實際上，央行早在 2014 年就成立了專門的數字研發團隊。2017 年春節前夕，央行已經通過了數字貨幣測試，工商銀行、中國銀行、深圳前海微眾銀行等五家金融機構參與測試。人行有望成為全球首個發行數字貨幣並首個開展實際應用的央行。

前人行行長周小川曾表示：「從歷史發展的趨勢來看，貨幣從來都是伴隨着技術進步、經濟活動發展而演化的，從早期的實物貨幣、商品貨幣，到後來的信用貨幣，都是適應人類商業社會發展的自然選擇。作為上一代的貨幣，紙幣技術的含量低，從安全、成本等角度看，被新技術、新產品取代是大勢所趨。」

據中國官方媒體在 2020 年的報導，中國四家大型國有銀行正同時在深圳等城市對央行數字貨幣進行大規模測試，這似乎意味着數字人民幣的落地已更加臨近。中國央行還與網約車巨頭「滴滴出行」等多家互聯網公司展開合作，尋找數字人民幣的應用場景。在東部城市蘇州，部分公務員的交通補貼在幾個月前便已開始通過數字貨幣的形式發放。儘管面臨新冠肺炎疫情帶來的經濟萎縮，全球範圍內數字貨幣

競爭仍繼續進行。2020 年 7 月，歐盟國家立陶宛成為全球首個央行發行數字貨幣的國家，其他國家也紛紛就發行央行數字貨幣設立計劃。

中國在多年以前便制定了由央行發行法定數字貨幣的計劃。2016年，時任中國人民銀行行長周小川表示，計劃用十年左右的時間，讓數字貨幣取代已在該國歷史上有 800 多年歷史的紙幣。到了八年後的今天，數字貨幣已基本上廣泛應用。

英國《金融時報》（*Financial Times*）2020 年 8 月 4 日發佈的一篇報導引述多名消息人士的話說，中國人民銀行希望新的數字貨幣能夠降低阿里巴巴和騰訊在數字支付領域的主導權。這也是一個分散風險的舉措。

數字人民幣的發展

伴隨數字經濟的發展，中國內地現金的使用率呈下降趨勢，而另一方面，近年來電子支付尤其是移動支付快速發展，目前普及率已達86%，特別是新冠肺炎疫情發生以來，網上購物、線上辦公、在線教育等數字工作生活形態更加活躍。法定數字貨幣可以使央行在數字經濟時代繼續為公眾提供可信、安全的支付手段，在提升支付效率的同時維護支付體系穩定。

中國內地在 2012 年以來高度重視法定數字貨幣的研究開發。2014年至 2016 年，中國人民銀行成立法定數字貨幣研究小組，啟動法定數字貨幣相關研究工作。小組對法定貨幣的發行和業務運行框架、關鍵技術、流通環境、國際經驗等進行了深入研究，形成了第一階段法定數字貨幣理論成果。這個大型項目足以影響全球超過 100 個國家對數碼貨幣的看法，例如二十國集團（G20）當中 19 個國家，都開始研

究自家的 CBDC。數字人民幣獲得多國參考，部分原因是由於內地採用較務實的方法，令 CBDC 做到實時之餘，亦可和其他 CBDC 無縫互動，便利貿易。

中國人民銀行當年是按照三大目標來實施的：

（1）推動普惠金融，創造一種由國家作為後盾的數碼現金；

（2）支持零售支付服務的公平競爭、提升效率和安全度；

（3）提高跨境支付的效率。

CBDC 有別於加密貨幣或穩定貨幣，反之，它和鈔票更相似。內地採用一個雙層的系統，中國人民銀行發行數字人民幣並核實各項交易，而零售及企業客戶由銀行或支付服務提供者的平台，或手機應用程式進行交易。

在零售的層面，數字人民幣的功能與實體現金相似。當用戶把兩部手機放在一起，就算沒有開啟相關的手機應用程式都可以進行轉賬。數字人民幣的原則是，金額較小的交易就匿名，而大額交易就可以有追溯的能力，這對於保障個人資料和隱私來說相當重要。

人民銀行自 2017 年末開始依據資產規模和市場份額居前、技術開發力量較強等標準，選擇大型商業銀行、電信營運商、互聯網企業參與研發流程，打造完善人民幣 APP，完成兌換流通管理、互聯互通、錢包生態三大階段。2019 年末以來，人民銀行遵循穩步、安全、可控、創新、實用的原則，在各地進行試點，以評估數字人民幣在不同區域的應用前景。在推動數字人民幣研發應用試點的同時，人民銀行不斷充實完善制度和規範保障，通過一系列制度安排和技術手段確保個人信息安全，同時防範違法犯罪風險。這是一個穩當的做法。

數字人民幣仍處於發展初期，在全國 17 個省份使用，包括廣東、河北、四川及江蘇。截至 2022 年末，數字人民幣僅佔全國流通大

約 10.47 萬億人民幣的 0.13%。目前內地數碼支付的工具主要是支付寶及微信支付，兩者合起來在 2021 年佔全國第三方手機支付份額的 94%。不過，隨着數字人民幣在全國推出，相信很快便會成為電子支付的另一選擇。

數字人民幣有助於人民幣國際化提速，中國人民銀行一直在研究如何將數字人民幣和其他 CBDC 連繫起來。人行已聯同國際結算銀行、泰國中央銀行、阿拉伯聯合酋長國及香港金融管理局合作建立 CBDC 項目：mBridge 平台。它是一個由區塊鏈組成的平台，支援 CBDC 進行實時、點對點的外匯交易和跨境支付，其主要特色是建立一個央行網絡，由央行代表本地銀行參與者，核實企業或機構的交易，透過減省相關的銀行基建，令支付更快、成本更低。

如人民銀行將數字人民幣的使用範圍擴大至跨境交易，香港作為全球最大的離岸人民幣業務中心，將受益不淺。香港可以將 CBDC 這種新穎的數碼資產融入香港的跨境投資管道，將人民幣國際化提升至另一層次。

數字人民幣的特點

數字人民幣與實物人民幣的基本功能（價值量度、交易媒介、價值貯藏）一致，但以數字的形式實現價值轉移。數字人民幣與實物人民幣都是央行對公眾的負債，具有同等位和經濟價值，以國家信用為支撐，具有法償性。

數字人民幣採取中心化管理，雙層營運：發行權屬於國家，人民銀行在營運體系中處於中心地位，負責向指定營運機構發行數字人民幣並進行全生命週期的管理，指定運營機構及相關商業機構負責向社會大眾提供兌換及流通服務。目前參與研發的機構主要包括各大專業銀行，聯通、電信和中行分列成立聯合組參與研發，螞蟻、騰訊和徵眾銀行也參與研發。

　　數字人民幣是一種零售型央行數字貨幣，主要用於滿足零售支付需求。央行數字貨幣根據用戶和用途不同可分為兩類，一是批發型央行數字貨幣，主要面向商業銀行等機構主體，多用於大額結算；另一種是零售銀行，面向公眾發行並用於日常交易，而數字人民幣是屬於後者。

　　數字人民幣與支付寶、微信支付形式有何異同？它與一般電子支付工具處於不同維度，既互補也有差異。雖然支付功能有差異，但它有其獨特優勢：

(1) 數字人民幣是國家法定貨幣，是安全等級最高的貨幣，已初步構成多層次安全防護體系體系，保障數字人民幣全生命周期正常運行和風險可控；

(2) 數字人民幣具有價值特徵，可在不依賴銀行帳戶的前提下進行價格轉移，並支持離線交易，具有「支付即結帳」特性；

(3) 遵循「小額匿名，大額依法可溯」的原則，充分考慮現有支付體系下的業務風險特徵及信息處理邏輯，滿足公眾對小額匿名支付服務的要求。

　　在未來的數字化零售銀行中，數字人民幣和指定運營機構的電子帳户資金具有通用性，共同構成現金類支付工具。商業銀行和持牌非銀行支付機構在全面持續守合規（包括反洗錢、反恐融資）及滿足風險監管要求且獲央行認可支持的情況下，可以參與數字人民幣支付等基礎設施建設，為客户提供數字化零售支付服務。在 2022 年北京冬奧會、冬殘會上，數字人民幣作為中國金融科技發展的重要成果精彩亮相，滿足了場館內觀眾的移動支付要求，為境外來華人員提供了高效的創新支付方式。此外，社會各界對數字人民幣在實現跨境使用、促進人民幣國際化等方面也較為關注。

　　人民銀行積極響應二十國集團（G20）等關於改善跨境支付的倡議，研究央行數字貨幣領域的複雜性。人行響應行動之一是積極參與

國際清算銀行倡導的多邊央行數字貨幣橋項目，二是探索跟香港「轉數快」的互聯互通，支持香港的當地居民和商戶的港幣需求。

事實上，2024 年 6 月初，香港金管局與中國人民銀行就數字人民幣跨境支付試點的合作取得進一步成果，擴大了數字人民幣在香港的試點範圍。這項新措施，將大大便利香港居民開立和使用數字人民幣錢包，並透過「轉數快」為錢包增值。數字人民幣跨境試驗成功，標誌着香港和內地的金融合作邁向新台階，亦為企業帶來高效率的跨國企業支付管道，降低交易成本，提高資金流轉效率。[2]

那麼，實物人民幣會消失嗎？

國際經驗表明，支付手段多樣化是成熟經濟的基本特徵和內在需要。只要需求存在，人民銀行就不會停止實物人民幣供應，或以行政命令對其進行替換。數字人民幣將與實物人民幣並行發行，人民銀行會對二者共同統計、協同分析、統籌管理，數字人民幣將與實物人民幣長期並存。

數字人民幣試點反響良好，雙層運營架構等評定已通過，其可行性和可靠性已得到全方位測試。開放型數字人民幣生態和競爭性的優勢不僅有效地調動了市場的積極性，也為其營造了公平競爭的良好環境。在批發零售、餐飲文旅、教育醫療、公共服務等領域已形成一大批涵蓋至線上線下可複製可推廣的應用模式。

近日，不少地方將數字人民幣推廣和「擴內需」相結合，與綫上、綫下商家合作發放數字人民幣消費券，用數字人民幣成為多個地區市民的購物支付新風尚，例如，天津在京東等綫上消費平台設立數字人民費消費券專區，深圳發放兩百萬個人民幣紅包。

2　葉文瀚：〈科網人語〉，《信報》，2024 年 6 月 6 日。

香港的數碼貨幣

在全球研究數碼貨幣的大趨勢下，本港亦緊貼時勢，數碼港已經準備好一系列計劃，繼續與金融界和金融創新，協助行業和 Fintech 初創，更好地利用 CDBC 和區塊鏈帶來的機遇，鞏固香港作為創科中心的地位。

數碼港元（e-HKD）是構思中的數碼貨幣，計劃作為流通貨幣使用，並且可獲賦予法定貨幣地位。數碼港元屬於 CBDC 的一種，將會是一種由官方發行的數碼貨幣。它與穩定幣等私人加密貨幣不同，數碼港元由外滙基金提供的美元資產支撐，這意味着其價值，就如傳統港元硬幣或紙幣一樣。

就金管局最新取態，港府會先研究把數碼港元應用在批發層面，即以銀行同業間商業支付為主；對於個人客戶的零售支付，則持開放態度。提倡推動數碼港元發展的支持者，認為數碼港元在批發層面（即面對銀行、證券和機構投資者等），可以令跨境支付流程更快、更便宜和更方便。目前，在世界各地轉移資金的過程中，資金需要通過一系列代理銀行，每家代理銀行都會對資金進行審查，並在到達最終目的地之前收取自己的費用，所涉及的成本和時間相當驚人。但利用分布式分類賬技術的特點，數碼貨幣讓跨境外匯可以實時同步交收，提高跨境支付的有效性，帶來更快、更便宜和更透明的跨境支付。

金管局正與三家中央銀行，包括中國人民銀行數字貨幣研究所、泰國中央銀行和阿拉伯聯合酋長國中央銀行，以及國際結算銀行創新樞紐香港，進行名為「多種 CBDC 跨境網絡」的項目，探討商業用例。該項目把其數字貨幣，轉換為可以在各國商業銀行之間使用的代幣，未來目標是發展出整個國際貿易結算的支付平台。在零售層面，數碼港元將是市民進行日常支付時可選用的一種支付方式，包括增加

金融包容性，即普惠金融。不過，金管局無意將數碼港元應用在零售層面，但未來的研究方向，會包括零售層面及與數字人民幣作兑換。下一階段，金管局會先準備修改法例，使其成為法定貨幣，容許其在香港發行。

在特區政府公佈的《虛擬資產的政策宣言》中，有意通過「數碼港元」銜接法定貨幣與虛擬資產，藉此穩定投資者信心。也可以說，虛擬資產行業的推進是在為 CBDC 鋪路。金管局早在 2017 年就開始探索 CBDC，由於香港零售支付市場較為成熟，金管局率先在批發層面試行 CBDC，並隨後開展了 LionRock 項目，但受新冠疫情及加密貨幣持續活躍等因素影響，金管局又於 2021 年 6 月宣佈在「金融科技 2025」策略下推動零售層面 CBDC 的嘗試。不過，推出零售層面 CBDC 會牽涉諸多考慮，包括法律、監管、金融穩定等方面。2023 年底，金管局宣佈 Ensemble 項目，支持香港代幣化市場發展。在此背景下，特區政府需要先在虛擬資產這塊「試驗田」播種，待時機成熟後再大規模推廣。

香港在數字金融時代下的定位

香港財經事務及庫務局局長許正宇指出，利用香港的廣泛人脈和專長，在粵港澳大灣區發展中擔當更重要的角色，以及加速採用金融科技方案，是創造競爭優勢的兩個可循途徑。他把香港比喻為五星級酒店的自助餐，有多方面的競爭優勢，當中在金融業「無可取代」，他補充：「香港有具國際水平的規管架構、金融、專業和法律制度，實質的基礎金融服務難以複製。」更重要的是，香港與內地許多主要城市、東北亞和東南亞國家，只有五小時的航程距離。

他相信，推出數碼人民幣是內地的戰略舉措，對未來的國際金融和貨幣體系有深遠影響。目前數碼人民幣的應用只限於內地的零售支付，但將來有無限潛力，應用範圍可擴展至內地的貿易結算、風險管理以至投資。香港擁有行之已久的外匯交易市場基礎設施、有代表性的國際化經驗，可協助為數碼人民幣建立新的離岸生態系統。[3]

另一方面，隨着越來越多經濟體及其貨幣加入 mBridge，數字人民幣的海外使用和轉換就越來越方便。香港地區可發揮主要中間人的既有優勢，致力成為數字人民幣海外探索的前哨站和重要中轉平台，在未來促進數字人民幣國際化。

本地應用以外，批發型 CBDC 還有龐大的跨境潛力，其中一項重要用途是提供銀行間的匯款結算。透過 CBDC 的區塊鏈技術可望大幅減低跨境支付所需的時間至接近實時，節省時間和成本。香港可把握作為 mBridge 項目領頭羊的主導優勢和與內地的緊密聯繫，將平台的功能性和相互兼容性做好，吸引其他地方的 CBDC 加入項目，積極發展成為區域或全球 CBDC 的樞紐。

香港作為傳統金融中心，應把握機遇，在 CBDC 等金融基礎設施層面，推動零售型和批發型 CBDC 的發展和相關金融設施建設，才能應對經濟市場的急速變化，在數字金融時代中乘風破浪。

香港財經局局長許正宇表示：「十四五規劃綱要同時明確支持香港提升國際金融中心地位，支持香港強化全球離岸人民幣業務樞紐功能。香港未來會用好廣闊的人民幣資金池及活躍的流動性，在宏觀因素的配合下，積極研究在離岸市場提升發行及交易人民幣證券的需

3　香港銀行學會：《香港銀行學會會刊》（2020 年 11–12 月），頁 20–21。

求，繼續協助國家推動人民幣國際化。」[4] 香港一直是亞洲金融合作的重要參與者，早在 1969 年就以自身名義成為亞洲開發銀行（簡稱「亞開行」）成員。也在亞開行基金補充資金時提供支援；

香港也是亞太經合組織成員，派代表出席亞太經合組織為金融及中央銀行而設的會議，曾負責統籌該機構發展本地債券市場合作計劃；香港金管局還分別在 1999 年及 2009 年主辦「EMEAP 第四屆行長級會議」，對亞洲金融合作做出了不少貢獻。未來在國家主導亞洲金融合作的新形勢下，香港可以發揮更大作用，具體可以從幾個方面着手：

(1) 全力推動香港金融機構參與亞洲金融合作協會。香港作為國際金融中心，在參與跨國合作方面有豐富經驗，特區政府除了成立基建融資促進辦公室，未來還借助「一國兩制」和金融中心的優勢，從金融制度、運行規則、市場監管及專業人才方面提供支持，協助國家提升亞洲金融合作水平。

(2) 以金融創新助推絲路建設，為亞洲金融合作提供平台。香港金融機構可在銀團貸款、項目貸款、發行基建債券以及基金等傳統領域和亞洲各金融機構合作，以創新方式向沿線國家提供融資。香港可在亞投行運營中充當特殊的支持角色，包括擔當亞投行的首要國際融資平台、作為亞投行支持項目的國際投資夥伴、配合亞投行促進人民幣國際化以及為亞投行提供國際性人才等，成為亞投行在海外的主要營運中心。

(3) 再創香港人民幣市場新優勢，為亞洲貨幣合作創造條件。

4　許正宇：〈國家所需香港所長 - 對人民幣國際化及綠色金融發展的思考〉，紫荊雜誌，https://bau.com.hk/article/2021-11/29/content_926232331003006976.html，2021 年 11 月 29 日。

　　「一帶一路」建設為人民幣的區域化發展帶來了歷史機遇。由於香港的人民幣離岸市場的總量規模和服務水平均為領先水平，同時具備人才優勢、法律優勢以及專業優勢，因此香港自然成為未來海外人民幣基礎融資的優先選擇。

　　香港在服務「一帶一路」建設和推動亞洲金融合作的同時，有機會進一步提升為世界級金融中心，包括建成世界級的資本市場、財富管理中心和離岸人民幣市場等，最終成為「亞洲的倫敦」。要保持香港國際金融中心的地位，有兩項原則是以必須堅持的：一是保持人流、物流、資金流和訊息流等經濟生產要素的自由流動，二是保持國際性和開放性。

香港發展成為國際綠色科技及金融中心

　　財政司司長陳茂波在 2023 年的《財政預算案》表示，推動香港發展成為國際綠色科技及金融中心。香港的金融業在協助內地綠色發展中更可發揮獨特功能，成為中國最大的綠色金融中心，可為內地發展綠色低碳經濟拓寬資金來源。

　　綠色金融有助於促進產業結構調整，提高灣區內產業協同發展，避免由於同質競爭造成的產能過剩。因此，香港可以加快以綠色金融發展為抓手，創新環保與金融融合的體制機制，以香港的國際綠色金融中心為核心，培育整個粵港澳大灣區的金融合作平台，擴大珠三角的綠色產業及港澳金融市場要素雙向開放與聯通。

《粵港澳大灣區發展規劃綱要》明確提出，香港的國際金融中心地位會得到進一步鞏固提升，香港將更好發揮在金融領域的引導帶動作用，打造成服務「一帶一路」建設的投融資平台。香港國際金融中心具有鮮明的區位特點，具有亞太地區的東南亞特徵和中國特徵，同時具備英國的制度、美國的貨幣、中國的市場、全球的人才等優勢。

深化大灣區金融合作需要調動粵港澳三地的積極性和協同作用，在區域層面上率先進行開放試點，因而建立跨境金融協調部門很有必要，為促進粵港澳三地之間的金融深度合作，建成一個常態化的粵港澳大灣區的日常金融機構，以協調粵港澳這三個行政單位，完成日常金融協調和管理工作。另一方面，積極探索跨境資產管理聯動合作機制，積極促進大灣區三地金融機構在人民幣計價的海外發債、股票、基金等方面的合作。在法律、基礎設施、人才等方面，強化粵港澳金融互聯互通，增強離岸人民幣流動性，進一步鞏固香港國際金融中心和離岸人民幣中心地位。

2023 年 1 月中央金融工作會議上，首次將上海和香港並列，提出要「增強上海國際金融中心的競爭力和影響力，鞏固提升香港國際金融中心地位」，顯示了中央戰略部署和新的思路。此後監管部門多次表態，穩步擴大金融市場制度型開放，擴展內地和香港金融市場互聯互通，支持和鞏固香港國際金融中心地位，並多場合提及香港國際金融中心的獨特優勢。在經濟學家兼中銀證券董事管濤看來，香港地區是全球唯一匯聚中國優勢和環球優勢的國際金融中心城市，擁有金融體制機制和人才優勢，是全球唯一離岸人民幣中心，未來將繼續發揮聯通內地和國際的「橋樑」角色。

中國內地第三方支付的發展

多年來，中國第三方支付經歷了從自由發展到強力發展的階段，並且迅速向全球蔓延。大致上看，1999 年至 2004 年為早期的自由發展階段；以 2004 年 12 月支付寶設立為標誌，直至之後的 2013 年，一直處於強力發展期。

2002 年 3 月 26 日，中國銀聯在上海舉行開幕典禮。2003 年 1 月 1 日，全國地市級以上城市實現銀行卡聯網通用。

銀聯出現後，當時以淘寶為代表的電子商務蓬勃發展。但由於賣家不願竟先發貨，怕貨發出後收不到貨款；買家也不願意先付款，怕付款拿不到商品或商品品質無法得到保障，於是支付問題成為發展瓶頸。在這種情況下，第三方支付應運而生。

2003 月 10 月 18 日，淘寶網首次推出支付寶服務。與支付寶合作的中國工商銀行西湖分行成功地爭取到總行的技術支持，建立起快捷支付和虛擬帳戶體系。幫助支付寶滿足淘寶網巨大的交易量。買家先把貸款支付給第三方。第三方收到貨款後，通知第三方將貨款轉交給賣方，這樣克服了雙方的顧慮，有效降低了交易風險。

2005 年 1 月，馬雲在「達沃斯世界經濟論壇」上第一次提出了「第三方支付平台」的概念，因為要想建立起真正的電子商務誠信，就必須從交易環節入手。當時恰好遇到電腦和互聯網技術的普及，電子商務迎來集中爆發期，當年中國成立了以支付寶、財付通為代表支付平台，2005 年也因此被稱為第三方支付元年。

第三方支付雖已遍地開花，但由於缺少智能手機等電子設備的廣泛應用，所以市場需求整體處於疲軟狀態，政府也並未對第三方支付公司進行資質認定和信用支持，因此陸續出現挪用資金、非法套現等不規範局面。再加上第三方支付跳開中央銀行實行跨行交易，央行無法掌握其資金流向並進行有效監管。更重要的是，在巨額備付金的誘惑下，大批企業紛紛湧入這個領域成為第三方支付機構，2010 年第三方支付市場規模超過一萬億元，對國家經濟和金融產生巨大影響。

在此背景下，中國人民銀行開始對支付機構進行一系列的整頓。2005 年 1 月 28 日，國務院辦公室印發《關於加快中國電子商務發展的若干意見》，提出要高度重視網上支付活動。

隨着第三方支付的不斷更新迭代，其功能已經從信用中介擴展到支付清算和融資，成為集網上支付、電子支付、電話支付、充值卡支付、代收代付支付於一身的支付平台。2006 年的民意調查顯示，超過 80% 以上的網民正在使用第三方支付網上交易，而並不擔心其交易風險。

財付通是騰訊集團旗下的第三方支付平台，一直致力於為互聯網用戶和各類企業提供安全便捷的在線支付服務。自上線以來，財付通就以「安全便捷」作為產品與服務的核心，不僅為個人用戶提供支付服務，還為企業用戶提供專業資金收付解決方案。

隨着粵港澳大灣區內部的互通，北上跨境支付的需求同樣在增長，大灣區支付互聯互通提速，移動支付通行。

在 2023 年 2 月，中國銀行深圳市分行聯合香港八達通卡公司，在羅湖首發數字人民幣錢包自助發卡機。香港居民入境後，使用八達通 App，即可在自助發卡機上購買一張數字人民幣（e–CNY）硬錢包，

在內地進行拍卡消費，這是深圳和香港主流小額支付工具深度融合後的數幣跨境場景嘗試。

中國內地移動支付的啟始

2013 年，中共第十八屆三中全會鼓勵金融創新，從而豐富金融市場的產品。民營銀行的登記需要設立牌照，而互聯網金融還沒有被定性為金融機構，發起設立便簡單得多。在這樣的一個背景下，互聯網金融企業雨後春筍般湧現。最先火起來的互聯網金融產品是餘額寶，它挪動了銀行巨無霸金融活期企業的「芝士」，隨着各種「寶寶們」層出不窮，緊接着挑戰銀行固定存款業務的 Peer to Peer (P2P) 業態出現，一時遍地開花，互聯網眾籌、互聯網保險、網絡安全，各種互聯網金融衍出的產品、技術和服務應運而生。

2014 年，可以看作是移動支付元年，這一年初，滴滴打車組合與阿里、快的打車組的補貼大戰就鬥得不亦樂乎。2014 年 1 月 4 日，騰訊旗下的微信首先推廣至滴滴打車，到了 1 月 10 日左右開始推出了打車補貼，也就是說，出租車司機每使用滴滴打車，便可獲得補貼。

一個支付寶，一個財富通，兩個支付系統之間展開競爭，因為這兩個支付系統都有龐大的用戶群體，兩個系統所牽涉的金額也都較大。馬雲在支付寶的基礎上又搞了一個餘額寶，也就是說，用戶存在餘額寶中的錢，由餘額寶進行打理，每年給用戶 4% 至 5% 的利息，從 2013 年 6 月推出之後，半年時間就匯集了 2,500 億的資金，大到不可想像。馬化騰的財富通也搞了一個餘額寶以作競爭，和餘額寶是一碼事宜。多些競爭，便會帶來多一些進步。

香港的電子支付工具

　　近年，電子支付市場的發展可謂百花齊放，多家本地及內地的電子支付公司在香港推出全新的電子支付方案，期待在這個極具發展潛力的領域分一杯羹。到 2020 年第二季度，本地網上消費額交易首次跑贏實體交易。以下是六個香港的主要電子支付工具的簡介：

八達通

　　在 1997 年面世，利用近場通訊 (Near Field Communication, NFC) 的技術，提供快捷、可靠、安全的非接觸式支付平台，讓市民無論乘搭公共交通還是購物，都可享用一拍即付的方便。到今天，八達通的支付平台已經由實體的支付卡，發展至透過手機應用程序操作的流動支付模式，全面支援線上線下的支付需求。八達通不斷致力支付技術的未來發展，其中包括積極探索超寬帶通訊技術 （Ultra Wide Bans, UWB） 等新科技，務求使電子支付更便利及完善。

PayMe HSBC

　　是一個電子錢包服務，用戶可在錢包中儲值、發送及收取款項，以及購物消費。PayMe 操作簡單，方便快捷。

　　2017 年初正式推出，至今有不少港人使用，現時 PayMe 的用戶超過 270 萬。商用版 PayMe For Business 目前覆蓋全港超過 3.5 萬家實體店及網店。無論是門市，抑或在網店、社交媒體商店，都能通過 PayMe For Business 接收款項。對 PayMe 用戶而言，向商店付款就如向朋友過數一樣簡單。

AliPayHK

AliPayHK 在 2017 年成立，用了約六年的時間就得到社會認許，成為香港最受歡迎的電子錢包之一。AliPayHK 在過去幾年陸續推出包括繳費、匯款等等一系列的服務和產品，包括水、電、煤等公共事業繳費服務，頗受市民歡迎。在 2018 年 6 月底透過螞蟻集團子公司支付寶的區塊鏈技術，成功完成首次區塊鏈跨境匯款，令外傭節省匯款時間和開支，同時款項更是即時到賬。在支付之外，AliPayHK 還發揮了叫車、P2P 轉賬等生活服務平台的功能。

中銀香港推出全新的以數據為本的融資試行計劃，將透過AlipayHK 商戶提供的電子交易數據來簡化貸款審批流程，從而解決中小企業客戶因無法提供貸款抵押品所需的財務資料而面對融資困難問題的痛點，更簡單地獲得資金，解決周轉難題。

WeChat Pay HK

微信支付 WeChat Pay，是騰訊公司開發的應用程式微信內建的支付功能，由財付通運營和提供支付牌照。微信支付為中國內地的第二大支付平台，提供快捷支付功能，用戶可以通過智能手機快速完成交易付款。

微信支付覆蓋香港、內地及澳門 100 萬＋間商戶，覆蓋線上線下，包括網上購物平台、大型商場、化妝品、珠寶、電器、街市、食肆等，想開心「豪洗」亦無問題，連接銀行賬戶、信用卡，即可支持各種額度消費。它相信簡單就是最好，無需複雜設置，輕鬆增值或綁定銀行卡，即可開設銀行付款。它可用於網上購物，足不出戶滿足顧客的所有願望，並為顧客搜羅世界各地豐富的產品與服務、包括飲食、電器、美容、旅遊等。

BoC Pay

為一站式本地及跨境流動支付應用程式，毋須在內地開立銀行帳戶，即可透過 BoC Pay 在大灣區各地一掃即付，盡享消費便利。加上 Peer to Peer (P2P) 個人轉帳功能，讓客戶隨時進行免費實時跨行轉賬，更可透過 BoC Pay 的跨境匯款服務以智能賬戶匯款給內地親友，支持七家內地主要銀行收款，並自動兌換人民幣。從此，只需要一個 BoC Pay，便可輕鬆處理付款、收賬、轉賬，流動支付。

展望將來，如何令在粵港澳大灣區的電子支付工具在大灣區內暢通無阻地跨境消費購物，發揮其「一 App 在手，暢通無阻」的體驗，從而協助打通大灣區人流、物流、資金流的互聯互通，將是一個關鍵進程。

電子支票

電子支票是紙張支票的電子對應本，由開票到入票均通過網上進行，提供一個完全無紙化的電子支付體驗。電子支票是不可轉讓的。電子支票必須指定收款人，並可存入該收款人的銀行賬戶。電子支票可作港幣、美元及人民幣支付，也可隨時隨地簽發，無需親身傳送及存入，它具備嚴謹的保安措施，也更加環保。

電子支票用量不大，不及紙張支票。

香港的電子支付工具多由私營機構提供。由於安裝零售商店通常需要按照交易內容繳納一定比例的手續費等原因，令電子支付難以完全普及。香港金管局在 2018 年推出不設手續費的「轉數快」（FPS），為使用電子支付掃除一大障礙。另一方面，近年發行的加密貨幣，如比特幣、以太幣等，存在能源消耗、欺詐、洗黑錢等問題和潛在風險。

以上原因皆令世界各地的央行加快發展 CBDC，目標是為包括家庭和企業在內的公眾提供一個兼具實物現金和電子支付優勢的交易渠

道。香港在發展 CBDC 的步伐較其他發達地區略慢，金管局在 2017 年才開始探索 CBDC 的可行性，到目前為止仍停留在批發層面應用。在 2021 年展開研究，探討發行零售 CBDC 的可行性，並在 2023 年 9 月發佈技術白皮書。[5]

結語

　　金融是「國之重器」，國民經濟的發展離不開金融的支持。過去數年中，金融和科技深度融合已經演化為全球趨勢，極大地改變了金融服務的格局，對金融業而言，金融數字化和金融科技的發展既關係金融供給側結構性改革的深化，也影響國民經濟的發展進程。伴隨人工智能、區塊鏈、大數據、雲計算及物聯網等技術滲透投資決策、風險定價、資產配置等環節，金融服務的方式和邏輯也發生了深刻變化，對傳統金融機構和多年沿襲的監管方式提出新的課題，為金融科技領域的全球競爭帶來更多挑戰。

　　科技作為數字化發展的重要手段，逐漸改變着金融業的面貌。當前，以大數據、雲計算、人工智能、區塊鏈、6G、芯片等為代表的前沿技術正在加速應用，與銀行、證券、保險、支付等金融領域深度融合，共同塑造數字金融的新生態。

　　蓋茨曾說：「人們總是高估未來兩年的變化，低估未來十年的變革。」這同樣適用於銀行業及支付工具的發展。

5　羅文華：〈數碼港元在香港的機遇〉，港人講地，https://www.speakout.hk/ 港人博評 /89036/ 數碼港元在香港的機遇，2023 年 1 月 13 日。

參 考 資 料

岳毅：《人民幣 SDR 時代和香港離岸人民幣中心》，香港：三聯出版社，2017 年。

金天、楊芳、張夏明：《數字金融：金融行業的智能化轉型》，北京：電子工業出版社，2021 年。

香港銀行學會：《香港銀行學會會刊》，2020 年 11–12 月。

郎咸平：《互聯網經濟的未來之路》，香港：中和出版社，2018 年。

畢馬威華振會計師事務所：《2021 年中國銀行業調查報告》，chrome-extension://efaidnb mnnnibpcajpcglclefindmkaj/https://assets.kpmg.com/content/dam/kpmg/cn/pdf/ zh/2021/07/2021-mainland-china-banking-survey.pdf，2021 年 7 月。

許正宇：〈國家所需香港所長 - 對人民幣國際化及綠色金融發展的思考〉，紫荊雜誌，https://bau.com.hk/article/2021-11/29/content_926232331003006976.html，2021 年 11 月 29 日。

程冉冉：《【紫荊專稿】數字人民幣：提升普惠金融發展水平，助力數字經濟高質量發展》，https://bau.com.hk/article/2022-11/02/content_1037489410861543424.html，2022 年 11 月 2 日。

葉文瀚：〈科網人語〉，《信報》，2024 年 6 月 6 日。

團結香港基金公共政策研究院：《尋路香港：以民為本的政策研究》，香港：商務印書館，2022 年。

劉興賽：《未來銀行之路》，北京：中信出版社，2019 年。

羅文華：〈數碼港元在香港的機遇〉，港人講地，https://www.speakout.hk/ 港人博評 /89036/ 數碼港元在香港的機遇，2023 年 1 月 13 日。

譚嘉因：〈迎接金融新時代香港金融科技實踐與前瞻〉，香港經濟日報，https://repository. hkust.edu.hk/ir/Record/1783.1-116803，2021 年 11 月。

嚴行方：《共產中國金融》，香港：香港財經移動出版社，2022 年。

Agustin Rubini 著，張雅芳譯：《秒懂金融科技》，台北：碁蜂，2019 年。